1+X 职业技术·职业资格培训教材

废水处理工

（五级） 第2版

编 审 人 员

主编 陈建昌

编者 张 容 高 波 李智毅 吴希睿

　　　 蒋克勤 安永成

主审 徐亚同

审稿 郑 燕

中国劳动社会保障出版社

图书在版编目（CIP）数据

废水处理工：五级/人力资源和社会保障部教材办公室等组织编写. —2 版. —北京：中国劳动社会保障出版社，2015

1＋X 职业技术·职业资格培训教材

ISBN 978－7－5167－1589－5

Ⅰ.①废… Ⅱ.①人… Ⅲ.①废水处理-技术培训-教材 Ⅳ.①X703

中国版本图书馆 CIP 数据核字（2015）第 016899 号

中国劳动社会保障出版社出版发行

（北京市惠新东街 1 号 邮政编码：100029）

＊

北京市白帆印务有限公司印刷装订 新华书店经销

787 毫米×1092 毫米 16 开本 17.25 印张 322 千字

2015 年 1 月第 2 版 2022 年 1 月第 4 次印刷

定价：40.00 元

读者服务部电话：(010)64929211/84209101/64921644

营销中心电话：(010)64962347

出版社网址：http://www.class.com.cn

内 容 简 介

本教材由人力资源和社会保障部教材办公室、中国就业培训技术指导中心上海分中心、上海市职业技能鉴定中心依据上海 l + X 废水处理工（五级）职业技能鉴定考核细目组织编写。教材从强化培养操作技能，掌握实用技术的角度出发，较好地体现了当前最新的实用知识与操作技术，对于提高从业人员基本素质，掌握高级废水处理工的核心知识与技能有很好的帮助和指导作用。

本教材在编写中根据本职业的工作特点，以能力培养为根本出发点，采用模块化的编写方式。全书内容共分为 9 章，主要内容包括废水处理概述、废水物理处理、活性污泥法、生物膜法、厌氧生物处理、污泥处理与处置、废水处理机械设备与电气仪表、废水监测与分析、安全生产。每一章都分别介绍相关专业理论知识与专业操作技能，使理论与实践得到有机的结合。

为方便读者掌握所学知识与技能，每章后附有本章思考题，供巩固、检验学习效果时参考使用。

本教材可作为废水处理工（五级）职业技能培训与鉴定教材，也可供全国中、高等职业院校相关专业师生，以及相关从业人员参加职业培训、岗位培训、就业培训使用。

改 版 说 明

《1＋X职业技术·职业资格培训教材——废水处理工（初级）》自2005年出版以来深受从业人员的欢迎，经过多次重印，在废水处理工（五级）职业资格鉴定、职业技能培训和岗位培训中发挥了很大的作用。

随着我国科技进步、产业结构调整和市场经济的不断发展，新的国家和行业标准的相继颁布与实施，对废水处理工的职业技能提出了新的要求。为此，人力资源和社会保障部教材办公室、中国就业培训技术指导中心上海分中心、上海市职业技能鉴定中心联合组织了有关方面的专家和技术人员，按照新的废水处理工（五级）职业技能鉴定目录对教材进行了改版，使其更适应社会发展和行业需要，更好地为从业人员和社会广大读者服务。

为保持本套教材的延续性，并兼顾原有读者的层次，本次修订围绕废水处理工（五级）的职业标准要求，根据教学和技能培训的实践以及废水处理工（五级）鉴定细目表，在原教材基础上进行了修改。近年来水处理技术的发展较快，新设备使用较多，行业相关法规、标准和运行规范等都做了较大调整，为此，围绕废水处理工岗位操作要求，本次修订对相关内容作了较多的更新。在活性污泥法中新增了活性污泥常见工艺的介绍。在处理机械设备方面增加了污泥浓缩脱水一体机的介绍，在仪表内容中增加了常用在线监测仪表的维护保养知识、操作注意事项及仪器一般故障和排除方法。针对废水处理过程中职业防护和安全隐患预防的需要，增加了第9章安全生产。通过调整使教材内容更丰富，更具有实用性。教材编写内容涵盖教学实训和废水处理实践的重点、难点，使废水处理工操作技能的学习和鉴定更具有针对性。

本教材第1、6章由李智毅编写，第2章由吴希睿编写，第3、4、5章由张容编写，第 7 章由高波编写，第 8 章由蒋克勤编写，第 9 章由安永成编写，全书由上海市环境学校陈建昌统稿。在编写过程中得到有关组织和领导的支持与指导。在此，对给予帮助和支持的单位和个人表示衷心的感谢。

因编者水平和时间所限，教材中恐有不足甚至错误之处，欢迎读者及同行批评指正。

编者

前　言

　　职业培训制度的积极推进，尤其是职业资格证书制度的推行，为广大劳动者系统地学习相关职业的知识和技能，提高就业能力、工作能力和职业转换能力提供了可能，同时也为企业选择适应生产需要的合格劳动者提供了依据。

　　随着我国科学技术的飞速发展和产业结构的不断调整，各种新兴职业应运而生，传统职业中也越来越多、越来越快地融进了各种新知识、新技术和新工艺。因此，加快培养合格的、适应现代化建设要求的高技能人才就显得尤为迫切。近年来，上海市在加快高技能人才建设方面进行了有益的探索，积累了丰富而宝贵的经验。为优化人力资源结构，加快高技能人才队伍建设，上海市人力资源和社会保障局在提升职业标准、完善技能鉴定方面进行了积极的探索和尝试，推出了1＋X培训与鉴定模式。1＋X中的1代表国家职业标准，X是为适应经济发展的需要，对职业的部分知识和技能要求进行的扩充和更新。随着经济发展和技术进步，X将不断被赋予新的内涵，不断得到深化和提升。

　　上海市1＋X培训与鉴定模式，得到了国家人力资源和社会保障部的支持和肯定。为配合1＋X培训与鉴定的需要，人力资源和社会保障部教材办公室、中国就业培训技术指导中心上海分中心、上海市职业技能鉴定中心联合组织有关方面的专家、技术人员共同编写了职业技术·职业资格培训系列教材。

　　职业技术·职业资格培训教材严格按照1＋X鉴定考核细目进行编写，教材内容充分反映了当前从事职业活动所需要的核心知识与技能，较好地体现了适用性、先进性与前瞻性。聘请编写1＋X鉴定考核细目的专家，以及相关行业的专家参与教材的编审工作，保证了教材内容的科学性及与鉴定考核细目以及题库的紧密衔接。

　　职业技术·职业资格培训教材突出了适应职业技能培训的特色，读者通过学习与培训，不仅有助于通过鉴定考核，而且能够有针对性地进行系统学习，真正掌握本职业的核心技术与操作技能，从而实现从懂得了什么到会做什么的飞跃。

职业技术·职业资格培训教材立足于国家职业标准，也可为全国其他省市开展新职业、新技术职业培训和鉴定考核，以及高技能人才培养提供借鉴或参考。

新教材的编写是一项探索性工作，由于时间紧迫，不足之处在所难免，欢迎各使用单位及个人对教材提出宝贵意见和建议，以便教材修订时补充更正。

人力资源和社会保障部教材办公室
中国就业培训技术指导中心上海分中心
上海市职业技能鉴定中心

目　录

第1章

废水处理概述

第1节　水环境保护

学习目标

1. 了解水环境以及水体的概念。
2. 了解我国水污染现状。
3. 熟悉水环境污染的防治对策。
4. 掌握水体自净的概念以及自净过程。

知识要求

一、水环境的组成与特征

水环境是指可直接或间接影响人类生活和发展的水体，以及影响水体正常功能的各种自然因素和有关的社会因素的总称。水环境的主题是水，也包括水中的溶解物、悬浮物、水中生物和底泥等，通常称为"水体"。

1. 水环境的组成

水环境主要由地表水环境和地下水环境两部分组成。地表水环境包括河流、湖泊、水库、海洋、池塘、沼泽、冰川等，地下水环境包括泉水、浅层地下水、深层地下水等。

根据环境要素的不同，水环境可以分为海洋环境、湖泊环境、河流环境等。水环境是构成环境的基本要素之一，是人类社会赖以生存和发展的重要场所，也是受人类干扰和破坏最严重的领域。水环境的污染和破坏已成为当今世界主要的环境问题之一。

2. 水环境的特征

在地球表面，水体面积约占地球表面积的71%，总量约为14亿吨，由海洋水和陆地水两部分组成，分别占总水量的97.3%和2.7%。陆地水所占总量比例很小，且所处空间的环境十分复杂，主要存在于地球极地的冰盖以及高山冰川之中。淡水资源十分宝贵，人类生存可利用的只有地下淡水、湖泊淡水和河床水，三者总共所占比例不到1%。除去不能开采的深层地下水，人类实际能够利用的水只占地球总水量的0.2%左右。

地球上的水处于一个连续不断地变换地理位置和物理形态的运动过程，称为水循环。

一般可分为水的自然循环和水的社会循环，如图 1—1 和图 1—2 所示。天然水的基本化学成分和含量反映了它在不同循环过程中的原始物理与化学性质，是研究水环境中元素存在、迁移、转化、环境质量（或污染程度）与水质评价的基本依据。城市的给水排水系统是水自然循环与社会循环的联结点，污水处理厂是水循环中水量与水质的平衡点。

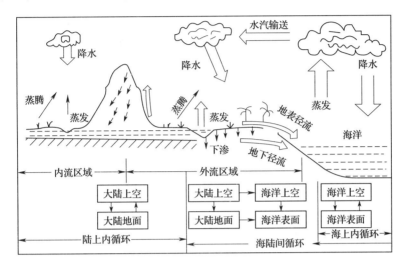

图 1—1　水的自然循环

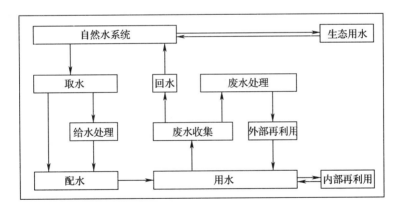

图 1—2　水的社会循环

3. 水体自净

（1）水体自净的概念。在环境科学领域中，水体不仅包括水，而且包括水中的悬浮物、底泥及水中生物等。在自然界中，水的溶解能力较强，在水的自然循环和社会循环过程中，会溶入和混入各种物质，称为污染物。其中包括自然界各种地质变化和生物过程的产物，也包括人类生活和生产的各种废弃物。同时，水的循环运动不断产生物理、化学和生物的作用，使污染物发生稀释、分解、降解、挥发或沉淀现象，而使其存在形态和化学结构等发生变化，从而改变水中污染物在水体中的组成和浓度，经过一段时间或距离后，污染物浓度会逐渐降低，最后水体可以恢复到污染前的状况。水体这种对于污染具有随时间和空间的变化而自然降低，以及缓冲和承受的能力，并能抗拒污染、维持原有特性的功能称为水体的自净作用。

但是，水体的自净能力是有限的。当水体接纳的污染物数量超过其自净能力时，即污水的排放超过水体自净作用的允许时，则水体不能恢复到无害状态，水体即受到污染。

（2）水体自净作用的分类

1）物理净化。物理净化是指污染物由于稀释、扩散、混合、挥发、沉淀、上浮等使浓度降低的过程。污染物进入水体后，悬浮物中可沉降的固体会逐渐沉积到水底，形成污泥，部分悬浮物上浮到水面形成浮渣，胶体和溶解性物质则因混合、稀释等作用，最终使得污染物浓度降低。

2）化学净化。化学净化是指污染物因受氧化还原、酸碱反应、分解化合、吸附凝聚等作用而使浓度降低的过程。水中一些污染物在一定条件下产生化学反应，转化成不溶解的物质沉淀下来，或形成气体逸出。一些金属元素，尤其是重金属元素，在水溶液中能形成难溶解的氢氧化物沉淀物及硫化物沉淀，沉入底泥中。

3）生物净化。生物净化是指由于生物活动而使污染物浓度降低的过程。如水中微生物对有机物的分解等。通过水体中存在着的各种各样的细菌、真菌、藻类、水草、原生动物、贝类、昆虫幼虫等生物的代谢作用（异化作用和同化作用），使水中污染物数量减少，浓度下降，毒性减轻，直至消失。

水中溶解氧的存在是维持水生生物生存和净化能力的基本条件，因此也是衡量水体自净能力的主要指标。水中溶解氧主要来自水体和大气之间的气体交换，水体将二氧化碳排至大气，大气中的氧进入水中。水生植物通过光合作用向水体中补充氧，但同时因水体中发生氧化作用又不断消耗溶解氧。溶解氧的降低又影响了水质、水生生物的数量和种类，水中有机物的分解由好氧转变为厌氧，使得水体发黑发臭。

水体自净作用是一个非常复杂的过程，与污染物的性质和浓度、水体的水情动态、水生生物活动及各种环境因素有关。事实上，这三类净化作用往往是同时发生并相互制约和影响的。

（3）水环境容量。水体所具有的自净能力就是水环境接纳一定量污染物的能力。一般水体所能容纳污染物的最大负荷被称为水环境容量。

二、水环境保护

水体因某种物质的介入，导致其化学、物理、生物或者放射性等方面特征的改变，从而影响水的有效利用，危害人体健康或者破坏生态环境，造成水质恶化的现象称为水污染。水体污染有两类：一类是自然污染，另一类是人为污染，而后者是主要的。

1. 水环境现状

我国每年人均水资源量为 2 400 m^3，居世界 120 位之后，仅相当于世界人均的 25%，低于人均 3 000 m^3 的轻度缺水标准，是世界上缺水的国家之一。我国水资源在时空上分布不均，处于"南多北少、东多西少"的局面。作为农业大国，我国有一半的耕地得不到有效灌溉，400 多个城市缺水。有些地区和城市，虽然淡水的水量尚可供应，但由于废水排放，城市水质已达不到人们生活或生产活动的安全要求，这种情况称为"水质型"缺水。

根据《地表水环境质量标准》（GB 3838—2002），按照不同水域和不同功能，我国将地表水水域分成五类，分别执行不同的水质标准：

Ⅰ类水体：主要适用于源头水、国家自然保护区。

Ⅱ类水体：主要适用于集中式生活饮用水地表水源地一级保护区、珍稀水生生物栖息地、鱼虾类产卵场、仔稚幼鱼的索饵场等。

Ⅲ类水体：主要适用于集中式生活饮用水地表水源地二级保护区、鱼虾类越冬场、洄游通道、水产养殖区等渔业水域及游泳区。

Ⅳ类水体：主要适用于一般工业用水区及人体非直接接触的娱乐用水区。

Ⅴ类水体：主要适用于农业用水区及一般景观要求水域。

我国七大水系海河、辽河、黄河、淮河、松花江、长江、珠江的 411 个水质监测断面中，有 41% 的断面满足国家地表水Ⅲ类水体标准，32% 的断面为Ⅳ～Ⅴ类水质，劣Ⅴ类水质的断面比例占 27%。以上数据表明，我国地表水的污染已经十分严重。主要污染指标为石油类、生化需氧量、氨氮、挥发酚等，呈现为有机污染。

七大水系中不适合作为饮用水源的河段已接近 40%，工业发达城镇河段污染突出，城市河段中 78% 的河段不适合作为饮用水水源。全国 50 个代表性湖泊中，75% 以上水域受到污染。主要湖泊氮、磷污染较重。

我国 50% 的城市地下水受到不同程度的污染，地下水受到污染的地区主要分布在人口密集和工业化程度高的城市。主要超标水质指标为 pH 值、总硬度、硝酸盐、亚硝酸盐、氨氮、铁、锰、氯化物、氟化物、硫酸盐等。

据国家环保部公布的 2012 年环境统计年报，全国废水排放量 684.8 亿吨，其中，城镇生活污水排放量 462.7 亿吨，占废水排放总量的 67.6%。在调查统计的 41 个工业行业中，废水排放量居于前 4 位的行业依次为造纸和纸制品业、化学原料及化学制品制造业、纺织业、农副食品加工业。农业中过量使用的化肥和农药对水体也带来了相当大的污染问题。城市水体主要污染因子是化学需氧量、总磷和总氮。

2011 年，全国共调查统计 3 974 座污水处理厂，设计处理能力为 13 990.9 万吨/日，运行费用为 307.2 亿元。全年共处理废水 402.9 亿吨，其中，生活污水 349.7 亿吨，占总处理水量的 86.8%。再生水生产量 12.9 亿吨，再生水利用量 9.6 亿吨。污水处理厂的污泥处置量为 2 267.2 万吨。

2. 水环境污染防治对策

水环境问题主要是水体污染。因此，保护水环境主要是保护水体不受废水、废物、有毒有害物等的污染，使之符合人们生活、生产需要的水质标准。为减少水资源对社会经济发展的制约，实现可持续发展，需加强水环境污染防治对策研究。

（1）依法治水，完善水资源保护立法。制定水资源保护规划，实现水资源的可持续利用。

（2）要大力做好节约用水和污水资源化的工作。大力提倡清洁生产和污水资源化，实现建立节水型农业、节水型工业、节水型社会的目标。废水处理和废水回用相结合是未来主要发展方向。

（3）总量控制，科学治理。减少污染物排放是改善水环境的根本措施，实施总量控制、严格排污管理最有效的办法是根据流域水环境容量确定污染物允许排放量，以控制进入江河湖库的污染物。另外，还可以根据需要与可能适时适度调水，改善湖泊水质，防止湖泊富营养化。

第 2 节　废水来源与水质指标

 **学习目标**

1. 了解废水水质指标。

2. 熟悉废水的分类。

3. 掌握生化需氧量与化学需氧量的概念。

4. 掌握悬浮物、氨氮的概念。

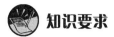 **知识要求**

一、废水

1. 废水定义

废水是指人类生活和生产活动过程中排出的水及径流雨水的总称。城市废水包括生活污水、工业废水和初期雨水。

2. 废水的分类

根据废水的来源不同，可分为生活污水、工业废水、初期雨水、农田排水、矿山排水等。

根据污染物化学类别，可分为无机废水和有机废水。前者主要含无机污染物，一般难以生物降解；后者主要含有机污染物，一般易于生物降解。

根据毒物的种类不同，可分为含酸废水、含氰废水、含酚废水等，以表明主要毒物，但并不意味着某种毒物是唯一的污染物或含量最多。

根据工业部门或工艺命名，可分为电镀废水、造纸废水、制革废水、印染废水等。

二、废水水质指标

1. 废水中的污染物

废水中污染物的种类大致可分为：固体污染物、需氧污染物、营养性污染物、酸碱污染物、有毒污染物、油类污染物、生物污染物、感官性污染物、热污染物等。

2. 物理性质及指标

（1）温度。废水的水温，对废水的物理性质、化学性质及生物性质有直接的影响。所以水温是废水水质的重要物理性质指标之一。

许多工业企业排出的废水都有较高的温度，水体水温升高，会引起水体的热污染。而且氧在水中的饱和溶解度随水温升高而减少，较高的水温又加速耗氧反应，可导致水体缺氧与水质恶化。

（2）色度。色度是一项感官性指标，纯净的天然水是清澈、透明、无色的。生活污水的颜色常呈灰色。工业废水的色度视废水中的化合物的性质而定，差别极大。

（3）臭和味。臭和味是感官性指标，可定性反映某种污染物的多少。臭和味给人以不悦的感觉。天然水是无臭无味的，当水体受到污染后可能会产生异味。水的异臭来源于还原性硫和氮的化合物、挥发性有机物和氯气等污染物质。水中的盐分会给水带来异味，如氯化钠带有咸味、硫酸镁带有苦味、铁盐带有涩味、硫酸钙略带甜味等。

（4）固体含量。水中所有残渣的总和称为总固体（TS），总固体包括溶解性固体（DS）和悬浮固体（在国家标准和规范中又称悬浮物，用SS表示）。水样经过滤后，滤液蒸干所得的固体即为溶解性固体（DS），滤渣脱水烘干后即是悬浮固体（SS）。

（5）浊度。光线透过水体时，水中的悬浮物，例如泥土、沙砾、细微颗粒物、浮游生物、微生物等会起阻碍作用，其阻碍光线透过的程度称为浊度。浊度的高低，与水中悬浮物的浓度直接相关。水体浊度升高，则表明水质变坏。

（6）电导率。水中各溶解盐类都以离子状态存在，具有导电能力。在水溶液中插入面积为$1~cm^2$的两块电极片，相隔$1~cm$所测得的电导值，称为电导率。电导率的大小反映了溶液中离子浓度的高低，也间接反映了溶解盐的含量，所以电导率是水环境监测的常规项目之一。

3. 化学性质及指标

（1）无机化学性质指标

1）酸碱度。酸碱度用pH值表示，pH值等于氢离子浓度的负对数，即$pH = -\lg$【H^+】。在25℃条件下，当pH = 7时，废水呈中性；pH < 7时，数值越小，酸性越强；pH > 7时，数值越大，碱性越强。

当pH值超出6~9的范围时，会对人、畜造成危害。对废水的物理、化学及生物处理产生不利影响。尤其是pH值低于6的酸性污水，会对管渠、废水处理构筑物及设备产生腐蚀作用。因此pH值是废水化学性质的重要指标。

2）氮、磷。污水中的氮、磷为植物营养元素，从农作物生长的角度看，植物营养元素是宝贵的养分，但过多的氮、磷进入天然水体会导致富营养化。湖泊中植物营养元素含量增加，导致水生植物和藻类的大量繁殖。藻类在有阳光的时候，在光合作用下会产生氧气；而在夜晚无阳光的时候，藻类的呼吸作用和死亡藻类的分解作用所消耗的氧气，能在一定时间内使水体处于严重缺氧状态，从而严重影响鱼类生存。

废水中含氮化合物有四种，分别为有机氮、氨氮、亚硝酸盐氮与硝酸盐氮。四种含氮化合物的总量称为总氮（TN，以N计）。有机氮很不稳定，容易在微生物的作用下，分解成其他三种形态。在无氧的条件下，分解为氨氮。在有氧的条件下，先转化为氨氮，再转化为亚硝酸盐氮与硝酸盐氮。有机氮与氨氮之和称为凯氏氮（KN，以N计）。

废水中的含磷化合物可分为有机磷和无机磷两类。无机磷都以磷酸盐形式存在，包括正磷酸盐（PO_4^{3-}）、偏磷酸盐（PO_3^-）、磷酸氢盐（HPO_4^{2-}）、磷酸二氢盐（$H_2PO_4^-$）等。

3）硫酸盐与硫化物。废水中的硫酸盐用硫酸根（SO_4^{2-}）表示。废水中的硫酸盐，在缺氧的条件下，被还原成硫化氢（H_2S）气体，低浓度的硫化氢气体有臭鸡蛋气味，排水管道中的硫化氢气体会反应生成硫酸，对管壁有严重的腐蚀作用，可能造成管壁的塌陷。空气中过量的硫化氢气体会引起中毒死亡。

硫化物属于还原性物质，会消耗污水中的溶解氧，并能与重金属离子反应，生成黑色的金属硫化物沉淀。

4）氯化物。生活污水中的氯化物主要来自人类排泄物，工业废水（如漂染工业、制革工业等）以及沿海城市采用海水作为冷却水时，都含有很高的氯化物。氯化物含量高时，对管道及设备有腐蚀作用，灌溉农田会引起土壤板结。氯化钠浓度超过 4 000 mg/L 时对生物处理的微生物有抑制作用。

5）重金属离子。重金属指原子序数在 21～83 之间或相对密度大于 4 的金属。废水中的重金属主要有汞（Hg）、镉（Cd）、铅（Pb）、铬（Cr）、锌（Zn）、铜（Cu）、镍（Ni）、锡（Sn）、铁（Fe）、锰（Mn）等。上述重金属离子在微量浓度时，有益于微生物、动植物及人类；但当浓度超过一定值后，即会产生毒害作用，特别是汞、镉、铅、铬、砷以及它们的化合物，称为"五毒"。

废水中含有的重金属难以净化去除。在废水处理过程中，60% 左右的重金属离子被转移到污泥中，很大程度上限制了污泥的最终处理。因此，对于随工业废水排入城市排水系统的重金属离子的最高允许浓度有明确规定，若超过此标准，必须在工矿企业内进行处理。

6）非重金属有毒物质。非重金属有毒物质是指氰化物、砷化物等一类物质。

氰化物是剧毒物质，在废水中的存在形式主要是氢氰酸（HCN）与氰酸盐（CN^-）。

砷化物在废水中的存在形式有亚砷酸盐（AsO^{2-}）、砷酸盐（AsO_4^{3-}）以及有机砷（如三甲基砷）。砷在人体内会积累，属于致癌物质之一，如皮肤癌，有机砷对人体的毒性最大。

（2）有机化学性质指标

1）有机污染指标。生活污水和某些工业废水中所含的碳水化合物、蛋白质、脂肪等有机化合物在微生物作用下最终分解为简单的无机物质、二氧化碳和水等。这些有机物在分解过程中需要消耗大量的氧，故属耗氧污染物。耗氧有机污染物是使水体产生黑臭的主要因素之一。

污水中有机污染物的组成较复杂，分别测定各类有机物的周期较长，工作量较大，通常在工程中必要性不大。有机物的主要危害是消耗水中的溶解氧。因此，在工程中一般采用生化需氧量（BOD）、化学需氧量（COD 或 OC）、总有机碳（TOC）、总需氧量（TOD）等指标来反映水中有机物的含量。

①生化需氧量（BOD）。水中有机污染物被好氧微生物分解时所需的氧量称为生化需

氧量（以 mg/L 为单位），反映了水中可生物降解的有机物量。生化需氧量越高，表示水中耗氧有机污染物越多。有机污染物被好氧微生物氧化分解的过程，一般可分为两个阶段：第一阶段主要是有机物被转化成二氧化碳、水和氨；第二阶段主要是氨被转化为亚硝酸盐和硝酸盐。污水的生化需氧量通常只指第一阶段有机物生物氧化所需的氧量。生活污水中的有机物一般需 20 天左右才能基本上完成第一阶段的分解氧化过程，即测定第一阶段的生化需氧量至少需 20 天时间，这在实际应用中周期太长。目前以 5 天作为测定生化需氧量的标准时间，简称 5 日生化需氧量（用 BOD_5 表示）。据试验研究，生活污水 5 日生化需氧量为第一阶段生化需氧量的 70% 左右。

②化学需氧量（COD）。化学需氧量是用化学氧化剂氧化水中有机污染物所消耗的氧化剂量（以 mg/L 为单位）。化学需氧量越高，也表示水中有机污染物越多。常用的氧化剂主要是重铬酸钾和高锰酸钾。

污水处理中，通常采用重铬酸钾法，以重铬酸钾作氧化剂时，测得的值称 COD_{Cr}。如果污水中有机物的组成相对稳定，则化学氧量和生化需氧量之间应有一定的比例关系。一般而言，当废水中 BOD_5/COD_{Cr} 的比值大于 0.3 时，认为该废水适用于生物处理。

③总有机碳（TOC）与总需氧量（TOD）。目前应用的 5 日生化需氧量（BOD_5）测试时间长，不能快速反映水体被有机物污染的程度。可以采用总有机碳和总需氧量的测定，并寻求它们与 BOD_5 的关系，实现快速测定。

总有机碳（TOC）包括水样中所有有机污染物的含碳量，也是评价水样中有机污染物的一个综合参数。有机物中除含有碳外，还含有氢、氮、硫等元素，当有机物全都被氧化时，碳被氧化为二氧化碳，氢、氮及硫则被氧化为水、一氧化氮、二氧化硫等，此时需氧量称为总需氧量（TOD）。

2）油类污染物。油类污染物有石油类和动植物油脂两种。工业含油废水所含的油大多为石油或其组分，含动植物油的污水主要产生于人的生活过程和食品工业。

油类污染物进入水体后会影响水生生物生长、降低水体的资源价值。大面积油膜将阻碍大气中的氧进入水体，从而降低水体的自净能力。

3）酚类污染物。酚类化合物是有毒有害污染物，炼油、石油化工、焦化、合成树脂、合成纤维等工业废水都含有酚。水体受酚类化合物污染后会影响水产品的产量和质量。

4）表面活性剂。生活污水与使用表面活性剂的工业废水，含有大量表面活性剂，产生泡沫。

5）有机酸碱。有机酸工业废水含短链脂肪酸、甲酸、乙酸和乳酸等。人造橡胶、合成树脂等工业废水含有机碱，包括吡啶及其同系物质。它们都属于可生物降解有机物，但对微生物有毒害或抑制作用。

6）有机农药。有机农药有两大类，即有机氯农药与有机磷农药。有机氯农药（如DDT、六六六等）毒性极大且难分解，会在自然界不断积累，造成二次污染。故我国于20世纪70年代起，禁止生产与使用。现在普遍采用有机磷农药（含杀虫剂与除草剂），占农药总量的80%以上，种类有敌百虫、乐果、敌敌畏、有机磷等，毒性大，属于难生物降解有机物，并对微生物有毒害与抑制作用。

7）苯类化合物。人工合成高分子有机化合物种类繁多，成分复杂，大多属于难生物降解有机物。对微生物有毒害与抑制作用，而且这类物质中已被查明的含三致物质（致癌、致畸、致突变）的物质达20多种，疑似致癌物质也超过20种。

4. 生物性质及指标

（1）大肠菌群与大肠菌群指数。大肠菌群数是每升水样中所含有的大肠菌群的数目，以个/L计；大肠菌群指数是查出1个大肠菌群所需的最少水量，以mL计。大肠菌群数与大肠菌群指数是互为倒数关系，若大肠菌群数为500个/L，则大肠菌群指数即为2 mL。

水是传播肠道疾病的重要媒介。大肠菌群则被视为最基本的粪便污染指示菌群。大肠菌群的数值，可表明水样被粪便污染的程度，并可间接表明有肠道病菌（如伤寒、痢疾、霍乱病菌等）存在的可能性。

（2）病毒。由于肝炎、小儿麻痹症等多种病毒性疾病可通过水体传染，目前废水中已被检出的病毒有100多种，水体中的病毒已引起人们的高度重视。这些病毒也存在于人的肠道中，通过粪便污染水体，检出大肠菌群，可以表明肠道病原菌的存在，但不能表明是否存在病毒及其他病原菌（如炭疽杆菌）。因此还需要检验病毒指标。

（3）细菌总数。细菌总数是大肠菌群数、病原菌及其他细菌数的总和，以每毫升水样中的细菌菌落总数表示。细菌总数越多，表示水体污染存在的可能性越大，因此用大肠菌群数、病毒及细菌总数3个卫生学指标来评价水的污染来源和安全程度就比较全面。

水中细菌总数反映了水体受细菌污染的程度，可作为评价水质清洁程度和考核水净化效果的指标。

（4）半数致死浓度（LC_{50}）。生长在水中的生物接触水中的某种化学物质后，经过一定时间有半数生物死亡，在选定的时间里，发生50%死亡率的浓度，称为该化学物质的半数致死浓度（LC_{50}）。当水体受到废水中化学物质或其他有毒有害物质污染时，从这项指标可了解水体的安全情况。

第 3 节 水环境保护法规与标准

学习目标

1. 了解我国水环境保护法规。
2. 熟悉《城镇污水处理厂污染物排放标准》。
3. 掌握水环境标准的分类与区别。

知识要求

一、水环境保护法规

1. 水环境保护法规的种类与特点

1979 年，我国颁布了第一部环境保护基本法，即《中华人民共和国环境保护法（试行）》（以下简称《环境保护法》）。1984 年《中华人民共和国水污染防治法》（以下简称《水污染防治法》）颁布实施，这是我国第一部关于水污染防治的专门性法律，它针对防治陆地水污染作出系统的规定。同时，国务院及有关行政管理部门先后制定、颁布了一系列有关水污染防治的行政法规、规章和标准，基本形成了水污染防治的法律体系。经过 1996 年、2007 年的两次修订，现行的《水污染防治法》于 2008 年 6 月 1 日正式施行，共八章九十二条，包括总则、水污染防治的标准和规划、水污染防治的监督管理、水污染防治措施、饮用水水源和其他特殊水体保护、水污染事故处置、法律责任以及附则。

《水污染防治法》适用于我国领域内的江河、湖泊、运河、渠道、水库等地表水体和地下水体的污染防治，海洋污染防治则适用《中华人民共和国海洋环境保护法》。

其他有关水污染防治的法律、法规还有《水污染防治法实施细则》《环境影响评价法》《清洁生产促进法》《建设项目环境保护管理条例》等。此外，我国各省、自治区、直辖市依据国家的环境法律和法规，也制定并实施了与本地区水环境保护相适应的地方性法规和政府规章。

2. 主要法规的解读

面对严重的水污染挑战，国家提出了"让江河湖泊休养生息"的战略思想。这一战略下的五大对策，即严格环境准入、淘汰落后产能、全面防治污染、强化综合手段、鼓励公众参与，通过新修订的《水污染防治法》都上升为法律意志。主要体现在以下十个方面。

（1）地方政府要对水环境承担实实在在的责任。水环境保护目标责任制的实施情况以及当地的水环境质量如何，都要纳入到对政府领导干部的政绩考核中来。

（2）超标即违法，不得超总量。修订后的《水污染防治法》第九条规定："排放水污染物，不得超过国家或者地方规定的水污染物排放标准和重点水污染物排放总量控制指标。"违反这些标准也是违法行为，要承担相应的法律责任。

（3）重点水污染物排放总量控制制度得到进一步强化。只有坚定不移地实施排污总量控制制度，才能切实把水污染物的排放量削减下来，把水环境质量提高。

（4）全面推行排污许可证制度，规范企业排污行为。城镇污水集中处理设施的运营单位及其他企业、事业单位应取得排污许可证方可排放废水。

排污许可证制度是落实水污染物排放总量控制制度、加强环境监管的重要手段。规范排污口的设置，有利于加强对重点排污单位和有关主体排放水污染物的监测，有利于及时制止和惩处违法排污行为。

（5）完善水环境监测网络，建立水环境信息统一发布制度。重点排污单位应当安装水污染物排放自动监测设备，与环境保护主管部门的监控设备联网，并保证监测设备正常运行。

（6）完善饮用水水源保护区管理制度。为确保城乡居民饮用水安全，规定国家建立饮用水水源保护区制度，并将其划分为一级和二级保护区。对饮用水水源保护区实行严格管理。

（7）强化城镇污水防治。城镇污水集中处理设施的运营单位，应当对城镇污水集中处理设施的出水水质负责。环境保护主管部门应当对城镇污水集中处理设施的出水水质和水量进行监督检查。

（8）关注农业和农村水污染防治。修订后的《水污染防治法》对农业和农村水污染防治给予了高度关注，增加了一些防治农业和农村水污染的规定。畜禽养殖场、养殖小区应当保证其畜禽粪便、废水的综合利用或者无害化处理设施正常运转，保证污水达标排放，防止污染水环境。

（9）做好突发水污染事故的应急准备、应急处置和事后恢复等工作。

（10）加大对违法排污行为的处罚力度。"守法成本高、违法成本低"一直是水污染治理的瓶颈。综合运用各种行政处罚手段，加大行政处罚力度。让排污者承担必要的民事责任。建立举证责任倒置制度，共同诉讼制度。

二、水环境标准

1. 水环境标准种类与特点

（1）水环境标准概述。水环境标准是国家为了维护水环境质量、控制水污染，保护人群健康、社会财富和生态平衡，按照法定程序制定的，与保护水环境相关的各种技术规范的总称。水环境标准是具有法律性质的技术规范，是一种环境标准，是水污染防治法规的重要组成部分。

（2）水环境标准的分类。我国现行水环境标准体系，可概括地分为"五类三级"。分别是水环境质量标准、水污染物排放标准、水环境基础标准、水监测分析方法标准和水环境质量标准样品标准五类。国家标准、地方标准和行业标准三级。

污水排放标准可以分为：国家排放标准、地方排放标准和行业标准。省、自治区、直辖市人民政府对国家污染物排放标准中没做规定的项目可以制定地方污染物排放标准，对国家污染物排放标准已作规定的项目，可以制定严于国家污染物排放标准的地方污染物排放标准。两种标准并存的情况下，执行地方标准。

1）国家排放标准。国家排放标准是国家环境保护行政主管部门制定并在全国范围内或特定区域内适用的标准。

2）地方排放标准。地方排放标准是由省、自治区、直辖市人民政府批准颁布的，在特定行政区适用。如《上海市污水综合排放标准》（DB 31/199—2009）适用于上海市范围。

3）行业标准。目前我国允许造纸工业、船舶工业、海洋石油开发工业、纺织染整工业、肉类加工工业、钢铁工业、合成氨加工工业、航天推进剂、兵器工业、磷肥工业、烧碱和聚氯乙烯工业12个工业门类不执行国家污水综合排放标准，而执行相应的国家行业标准。如《钢铁工业水污染物排放标准》（GB 13456—2012）。

（3）其他水环境标准。此外，为了保证合流管道、泵站、预处理设施的安全和正常运行，发挥设施的社会效益、经济效益、环境效益，有关部门制定了纳管标准，即向城市下水道或合流管道排放污水的水质控制标准，如上海市《污水排入合流管道的水质标准》（DB 31/445—2009）。该标准所称合流污水，是指生活污水、工业废水及大气降水的总和。该标准规定了污水排入合流管道的30种有害物质的最高允许浓度，其他项目应遵守国家行业和地方标准中的规定。特殊行业的排水户除了执行该标准的规定外，还应执行其行业的有关水质标准。国家住房和城乡建设部在2010年制定了《污水排入城镇下水道水质标准》（CJ 343—2010），规定了排入城市下水道污水中35种有害物质的最高允许浓度。

2. 污水厂污染物排放标准解读

城镇污水处理厂既是城市防治水环境污染的重要城市环境基础设施，又是水污染物重要的排放源。《城镇污水处理厂污染物排放标准》（GB 18918—2002）根据污染物的来源及性质，将污染物控制项目分为基本控制项目和选择控制项目两类。基本控制项目主要包括影响水环境和城镇污水处理厂一般处理工艺可以去除的常规污染物以及部分一类污染物，共19项，其中12项常规污染物控制标准见表1—1。选择的控制项目包括对环境有较长期影响或毒性较大的污染物，共43项。基本控制项目必须执行。选择控制项目，由地方环境保护行政主管部门根据污水处理厂接纳的工业污染物的类别和水环境质量要求选择控制。根据城镇污水处理厂排放的地表水域环境功能和保护目标以及污水处理厂的处理工艺，将基本控制项目的常规污染物标准值分为一级标准、二级标准、三级标准。一级标准分为A标准和B标准，部分一类污染物和选择控制项目不分级。

表1—1　　　　　　基本控制项目最高允许排放浓度（日均值）/mg/L

序号	基本控制项目		一级标准		二级标准	三级标准
			A标准	B标准		
1	化学需氧量（COD$_{Cr}$）		50	60	100	120[①]
2	生化需氧量（BOD$_5$）		10	20	30	60[②]
3	悬浮物（SS）		10	20	30	50
4	动植物油		1	3	5	20
5	石油类		1	3	5	15
6	阴离子表面活性剂		0.5	1	2	5
7	总氮（以N计）		15	20	—	—
8	氨氮（以N计）[②]		5（8）	8（15）	25（30）	—
9	总磷（以P计）	2005年12月31日前建设的	1	1.5	3	5
		2006年1月1日起建设的	0.5	1	3	5
10	色度（稀释倍数）		30	30	40	50
11	pH值		6~9			
12	粪大肠菌群数/个/L		1 000	10 000	10 000	—

①下列情况下按去除率指标执行：当进水COD$_{Cr}$大于350 mg/L时，去除率应大于60%；BOD$_5$大于160 mg/L时，去除率应大于50%。

②括号外数值为水温＞12℃时的控制指标，括号内数值为水温≤12℃时的控制指标。

第4节　废水处理厂运行概述

 学习目标

1. 了解污水处理的常规方法。
2. 熟悉废水处理工作的岗位职责。

 知识要求

一、废水处理流程

1. 废水处理方法

要想了解废水处理方法的概况，就必须了解污染物质是以何种形态在水中存在以及它们的物理、化学特性。一般污染物质可分为三种形态，即悬浮物质、胶体物质与溶解性物质。但严格划分很困难，通常是根据污染物质粒径的大小来划分。悬浮物粒径为 1～100 μm，胶体粒径为 1 nm～1 μm，溶解性物质粒径小于 1 nm。

废水处理时，污染物质粒径大小的差异，对处理的难易程度有很大的影响。一般来说，最易处理的是悬浮物，而粒径较小的胶体和溶解性物质比较难以处理。也就是说，悬浮物易通过沉淀、过滤而分离，而胶体物质和溶解性物质则必须利用特殊的物质使之凝聚或通过化学反应使其增大到悬浮物的程度，再利用生物或特殊的膜，经吸附、过滤与水分离。

废水处理的基本方法，就是采用各种技术手段，将废水中所含的污染物质分离去除、回收利用，或将其转化为无害物质，使水得到净化。

现代废水处理技术，按原理可分为物理处理法、化学处理法和生物处理法三类。

（1）物理处理法。物理处理法是利用物理作用分离污水中呈悬浮状态的固体污染物质。如采用格栅、筛网、沉淀、隔油等设备去除水中的纸屑、泥沙、油污等物质的处理方法就属于物理处理法。除此以外还有普通气浮工艺、过滤法、反渗透、超滤等。

气浮是在水中通入或产生大量的微细气泡，使其附着在悬浮颗粒上，造成密度小于水的状态，利用浮力原理使它浮在水面，从而获得固、液分离的方法。气浮法可以用于炼油厂含油废水的处理。气浮法按照产生微气泡方式的不同可分为溶气气浮法、散气气浮法、电解气浮法。溶气气浮系统主要由溶气罐和气浮池组成。溶气罐内部实施高压水与空气的充分接触，目的是加速空气的溶解，产生足够的溶气水。气浮池可以分为平流式、竖流式。

过滤主要去除悬浮和胶体杂质，对污水中的 COD 和 BOD 等也有一定的去除效果。过滤池按进水方式分为普通过滤池、虹吸滤池、无阀滤池等。过滤池中承担过滤功能的主要部分是滤料。管理上要注意过滤池生物繁殖速度较快，可以用加氯解决。

（2）化学处理法。化学处理法是利用化学反应的作用，通过改变污染物的化学性质以降低其危害性或分离回收废水中处于各种形态的污染物质（包括悬浮的、溶解的、胶体的等）。主要方法有中和、混凝、电解、氧化还原、吸附、离子交换等。

根据吸附质和吸附剂之间吸附力的不同，可将吸附分为物理吸附和化学吸附两大类，其吸附力分别为范德华力和化学键。当吸附速度与解吸速度相等时，吸附过程才达到平衡。吸附量的大小决定吸附再生周期的长短。衡量吸附剂能力以及吸附装置运行的重要参数的依据是吸附量。再生周期是指两次再生操作的时间间隔。活性炭是废水处理中常用的吸附剂，原因是活性炭的比表面积很大，吸附容量较高。市售的活性炭产品呈现粉末状、片状、纤维状、粒状。活性炭在酸性条件下的吸附能力比碱性的强。一般接触时间控制在 0.5 ~ 1 h。废水在吸附前必须进行充分的预处理，去除大颗粒悬浮物，吸附前废水的 COD 一般不应超过 80 mg/L。吸附装置是填充有吸附剂的吸附床或吸附柱，可分为固定式、移动式和流态化三种。吸附剂的再生法包括加热再生法、化学再生法、生物再生法。

离子交换法是给水处理中软化和除盐的主要方法之一。常用的离子交换剂是离子交换树脂，离子交换的运行操作包括交换、反洗、再生、清洗。离子交换装置按照进行方式的不同，可分为固定床和连续床两大类。

（3）生物处理法。生物法又称生化法，是废水处理中应用最久、最广和较为有效的一种方法，利用微生物代谢作用，使废水中呈溶解、胶体状态的有机污染物转化为稳定的无害物质。主要方法可分为两大类，即利用好氧微生物作用的好氧法和利用厌氧微生物作用的厌氧法。前者广泛用于处理城市污水及有机性生产污水，其中有活性污泥法和生物膜法两种；后者多用于处理高浓度有机污水与污水处理过程中产生的污泥，现在也开始用于处理城市污水与低浓度有机污水。

除上述两类生物处理法外，还有利用池塘和土壤处理的自然生物处理法。自然生物处理法又分为稳定塘和土地处理两种方法。稳定塘又称"生物塘"，是经过人工适当修整的土地，设围堤和防渗层的污水塘，主要依靠自然生物净化功能使污水得到净化的一种污水生物处理技术。稳定塘又分为好氧塘、厌氧塘、兼性塘、曝气塘等。土地处理是在人工控制条件下，将污水投配在土地上，通过土壤与植物的共同作用使污水得到净化的一种污水处理的自然生物处理技术。土地处理法又可分为湿地、慢速渗滤、快速渗滤、地表漫流、污水灌溉等方法。

城市污水与生产污水中的污染物是多种多样的，往往需要采用几种方法组合，才能处理不同性质的污水与污泥，达到净化的目的与排放标准。

现代城市污水处理技术，按处理程度划分，可分为一级处理、二级处理和深度处理。

一级处理主要是去除污水中的漂浮物和悬浮物的净化过程，主要为沉淀。

二级处理为污水经一级处理后，用生物方法继续去除没有沉淀的微小粒径的悬浮物、胶体物和溶解性有机物质以及氮和磷的净化过程。只去除有机物的称普通二级处理；去除有机物外，同时去除氮和磷的称为二级强化处理。

深度处理为进一步去除二级处理未能去除的污染物的净化过程。深度处理通常由以下处理单元优化组合而成：混凝沉淀、混凝气浮、吸附、离子交换、膜技术等。

2. 废水处理常规流程

废水处理常规流程如图1—3所示。

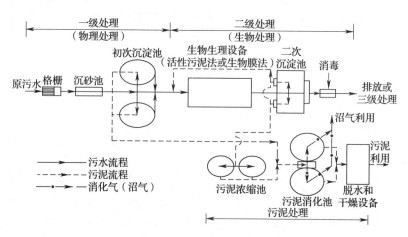

图1—3　废水处理常规流程

二、废水处理工岗位职责

中华人民共和国住房和城乡建设部2011年3月15日发布《城镇污水处理厂运行、维护及安全技术规程》（CJJ 60—2011），于2012年1月1日实施。目的是进一步提高城市污水处理厂的技术和管理水平，确保污水处理厂安全、稳定、高效运行，达标排放，实现净化水质、处理和处置污泥、保护环境，使资源得到充分利用。各城镇污水处理厂应依据该规程制定相应的管理制度、岗位操作规程、设施、设备维护保养手册及事故应急预案，并定期修订。

1. 岗位主要任务

废水处理厂（站）的运行过程包括从接纳废水、废水净化到达标排放的全部过程。主要任务包括以下三个方面：

（1）确保所排放的污水符合规定的排放标准或再生利用的水质标准。

（2）使污水处理设施和设备经常处于最佳运行状态。

（3）减少能源和资源的消耗，降低运行成本。

2. 岗位基本要求

对处理工操作人员的基本要求包括以下四个方面：

（1）确保操作人员的安全与健康。

（2）按有关规程和岗位责任制的规定进行操作。

（3）发现异常时，能指出产生的原因和应采取的措施，并确保污水处理设施和设备能正常运行，充分发挥作用。

（4）操作的技术要求，应达到《城市污水处理厂运行、维护及其安全技术规程》。

3. 岗位具体内容

（1）操作人员必须熟悉本厂处理工艺和设施、设备的运行要求与技术指标。

（2）操作人员必须了解本处理工艺，熟悉本岗位设施、设备的运行要求和技术指标。

（3）各岗位应有工艺系统网络图、安全操作规程等，并应示于明显部位。

（4）操作人员应按要求巡视检查构筑物、设备、电器和仪表的运行情况。

（5）操作人员应按时做好运行记录，并应准确无误。

（6）操作人员发现运行不正常时，应及时处理或上报主管部门。

（7）各种机械设备应保持清洁，无漏水、漏气等现象。

（8）水处理构筑物堰口、池壁应保持清洁、完好。

（9）根据不同机电设备的要求，应定时检查、添加或更换润滑油或润滑脂。

（10）各种闸井内应保持无积水。

本章思考题

1. 水体为何会具有自净作用？自净作用有哪些类型？

2. 简要介绍水污染防治对策。

3. 废水水质表中 COD_{Mn}、COD_{Cr}、BOD_5 有何区别？

4. 我国现行水环境标准体系中的"五类三级"，具体是指哪些？

5. 废水常见的处理方法有哪些？

6. 《城镇污水处理厂污染物排放标准》（GB 18918—2002）的常规污染物控制是哪些？

第 2 章

废水物理处理

第 1 节　格 栅 和 筛 网

 学习目标

1. 了解格栅与筛网的工作原理。
2. 熟悉格栅与筛网的分类结构。
3. 掌握格栅与筛网的运行管理要求。
4. 能正确操作格栅，能进行日常维护。

 知识要求

一、格栅和筛网

1. 格栅的功能和工作原理

格栅用来阻挡截留污水中的呈悬浮或漂浮状态的大块固形物，如草木、塑料制品、纤维及其他生活垃圾，以防止阀门、管道、水泵、表曝机、吸泥管及其他后续处理设备堵塞或损坏。格栅通过一组或数组平行的金属栅条、塑料齿钩或金属筛网、框架及相关装置等来截留污染物。其基本结构如图 2—1 所示。

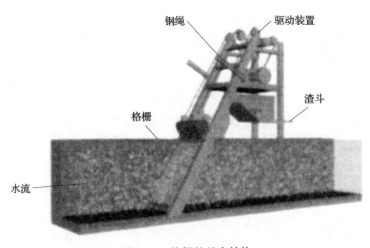

图 2—1　格栅的基本结构

2. 格栅的分类

按格栅栅条之间的净间距，格栅可分为粗格栅（50～100 mm）、中格栅（10～40 mm）、细格栅（1.5～10 mm）三种。为了更好地拦截废水中的颗粒，有时采用粗、中两道格栅，甚至采用粗、中、细三道格栅。另外，栅条的断面形状有方形、圆形、矩形等几种，其中矩形栅条因其刚度高、不易变形而常被采用。

按外形表面形状，格栅可分为平面和曲面，平面和曲面格栅都可做成粗、中、细三种。

按栅渣的清除方式，可分为人工格栅和机械格栅两种。人工格栅即靠人工清除格栅上拦截的栅渣。人工格栅适用于中小型污水厂，所需截留的污染物量较少，这类格栅与水平面的倾角为50°～60°。当倾角小时清理时较省力，但占地较大。机械格栅与水平面的倾角大于人工清除的格栅，通常采用60°～80°。我国常用的机械格栅有圆周回转式、钢丝绳牵引式、移动式、链条式等几种。对大型污水处理厂宜采用机械清渣的格栅，以减轻人工劳动。图2—2为回转式机械格栅。

图2—2　城市污水处理厂回转式机械格栅

3. 筛网的功能和分类

筛网是针对废水中的悬浮物尤其是细小纤维类悬浮物而设计的，这些悬浮物或因尺寸太小、或因质地柔软细长能钻过格栅空隙，如不能有效去除，可能会缠绕在泵或表曝机的叶轮上，影响泵或表曝机的效率。筛网在去除效果上相当于初次沉淀池，选择不同尺寸的筛网可以去除和回收不同类型和大小的悬浮物。

从结构上看，筛网是穿孔金属板或金属格网，要根据被去除漂浮物的性质和尺寸确定筛网孔眼的大小。根据其孔眼的大小，可分为粗滤机和微滤机；按照安装形式的不同，筛网可分为固定式、转动式和电动回转式三种。

二、格栅的运行与维护

1. 格栅的运行

（1）开机前的准备工作

1）启动设备前，应检查粗、细格栅机传动机构是否完好，紧固螺钉、螺母是否牢固，设备周围有无障碍物，以免影响设备的正常运转。

2）检查减速机的润滑油是否到油面线，有无漏油现象。

3）若电动机或控制箱检修过，启动之前还应检查电源电压是否与铭牌上标注的电源电压一致，还应做点动试验，以检查电动机的旋转方向是否符合要求。

（2）开机运转

1）开机（自动）

①确定低压室盘柜上控制挡是否已打到"自控挡"。

②在中控室的操作面板上点击需开启的格栅机，将弹出"启动""停止"按钮，点击"启动"按钮，设备开始运转。

2）开机（手动）

①合上闸后应检查运行情况是否正常，有无卡阻及出现异常声响等现象。

②及时发现并清除各种较大的纤维杂物，以免阻塞耙齿链并影响设备的正常运行。

③运行中每2 h检查一次电动机及轴承温升情况，轴承温度在70℃以下为正常，电动机机壳温度在70℃以下为正常。

④当格栅背部附有杂物时，应用专门工具将杂物耙入带式输送机内，带式输送机周围的杂物应及时清除。

⑤做好设备运行情况的各种详细记录。

（3）关机

1）关机（自动）。在中控室的操作面板上点击需关闭的格栅机，将弹出"启动""停止"按钮，点击"停止"按钮，设备停止运转。

2）关机（手动）

①按下停止按钮，停止设备运行。

②记录开、停机时间。

2. 格栅的维护

（1）每天对栅条、除渣耙、栅渣箱和前后水渠进行清扫，及时清运栅渣，保持格栅通畅。

（2）检查并调节栅前的流量调节阀门，保证过栅流量的均匀分布。同时利用投入工作的格栅台数将过栅流速控制在所要求的范围内。当发现过栅流速过高时，适当增加投入工作的格栅台数；当发现过栅流速偏低时，适当减少投入工作的格栅台数。

（3）定期检查清理积砂，分析产生积砂的原因，如果是由于渠道粗糙，就应该及时修复。

（4）经常测定每日栅渣的数量，摸索出一天、一月或一年中什么时候栅渣量多，以利于提高操作效率，并通过栅渣量的变化判断格栅运转是否正常。

（5）栅渣中往往夹带许多挥发性油类等有机物，堆积后能够产生异味，因此要及时清运栅渣，并经常保持格栅间的通风透气。

（6）为了保证机械格栅的正常运行，应制订详细的维修检修计划，对设备的各部位进行定期检查维修并认真做好检修记录，如轴承减速器、链条的润滑情况，转动带或链条的松紧程度，控制操作的定时装置或水位差的传感装置是否正常等，及时更换损坏的零部件。当机械格栅出现故障或停机检修时，应采用人工方式清污。

（7）格栅井是硫化氢和甲硫醇等恶臭有毒气体产生、聚集的场所，必要时须采用专用的检测仪器（如便携式有毒气体浓度检测仪）测定格栅井内的硫化氢、氨气等气体的浓度，只有当这些有毒气体的浓度达到安全要求后方可下井操作。同时，应当做到备有应急用防毒面具，保证逃生通道顺畅，有专人做安全监护，每人操作时间不超过 30 min 等。

第2节 调 节 池

 学习目标

1. 熟悉调节池的分类。
2. 掌握调节池的运行管理要求。
3. 能独立进行调节池的巡视与记录。

 知识要求

一、调节池分类

1. 调节池的功能

一般工业企业排出的污水，其水质、水量、酸碱度或温度等指标往往会随排水时间而大幅度波动，这种变化对污水处理设施的运行，特别是对生物处理设施的正常运行是非常不利的，甚至会使其遭到彻底的破坏。调节池的作用是克服污水排放的不均匀性，均衡调节污水的水质、水量、水温的变化，储存盈余，补充短缺，使生物处理设施的进水量均匀，从而降低污水水量和水质的波动对后续二级生物处理设施的冲击性影响。此外，酸性污水和碱性污水还可以在调节池内互相进行中和处理。

2. 调节池的常见类型及特点

根据功能的不同，调节池可以分为水量调节池（均量池）、水质调节池（均质池）、事故调节池。

（1）均量池。常用的均量池实际上是一种变水位的储水池，用于调节进、出水流量的不均衡。出水通常用泵抽送，池中最高水位与最低水位之间的容积为调节池的有效调节容积，其最高设计水位一般不高于进水管的设计水位。通常调节池有效水深为 2~3 m。常与进水泵房集水井合二为一。

（2）均质池。最常见的均质池为异程式均质池。在这种调节池中，来水被进水渠（槽）分配成若干股，从不同位置进入调节池，每股进水的行程不同决定了它们进入调节池的时间差，从而实现了废水水质的差流混合。这类调节池不需要动力机械，运行基本上不耗费用，但异程式均质池水位固定，因此只能均质，不能均量。

在水量调节池中利用压缩空气、机械叶轮搅拌或水泵循环，在达到水量调节目的的同时还能实现废水水质的强制均和，从而达到调节水质、水量的双重效果，兼具水质、水量调节及部分预处理作用的综合调节池又称均化池。这种均质调节池的最大特点是效果好、构造简单（类似于水量调节池），另外还具有防止悬浮物下沉、预曝气和脱臭功能，但机械设备投资较高，需要消耗动力，运行费用较高。

（3）事故调节池。为了防止水质出现恶性事故，当处理系统稳定性差，易受冲击负荷影响时，应设置事故调节池，以储留事故出水，在事故结束后再逐渐将事故池中积存的污水连续或间断地以较小的流量引入到污水处理系统中。事故调节池的进水阀门必须和排水系统连锁，实现自动控制，否则无法及时发现事故，且平时必须保持空池状态。事故池对保护处理系统不受冲击、减少调节池容积具有十分重要的作用。

二、调节池的运行

1. 调节池的运行要求

（1）为使均质调节池出水水质均匀和避免其中污染物沉淀，均质调节池内应设搅拌、混合装置。

（2）停留时间根据污水水质成分、浓度、水量大小及变化情况而定，一般按水量计为 10~24 h，特殊情况可延长到 5 天。调节池还可以起到储存事故排水的作用，若以事故池作用为主，则平时要尽量保持低水位。

（3）均质调节池一般串联在污水处理主流程内，水量调节池可串联在主流程内，也可以并联在辅助流程内。

（4）均质调节池池深不宜太浅，有效水深一般为 2～5 m；为保证运行安全，均质调节池要有溢流口和污泥放空口。

（5）污水中如果有发泡物质，应设置消泡设施；如果污水中含有挥发性气体或有机物，应当加盖密闭，挥发出的有害气体（搅拌时产生的更多）应进行净化处理后高空排放。

2. 调节池运行管理

（1）调节池的有效容积应能够容纳水质水量变化的一个周期所排放的全部废水量。为同时获得要求的某种预处理（如生物水解酸化、脱除某种气体等）效果，应适当增加池容。

（2）调节池前一般需设置格栅等除污设施，但池中截留的大量可沉淀物应及时清除。兼具生物预处理时，池底应有一定坡度坡向集泥坑，并适时排出增长的生化污泥。兼具吹脱作用时，应采取措施防止有毒有害气体及泡沫产生危害。

（3）经常巡查、观察调节池水位变化情况，定期检测调节池进、出水水质，以考察调节池运行状况和调节效果，发现异常问题及时通报并采取措施予以解决。

第 3 节　沉　　淀

 学习单元 1　沉砂池

 学习目标

1. 了解沉砂池的功能与原理。
2. 熟悉沉砂池的分类结构。
3. 掌握沉砂池的运行管理要求。
4. 能独立进行沉砂池的运行与维护。

知识要求

一、沉砂池的功能与原理

1. 沉砂池的功能

沉砂池是采用物理法将沙砾从污水中沉淀分离出来的一个预处理单元，其功能是从污水中分离出相对密度较大的颗粒物质，主要包括无机性的沙砾、砾石和少量密度较大的有机性颗粒如果核皮、种子等，以便于以有机污染物为主的小颗粒进入下一个处理单元。沉砂池一般设于初次沉淀池前，以减轻沉淀池负荷及改善污泥处理构筑物的处理条件。也有沉砂池设于泵站、倒虹管前，以减轻无机颗粒对水泵、管道的磨损。

2. 沉砂池的工作原理

沉砂池的工作原理是以重力分离为基础，故应控制沉砂池的进水流速，使得密度大的无机颗粒下沉，而有机悬浮颗粒能够随水流带走。常用的沉砂池可分为平流沉砂池、曝气沉砂池和旋流沉砂池等。

二、沉砂池的运行与维护

1. 沉砂池常见类型及特点

（1）平流沉砂池。平流沉砂池是早期污水处理系统常用的一种形式，它实际上是一个比入流渠道和出流渠道宽而深的渠道，池的上部近似于一个加宽了的明渠，两端设有闸门以控制水流，在池的底部设置 1～2 个储砂斗，下接排砂管，可利用重力排砂，也可用射流泵或螺旋泵排砂。平流沉砂池具有截留无机颗粒效果较好、构造较简单等优点，但也存在流速不易控制、沉砂中有机性颗粒含量较高、排砂常需要洗砂处理等缺点。平流沉砂池内的水流速度过大或过小都会影响沉砂效果，污水流量的波动会改变沉砂池内的水流速度，工程上需要采用多格并联方式，实际操作时应根据进水水量的变化调整运行的砂池格数。平流沉砂池的结构如图 2—3 所示。

（2）曝气沉砂池。普通平流沉砂池的主要缺点是沉砂中含有 15% 的有机物，增加沉砂后续处理难度。采用曝气沉砂池可以在一定程度上克服此缺点。

曝气沉砂池是一长型渠道，池表面呈矩形，池底一侧有 0.1～0.5 的坡度，坡向另一侧的集砂槽，曝气沉砂池的断面如图 2—4 所示。曝气装置设在集砂槽一侧，距池底 0.6～0.9 m，单侧曝气使池内水流作旋流运动，使无机颗粒之间的互相碰撞和摩擦机会增加，把表面附着的有机物去除。由于旋流产生的离心力，可把密度较大的无机物颗粒甩向外层而下沉，密度较小的有机物旋至水流的中心部位随水带走。另外，由于池中设有曝气设备，它还具有预曝气、脱臭、防止污水厌氧分解、除泡、加速污水中油类的分离等作用。

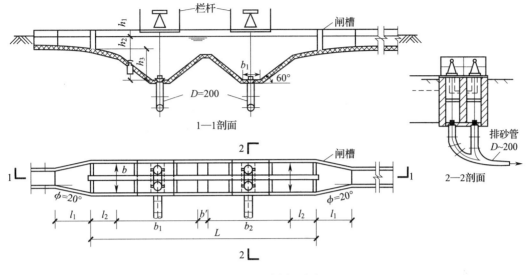

图 2—3　平流沉砂池

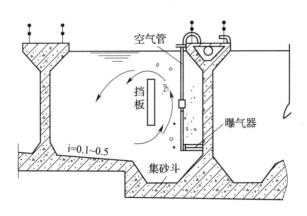

图 2—4　曝气沉砂池的断面示意图

曝气沉砂池的优点是除砂效率稳定，受进水流量变化的影响较小。水力旋转作用使沙砾与有机物分离效果较好，从曝气沉砂池排出的沉砂中，有机物只占 5% 左右，长期搁置也不会腐败发臭，便于沉砂后续处理。

（3）旋流沉砂池。旋流沉砂池是一种利用机械外力控制水流的流态和流速，加速沙砾的沉淀，并使有机物随水流带走的沉砂装置。沉砂池由流入口、流出口、沉砂区、砂斗、涡轮驱动装置及排砂系统等组成。污水由流入口切线方向流入沉砂区，旋转的涡轮叶片使沙砾呈螺旋形流动，促进有机物和沙砾的分离，由于所需离心力的不同，相对密度较大的沙砾被甩向池壁，在重力作用下沉入砂斗，有机物随出水旋流带出池外。通过调整转速，可达到最佳沉砂效果。砂斗内沉砂可采用空气提升、排砂泵排砂等方式排出，再经过砂水分离达到清洁排砂标准。旋流沉砂池具有池型简单、占地小、运行费用低、除砂效果好等优点。但由于要求切线方向进水和进水渠直线较长，在池子数多于两个时，配水困难，占地也大。

2. 沉砂池的运行维护

（1）操作人员根据池组的设置与水量变化，及时调节沉砂池进水闸阀。宜保持沉砂池污水设计流速。

（2）曝气沉砂池的空气量，应根据水量的变化进行调节。

（3）各类沉砂池均应定时排砂或连续排砂。

（4）沉砂池排出的砂应及时外运，不宜长期存放。

（5）在一些平流沉砂池上常设有浮渣挡板，挡板前的浮渣应每天清捞。

（6）清捞出的浮渣应集中堆放在指定的地点，并及时清除。

（7）沉砂池上的电气设备应做好防潮湿、抗腐蚀处理。

（8）沉渣应定期取样化验。主要项目有含水率及灰分，沉渣量也应每天记录。

（9）刚排出的沉渣含水率很高，一般在沉砂池下面或旁边应设集砂池。

（10）沉砂池由于截留了大量易腐败的有机物质，恶臭污染严重，特别是夏季，恶臭强度很高，操作人员要注意不要在池上工作或停留时间太长，以防中毒。堆砂处应用次氯酸钠溶液或双氧水定期清洗。

（11）在沉砂池的前部，一般都设有细格栅，细格栅上的垃圾应及时清捞。

 学习单元2　沉淀池

 学习目标

1. 了解沉淀池的功能与原理。

2. 熟悉沉淀池的分类结构。

3. 掌握沉淀池的运行管理要求。

4. 能进行初沉池日常操作。

 知识要求

沉淀池是分离悬浮固体的一种常用处理构筑物。按照工艺布置的不同，沉淀池可分为初次沉淀池和二次沉淀池。初次沉淀池一般作为二级污水处理厂的预处理构筑物设在生物处理构筑物的前面。二次沉淀池设在生物处理构筑物的后面，用于沉淀去除活性污泥或腐殖污泥，是生物处理的重要组成部分。

一、初沉池的功能与原理

1. 初沉池的功能

（1）去除可沉物和漂浮物，减轻后续处理设施的负荷。

（2）使细小的固体絮凝成较大的颗粒，强化了固液分离效果。

（3）对胶体物质具有一定的吸附去除作用。

（4）一定程度上，初沉池可起到调节池的作用，对水质起到一定程度的均质效果。减缓水质变化对后续生化系统的冲击。

2. 初沉池的工作原理

沉淀是水处理中最基本的方法之一。它是利用水中悬浮颗粒和水的密度差，在重力作用下产生下沉作用，以达到固液分离的一种过程。固体颗粒相对密度大于 1 时，表现为下沉。去除对象为水中粒径 10 μm 以上的可沉颗粒，即在 2 h 自然沉降时间内能从水中分离出来的悬浮固体。

二、初沉池的运行与维护

1. 常见类型及特点

废水处理中应用的沉淀池的形式多种多样，根据沉淀池内的水流方向，通常分为平流沉淀池、竖流沉淀池、辐流沉淀池、斜板（管）沉淀池。图 2—5 所示为三种水流形式沉淀池的水流方向。此外，还有根据浅层理论发展出来的斜板（管）沉淀池。

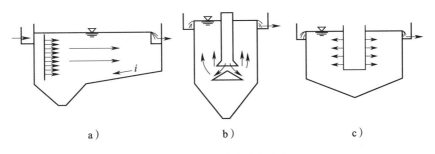

图 2—5　常见沉淀池的水流方向
a）平流式　b）竖流式　c）辐流式

（1）平流式沉淀池表面形状一般为长方形（见图2—6），水流在进水区经过消能和整流进入沉淀区后，缓慢水平流动，水中可沉悬浮物逐渐沉向池底，沉淀区出水溢过堰口，通过出水槽排出池外。平流式沉淀池沉淀效果好，使用较广泛，但占地面积大。当废水流量较小时，可用平流式沉淀池处理。

图2—6　平流式沉淀池

（2）竖流式沉淀池可以是圆形或正方形（见图2—7），水由设在池中心的进水管自上而下进入池内，管下设伞形挡板使废水在池中均匀分布后沿整个过水断面缓慢上升，悬浮物沉降进入池底锥形沉泥斗中，澄清水从池四周沿周边溢流堰流出。竖流式沉淀池的优点是占地面积小，排泥容易，缺点是深度大，施工困难，造价高。竖流式沉淀池的池深较深，故适用于中、小型污水处理厂。

（3）辐流式沉淀池是一种圆形的、直径较大而有效水深则相应较浅的池子（见图2—8），池径可达60 m或更大。辐流式沉淀池内的水流的流态为辐流形，污水由中心或周边进入沉淀池。以中心进水辐流式沉淀池为例，污水首先进入池体的中心管内，然后经由中心管周围的整流板整流后均匀向四周辐射流动进入沉淀池内，上清液经过设在沉淀池四周的出水堰溢流而出，污泥沉降至池底，再由刮泥机刮到沉淀池中心的集泥斗。辐流式沉淀池采用机械排泥，运行较好，设备较简单，沉淀性效果好，日处理量大。其缺点是池水水流速度不稳定，受进水影响较大；底部刮泥、排泥设备复杂，对施工单位的要求高，占地面积较其他沉淀池大，广泛应用于大、中型污水处理厂。

为防止和减少沉淀池内出现短流、偏流和死角，工程上常采取以下措施提高池容积的利用率和废水处理效果。

1）采用适宜的进水分配装置，以消除进口射流，使水流均匀分布在沉淀池的过水断面上。

图 2—7　圆形竖流式沉淀池

图 2—8　辐流式沉淀池

2）采用平口堰或锯齿堰出水，降低堰口单位长度的过流量和过流速度。

3）在出水堰前增加浮渣围挡板，防止池面浮渣随出水流失。

（4）斜板（管）沉淀池是通过在沉淀池中设置斜板（管）以提高沉淀效率的一种沉淀池（见图 2—9）。水从斜板之间或斜管内流过，沉淀在斜板（斜管）底面上的泥渣靠重力自动滑入泥斗由穿孔管排出池外。

图 2—9　斜板沉淀池

与普通沉淀池相比，斜板（管）沉淀池具有沉淀效率高、停留时间短、占地少等优点，故常用于以下情况：已有的污水处理厂扩大处理能力时采用；当受到污水处理厂占地面积限制时，作为初次沉淀池使用。

斜板（管）沉淀池的缺点有：沉淀池结构复杂、造价较高，斜板（管）上部会大量繁殖藻类导致污泥量增加、板间易积泥。另外，斜板（管）沉淀池不适合处理有机性污泥，因为这些黏度较高、相对密度较低的有机性污泥容易黏附在斜板（管）上，影响沉淀效果甚至可能堵塞斜板（管）。

斜板（管）沉淀池污泥量较多，运行时要注意及时排泥，否则会影响沉淀池的工作效率。

2. 初沉池的运行

初沉池的运行操作主要有以下几方面内容，即配水、排泥除渣、洗刷堰板及池壁、工艺调整等。

（1）配水。检查和控制初沉池的水力条件，均匀进水，防止初沉池短流、偏流、出现死角和已经沉降的悬浮颗粒重新泛起，以保证较高的沉淀效率。长时间运行后，沉淀池的进出水堰板可能发生倾斜，导致沿堰板长度上水流分布不均匀，影响沉淀池工作效率，因此必须定期检查并进行必要的校正。

（2）排泥除渣。排泥是沉淀池运行中最重要的一个操作，有连续排泥和间歇排泥两种方式。初沉池一般采用间歇排泥，最好实现自动控制；自控无法实现时，在操作上必须掌握好排泥的间隔时间和每次排泥的连续时间。刮泥周期取决于泥量和泥质，当泥量较大或污水和污泥腐败时，周期应该缩短。污水一般在冬季排泥间隔时间长，夏季短，并保持各池均匀排泥。

初沉池的表面会有一定量的漂浮物，它不但影响沉淀池的池面环境，而且更重要的是会在一定程度上影响出水水质，故撇浮渣是必不可少的。初沉池浮渣清除有人工清捞和机械排渣两种方式。在机械刮泥机的辐流式沉淀池中，往往设有自动撇渣装置。清除机械排渣一般用刮泥机的刮板收集浮渣并将其推送到浮渣槽，操作时应注意刮板和浮渣槽的配合问题，当浮渣难以进入浮渣槽时，应进行调整，浮渣槽内的浮渣应及时用水冲至浮渣井。

（3）刷洗池堰、池壁。刷洗池堰、池壁也是初沉池操作的一个重要环节。由于池堰、池壁长期流水又暴露在空气中，会在其表面积累一些污物，生长一些藻类等，影响出水水质。

（4）工艺调整。由于进水水质不稳定，必须根据工艺要求，随时调整进水、出水、排泥等闸门，保证各池均匀配水，确保各池的处理效果。

（5）刮泥机的操作如下：

1）检查电动机、减速机及各部位连接螺栓是否紧固。

2）将刮泥机相关电源开关闭合。

3）闭合刮泥机配电箱内的进线开关，观察电压指示，若为380 V则正常。

4）检查减速机及其他部位润滑情况是否良好。

5）检查电动机与减速机连接带有无松脱、断裂或扭曲现象。

6）若是安装或检修后首次启动，则应进行电动机转向检查：摘除电动机与减速机连接传动带，按动配电箱启动按钮，让电动机运转，观察电动机轴转向是否能使刮泥机沿顺时针方向转动。若转向相反，要变换电动机的一对接线。绝对不允许电动机反转。

按下配电箱停止按钮，待电动机停转后，将电动机与减速机轴相连接，传动带套入带轮中，装好带轮安全罩。

7）按下配电箱启动按钮，设备即开始运转。

第4节 隔 油 池

 学习目标

1. 了解隔油池的功能与原理。
2. 熟悉隔油池的分类及结构。
3. 掌握隔油池的运行管理要求。
4. 能进行隔油池的运行与维护。

 **知识要求**

一、隔油池的功能与原理

1. 隔油池的功能

含油废水主要来源于石油、化工、钢铁、焦化以及机械加工等行业。这些污水如果不进行回收处理，不仅会造成很大的浪费，而且油类物质排入水体会对环境造成严重的污染。为了保护环境和保证二级生化处理的稳定运行，必须对含油污水中的油类污染物进行回收或处理。

隔油池是利用自然上浮法分离、去除含油污水中可浮性油类物质的构筑物。隔油池能去除污水中处于漂浮和粗分散状态的密度小于1.0的石油类物质。

2. 隔油池的工作原理

除油过程即是利用油水的密度差进行油水分离的过程。油类物质的密度一般都比水小，按在水中的存在状态可将其分为可浮油、分散油、乳化油和溶解油，其中可浮油和分散油粒径较大，可以依靠油水比重差从水中分离。废水从池的一端流入，以较小的流速流经池体，在流动过程中，密度小于水的油粒上升至水面，水从池的另一端流出。在池体上部设置集油管，收集浮油并将其导出池外。乳化油的油珠粒径为 0.5 ~ 25 μm，难以利用自然上浮法进行分离，需先加药破乳，将其转化为可浮油才能去除。溶解油在水中呈溶解状态，不能用隔油池去除。

二、隔油池的运行与维护

1. 隔油池常见类型及特点

常用隔油池的形式有平流式和斜板式两种，也有在平流隔油池内安装斜板，即成为具有平流式和斜板式双重优点的组合式隔油池。

（1）平流隔油池。图 2—10 所示为平流式隔油池，在我国应用较为广泛。普通平流隔油池与平流沉淀池相似，含油污水从池的一端进入，从另一端流出。由于池内水平流速较低，进水中密度小于 1.0 的轻油滴在浮力的作用下上浮，并积聚在池的表面，通过设在池面的集油管和刮油机收集浮油；相对密度大于 1.0 的油滴随悬浮物下沉到池底，通过刮泥机排到收泥斗后定期排放。

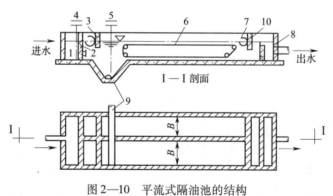

图 2—10　平流式隔油池的结构

1—配水槽　2—布水隔墙　3、10—挡油板　4—进水阀　5—排渣阀

6—链带式刮油刮泥机　7—集油管　8—集水槽　9—排泥管

废水在这种隔油池内的停留时间为 1.5 ~ 2 h，池内水流流速一般取 2 ~ 5 mm/s，可以除去的油粒粒径一般不小于 100 ~ 150 μm。它的优点是结构简单，管理方便，除油效果稳定；缺点是池体庞大，占地多。

（2）斜板隔油池。根据浅层理论发展而来的斜板隔油池，是一种异向流分离装置，其水流方向与油珠运动方向相反，其结构如图 2—11 所示。污水沿板面向下流动，从出水堰排出。水中相对密度小于1.0的油珠沿板的下表面向上流动，然后用集油管汇集排出。水中其他相对密度大于1.0的悬浮颗粒沉降到斜板上表面，再沿着斜板滑落到池底部经穿孔排泥管排出。

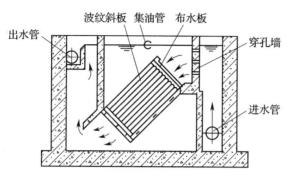

图 2—11 斜板隔油池的结构

由于分离面积增大和水力条件的改善，这种隔油池可以将60 μm以上的油粒去除，容积仅为普通隔油池的1/4～1/2。

2. 隔油池的运行

（1）平流隔油池的运行

1）进入污水的pH值应为6.5～8.5。

2）污水进入隔油池前应避免剧烈搅动，宜让其自流进入隔油池。需要提升时，宜采用容积式泵，不宜采用离心泵。因为离心泵的搅动不仅使油珠粒径变小，而且使油珠形成水包油的乳化液。

3）平流隔油池应能去除粒径≥150 μm的油珠。

4）污水在隔油池中的停留时间一般采用1.5～2 h。暴雨瞬时停留时间不小于40 min。

5）平流隔油池内的水平流速一般采用2～5 mm/s，最大不得超过10 mm/s。

6）为了保证较好的水力条件，要求池内有效水深一般不大于2.2 m，一般采用1.5～2 m，有效水深与池宽之比一般为0.3～0.5。超高不应小于0.4 m。有效水深与隔油池有效长度之比一般取1/10左右。

7）为了排泥顺畅，排泥阀及排泥管的直径不宜小于200 mm，坡度≥1%，并且在排泥管的起始端应设置压力水冲洗设施。

8）刮油、刮泥机的刮板移动速度一般不大于50 mm/s。以免搅动造成紊流，影响油水分离。

9）收油宜分间操作。为了收油的方便和减少收油时的挟带水量，集油管串联不宜超过4根。

（2）斜板隔油池的操作条件

1）应能去除 60 μm 以上粒径的油珠。

2）表面负荷一般为 0.6 ~ 0.8（$m^3/m^2 \cdot h$），相当于平流隔油池的 4 ~ 6 倍。

3）污水在斜板间的流速一般为 3 ~ 7 mm/s。通过布水栅的流速一般为 10 ~ 20 mm/s。

4）污水在斜板体内的停留时间一般为 5 ~ 10 min。

5）斜板板体应定期清污，采用气水搅动吹扫时，风压不小于 0.025 MPa，水压不小于 0.2 MPa。

（3）操作注意事项

1）要及时调节进水阀（或闸板）及出水调节堰板，保证各池间处理水量均匀。

2）要及时收油，一般控制水面油层的厚度不超过 30 mm，收油时，注意调节集油管的旋转角度或调节水位，让油缓慢流入集油管，防止大量挟水。

3）注意根据情况确定排泥时间和排泥周期。

3. 隔油池的维护

（1）隔油池必须同时具备收油和排泥措施。

（2）隔油池应密闭或加活动板块，以防止油气对环境的污染和火灾的发生，同时可以起到防雨和保温的作用。

（3）寒冷地区的隔油池应采取有效的保温防寒措施，以防污油凝固。为确保污油流动顺畅，可在集油管及污油输送管下设置热源为蒸汽的加热器。

（4）隔油池周围一定范围内要确定为禁火区，并配备足够的消防器材和其他消防手段。隔油池内防火一般采用蒸汽，通常是在池顶盖以下 200 mm 处沿池壁设一圈蒸汽消防管道。

（5）隔油池附近要有蒸汽管道接头，以便接通临时蒸汽扑灭火灾，或在冬季气温低时因污油凝固引起管道堵塞或池壁等处粘挂污油时清理管道或去污。

第 5 节 中 和

 **学习目标**

1. 了解中和池的功能与原理。

2. 掌握中和池的运行管理要求。

 **知识要求**

一、中和池的功能与原理

1. 中和池的功能

用化学法去除污水中过量的酸或碱，使其 pH 值达到工艺操作需求的过程称为中和。中和池是中和酸性或碱性废水的水处理构筑物，起到调节污水酸碱度，使污水 pH 接近中性以适宜下一步处理或外排的作用。我国《污水排放综合标准》（GB 8978—1996）中规定废水排放的 pH 值范围为 6～9。对于生物处理，废水的 pH 值通常应维持在 6.5～8.5，以保证处理构筑物内的微生物维持最佳活性。

2. 中和池的工作原理

酸性反应的中和方法可分为酸性废水与碱性废水互相中和、药剂中和及过滤中和。碱性废水的中和方法可以分为碱性废水与酸性废水互相中和、药剂中和、烟气中和。

中和反应的实质是酸与碱生成盐和水，即 $H^+ + OH^- = H_2O$。中和池按工艺分为投药中和池和过滤中和池两种。投药中和法是在废水进入中和池前投加碱性或酸性药剂（石灰、石灰石、苏打、苛性钠、工业硫酸、盐酸或硝酸等）使酸性废水或碱性废水与药剂在池中匀质混合后进行中和反应处理。过滤中和法是在池中填加具有中和性能的滤料（石灰石、白云石、大理石等），使酸性废水通过滤料时受到中和作用。也可将碱性废水与酸性废水在池中直接混合进行中和处理。

二、中和池的运行与维护

1. 常见类型及特点

（1）投药中和池。投药中和池分为连续流式中和池和间歇式中和池两种。当水质水量变化不大、污水也有一定缓冲能力及后续处理对 pH 值要求高时应当单独设置连续流式中和池。当水质水量变化较大而水量较小时，连续流式中和池无法保证出水 pH 值的要求。或者说出水水质要求较高、污水中还含有其他杂质或重金属离子时，较稳妥的做法是采用间歇式中和池。

（2）过滤中和池。过滤中和池有重力式普通中和滤池和升流式膨胀式滤池两种。

普通中和滤池滤速低，一般小于 1.4 mm/s，滤料粒径大（3～8 mm），当进水中硫酸浓度较大时，极易在滤料表面结垢而且不易冲掉，阻碍中和反应进程，目前已很少采用。

升流式膨胀式滤池采用 8.3~19.4 mm/s 的高流速，0.5~3 mm 小粒径，水流由下向上流动，加上产生的 CO_2 气体的搅动作用，使滤料颗粒相互碰撞，表面不断更新，所以效果较好。中和滤池的结构与普通滤池相同，由下而上分别是配水管、卵石垫层、滤料层、清水区和集水槽。有的中和滤池装填滤料的桶底呈下小上大的圆锥状，这样一来就成为变速中和滤池，这种中和滤池底部滤速较大，上部滤速较小。与具有等断面的等速中和滤池相比，变速中和滤池具有滤料反应更完全、能防止小直径滤料颗粒被水流带走、滤料表面不易结垢等优点。

2. 中和池的运行

（1）投药中和的操作。药剂投加分为湿投法和干投法，生产中使用较多的是湿投法。以生石灰的投加为例：先将石灰消解，配制成石灰乳液，再用投配器控制投加量，加入到混合池。

中和反应在专门的中和池内进行，由于反应时间较短，往往将混合池和反应池合二为一。酸碱废水进入中和池后进入循环，当中和池内 pH 值大于工艺要求时，打开酸计量箱出液阀，调节至工艺要求为止；当中和池中 pH 值小于工艺要求时，打开中和池碱计量箱出液阀，调高 pH 值；中和池总体水位高度达到 1/2 以上时，开始向外排水；排放时，按照启动泵的操作规程，启动废液水泵。

（2）过滤中和的操作。污水由进水设备进入中和滤池，自下而上穿过卵石垫层和滤料层，经缓冲层（使水和过滤材料分离）由出水槽均匀地汇集流出池外。过滤材料在运行一段时间后会有所消耗，应定期予以补充。在工作过程中，应防止高浓度的硫酸进入滤池，否则会使过滤材料表面积垢而失去作用。

3. 中和池的维护

（1）用石灰中和酸性污水时，混合反应时间一般采用 1~2 min，当污水中含有重金属或其他能与石灰反应的物质时，必须考虑去除这些物质。

（2）用石灰石做滤料时，进水含硫酸浓度应小于 2 g/L，用白云石做滤料时，应小于 4 g/L。当进水的硫酸浓度短期超过限值时，应及时采取措施，降低进水量，多余的污水可在调节池内暂时储存，同时用清洁水反冲、稀释。当滤料使用到一定期限，滤料中的无效成分积累过多时，可逐渐降低滤速，以最大限度地消耗滤料。

（3）过滤中和时，污水中不宜有高浓度的金属离子或惰性物质，一般要求重金属含量小于 50 mg/L，以免在滤料表面生成覆盖物，使滤料失效。

（4）含 HF 的污水中和过滤时，因为 Ca_2F 溶解度很小，因此要求 HF 浓度小于 300 mg/L。如果浓度过高，应当采用石灰乳进行中和。

（5）由于酸在稀释过程中会大量放热，而且在热条件下酸的腐蚀性大大增强，所以不能采用将酸直接加到管道中的做法，否则管道将很快被腐蚀。一般应使用混凝土结构的中和池，并保证 3～5 min 的停留时间和充分考虑到防腐和耐热性能的要求。

（6）中和过程中产生的沉渣，应及时分离与排除，防止堵塞管道。

第6节　化学混凝

 学习目标

1. 了解化学混凝的工作原理。

2. 了解混凝剂的应用与分类。

3. 掌握化学混凝的运行管理要求。

4. 能进行化学混凝系统的运行与维护。

 知识要求

一、化学混凝的功能与机理

1. 化学混凝的功能

废水中的胶体（1～100 nm）和细微悬浮物（100～10 000 nm）能在水中长期保持稳定的悬浮状态，使废水产生混浊现象。化学混凝就是向废水中投加混凝剂，使水中的胶体粒子以及微小悬浮物聚集成数百微米以至数毫米的矾花，进而可以通过重力沉降或其他固液分离手段予以去除的废水处理技术。混凝处理通常置于固液分离设施前，与分离设施组合起来，除能有效去除悬浮物和胶体物质，降低出水浊度和 COD_{Cr}，还可用于污水处理流程的预处理和剩余污泥处理。

2. 化学混凝机理

水中胶体颗粒细小、表面水化和带电使其具有稳定性。带电胶体与其周围的离子组成双电层结构的胶团。所有带电胶体都带负电，在静电斥力作用下，相互排斥且本身又极为细小，只能在水中做不规则的高速运动而不能依靠重力下沉，因此极为稳定。向水中投加混凝剂后，产生大量的三价正离子和不溶于水的带正电荷的氢氧化物胶体，前者可以压缩胶体双电层，后者可以与水中杂质发生吸附架桥、网捕等作用，从而使水中胶体脱稳，并逐渐形成较大的颗粒即矾花，最终在重力作用下从水中分离出来，使污水得到净化。

二、化学混凝系统运行与维护

1. 常用药剂

（1）混凝剂。混凝剂具有破坏胶体的稳定性和促进胶体絮凝的功能，按其化学成分可分为无机混凝剂和有机絮凝剂两大类；按所带电荷的性质，可分为阳离子型、阴离子型和非离子型；按混凝剂来源可分为天然和人工合成两类，但天然类混凝剂由于来源和净化效果有限等原因，目前应用较少。

1）无机混凝剂。目前广泛使用的是铝盐和铁盐混凝剂。常用无机混凝剂及其性能特点见表2—1。

表2—1　　　　　　　　　　常用无机混凝剂及其性能特点

名称	代号	主要性能和特点
三氯化铁	FC	不受水温影响，最佳pH值为6.0~8.4，pH值在4.0~11范围仍可使用；易溶解，絮体大而密实，沉降快，但腐蚀性大，在酸性水中易生成HCl气体而污染空气
聚合硫酸铁	PFS	适用水温10~50℃，pH值为5.0~8.0，pH值在4.0~11范围内仍可使用。用量小，絮体生成快，大而密实，腐蚀性比三氯化铁小，所需碱性助凝剂量小于PAC以外的铁铝盐
硫酸铝	AS	含$Al_2(SO_4)$ 35%~60%；适宜20~40℃，pH值为6.0~8.5；水解缓慢，使用时需加碱性助凝剂，在废水处理中应用较少，在循环水中易生成坚硬的铝垢
聚合氯化铝	PAC	对水温、pH值和碱度适应性强，絮体生成快且密实，使用时无须加碱性助凝剂，腐蚀性小，最佳pH值为6.0~8.5，性能优于其他铝盐
聚合硫酸铝	PAS	使用条件与硫酸铝相同，用量小、性能好，最佳pH值为6.0~8.5，使用时一般无须加碱性助凝剂
聚硫氯化铝	PACS	新型品种，絮体生成快，大而密实；对水质适应性强，脱色效果优良；最佳pH值为5.0~9.0，消耗水中碱度小于其他铁铝盐，无须加碱性助凝剂

2）有机絮凝剂。有机絮凝剂合成产品有聚丙烯酰胺、聚丙烯酸钠、聚乙烯吡啶盐、聚乙烯亚胺等。这类混凝剂都是水溶性线型高分子物质，在水中大部分可电离，为高分子电解质。根据其可离解的基团特性，可分为阴、阳离子型及非离子型等类。有机高分子絮凝剂主要是通过其长链状大分子的吸附架桥而起到混凝作用。

有机絮凝剂中以聚丙烯酰胺（PAM）的应用最为普遍，我国目前生产的人工合成有机高分子混凝剂中80%是聚丙烯酰胺类产品。聚丙烯酰胺无色、无味、无臭，易溶于水，没有腐蚀性，在常温下比较稳定，但高温、冰冻时易分解变质，混凝效果也随之下降，故其储存、配制及投加时，温度不得超过65℃，也不得低于2℃。

（2）助凝剂。在只用混凝剂不能取得良好效果时，可投加某些辅助药剂以提高混凝效果，这种辅助药剂称为助凝剂。助凝剂的种类较多，按它们在混凝过程中所起的作用大致可分为三类：pH值调整剂、絮体结构改良剂和氧化剂。

原水pH值不符合絮凝剂工艺要求，或投加絮凝剂之后会使pH值发生较大变化，影响后继工序的水质要求时，就需要投加pH值调整剂。主要有CaO、$Ca(OH)_2$、Na_2CO_3、$NaHCO_3$、$CaCO_3$、H_2SO_4等。

当生成的絮体小、结构松散、漂浮流失时，可投加絮体结构改良剂，以增大粒径，提高密度和机械强度，这类物质有水玻璃、活性硅酸、粉煤灰、黏土等。前两个主要作为骨架物质来强化低温和低碱度下的絮凝作用；后两个则作为絮体形成核心来加大絮体密度、改善其沉降性能和污泥的脱水性。

当废水中的有机物含量过高或含有表面活性剂物质时，易产生泡沫，影响絮体沉降，此时应投加Cl_2、CaO、$NaClO$、漂白粉等氧化剂来破坏有机物，以提高絮凝效果。

2. 化学混凝系统的运行

化学混凝系统的运行包括混凝剂的配制和投加、混合、反应和矾花分离。化学混凝工艺中需要用到的设备有混凝剂的配制和投加设备、混合设备、反应设备和矾花分离设备。

（1）混凝剂的配制和投加。进行混凝前必须把投加的药液配制好待用。开车时，首先按要求打开所需的阀门，排净泵体和管道内的空气；打开混凝剂罐的出料阀和流量计控制阀，将混凝剂溶液按规定的流量加注到污水管道中。

投加药液的方法有泵前加药、水注射投药、重力投加、计量泵投加等。泵前加药的加药点一般在水泵吸水管上或水泵吸水喇叭口附近。水射器是利用高压水通过喷嘴使在吸入室中产生真空抽吸作用把药液吸入，并在余压作用下注入反应槽。重力投加法一般是把溶液槽的药液先送入孔口计量投入，在投加槽的恒定水头的作用下，由孔口流入投入原水中。计量泵是通过柱塞定量投加药液，多用于向高压系统内投药。

（2）混合。混凝系统中使用的混合方式主要有水泵混合、隔板混合和机械混合。

1）水泵混合。利用提升水泵进行混合是一种常用方法。药剂从水泵的吸水管上或吸水喇叭口处投入，利用水泵叶轮的高速转动达到快速而剧烈混合的目的。但用三氯化铁做混凝剂时，对水泵叶轮有一定的腐蚀作用。

2）隔板混合。在混合池内设有数块隔板，利用水流曲折行进时所产生的湍流进行混合。在处理水量稳定时，隔板混合的效果较好，如流量变化较大则混合效果不稳定。

3）机械混合。用电动机带动桨板或螺旋桨进行强力搅拌。机械搅拌的强度可以调节，比较灵活。缺点是增加了机械设备，会增加维修保养工作和动力消耗。

（3）反应。反应池类型有水力搅拌式和机械搅拌式两大类，常用的有隔板反应池和机械搅拌反应池。

隔板反应池是利用在水流通道内设置隔板，使水流在其中上下或迂回流动，促进颗粒相互碰撞进行混凝。隔板反应池构造简单，管理方便，通常用于大、中型处理厂。缺点是流量变化大时混凝效果不稳定，混凝时间较长，池子容积较大。

机械搅拌反应池是将多个单独的机械反应池串联起来，每个池内都设有搅拌机，搅拌强度从头到尾依次降低。机械反应池效果好，大小处理厂都适用，并能适应水质、水量的变化，但需要机械设备，增加了机械维修保养工作和动力消耗。

（4）矾花分离。只通过重力沉降或其他固液分离手段将形成的大颗粒矾花从水中去除。

3. 化学混凝系统的维护（调节、保养、巡视与记录等）

（1）加药系统的维护

1）按规定的浓度和时间配制混凝剂和助凝剂。

2）根据原水水质变化、进水量大小和中和池出水水质的要求，正确调整和控制加药量。

3）水泵停车前应提前3～5 min关掉投药开关，以减少残留药液，减轻水泵叶轮及吸水管道的腐蚀。

（2）混凝池的维护

1）每班应观察并记录絮体生成情况，并与历史资料比较，发现异常应及时判明原因采取相应对策。

2）定期核查混合反应池中的水力条件，检查系统腐蚀情况，定期进行必要的防腐测试。

3）定期清除反应池内的积泥，避免因反应池有效容积减少使池内流速增大和反应时间缩短而导致的混凝效果下降。

4）定期核查混合池、反应池的水力停留时间、水流速度梯度、搅拌强度等。

5）反应池出水端与沉淀或气浮后续处理构筑物之间的配水渠最容易积存污泥，必须及时清理。

第7节 化 学 沉 淀

 学习目标

1. 了解化学沉淀的工作原理。
2. 熟悉化学沉淀的类型与特点。
3. 掌握化学沉淀的运行管理要求。

 知识要求

一、化学沉淀的功能与原理

1. 化学沉淀的功能

向污水中投入某种化学药剂,使其与水中某些溶解物质产生反应,生成难溶于水的盐类沉淀下来,从而降低水中这些溶解物质的含量,该方法称为水处理的化学沉淀法。废水中含有的危害性很大的一些重金属离子(如 Hg^+、Zn^{2+}、Cd^{2+}、Cr^{6+}、Pb^{2+}、Cu^{2+} 等)和某些非金属离子(如 As^{3+}、F^- 等)都可以用化学沉淀法去除。

2. 化学沉淀的工作原理

水中难溶解盐类服从溶度积原则,即在一定温度下,在含有难溶盐的饱和溶液中,各种离子浓度的乘积为一常数,称为溶度积常数。为去除污水中的某种离子,可以向水中投加能生成难溶解盐类的另一种离子,并使两种离子的乘积大于该难溶解盐的溶度积,形成沉淀,从而降低污水中这种离子的含量。

二、化学沉淀的运行

1. 化学沉淀的类型及特点

根据使用的沉淀剂不同,常见的化学沉淀法有氢氧化物沉淀法、硫化物沉淀法、碳酸盐沉淀法、钡盐沉淀法。

(1)氢氧化物沉淀法。水中的金属离子很容易生成各种氢氧化物及各种羟基络合物,氢氧化物沉淀法就是采用氢氧化物做沉淀剂,使废水中重金属离子生成氢氧化物沉淀而得以去除的方法。

采用此方法去除金属离子时，沉淀剂为各种碱性物料如石灰、碳酸钠、氢氧化钠、石灰石、白云石、电石渣等。可根据金属离子的种类、废水性质、pH值、处理水量等因素来选用。其中最经济的化学药剂是石灰，但石灰品质不稳定，管道易结垢及被腐蚀，沉渣量大且多为胶体状态，含水率高，脱水困难，一般适用于不准备回收金属的低浓度废水处理。

在实际废水处理中，共存离子体系十分复杂，影响氢氧化物沉淀的因素很多，必须控制pH值使其保持在最佳沉淀范围内。

（2）硫化物沉淀法。工业废水中的许多重金属离子可以与硫离子形成不溶性沉淀物，因此将通过投加硫化物沉淀废水中金属离子的方法称为硫化物沉淀法。由于大多数硫化物的溶解度一般比其氢氧化物的溶解度小得多，采用硫化物沉淀法可以使重金属得到更完全的去除。常用的沉淀剂有硫化钠、硫化钾等。

硫化物沉淀法去除金属离子，具有去除率高、可实现分步沉淀分离、泥渣中金属含量高、便于回收利用、适用pH值范围大等优点。但其处理费用较高，硫化物沉淀困难，常需要投加凝聚剂加强去除效果，因此使用并不广泛，有时仅作为氢氧化物沉淀法的补充方法使用。此外在使用过程中当pH值降低时，可产生有毒的H_2S气体。

（3）碳酸盐沉淀法。金属离子的碳酸盐的溶度积很小，对于重金属含量较高的，可以用投加碳酸钠的方法加以回收。如对锌、铜、铅的污水，投加碳酸钠与之反应生产碳酸盐沉淀，沉渣用清水漂洗后，再经真空抽滤筒抽干后，进行回收或利用，以保证不对环境造成二次污染。

（4）钡盐沉淀法。钡盐沉淀法主要用于处理含六价铬的工业废水，钡离子与污水中的铬酸根进行反应，生成难溶盐铬酸钡沉淀。可以使用的沉淀剂有碳酸钡、氯化钡、硝酸钡、氢氧化钡等。例如使用碳酸钡时，碳酸钡也是一种难溶盐，但其溶度积比铬酸钡要大，所以向含有铬酸根的污水中投加碳酸钡后，碳酸钡离解出的钡离子就会和铬酸根离子生成铬酸钡沉淀，完成一种沉淀向另一种沉淀的转化。由于碳酸钡是难溶盐，反应速度很慢，通常需要数天才能进行到底、为了加快反应速度，应当投加过量的碳酸钡，反应时间应保持20~30 min，处理后污水中残留的钡再用石膏法去除。

钡盐沉淀法的优点是处理后的水清澈透明，可回用于生产。缺点是碳酸钡来源少，且引进二次污染物Ba^{2+}。此外，处理过程控制要求严格。

2. 化学沉淀的工艺流程

化学沉淀法的工艺流程与混凝处理法相似，主要步骤包括化学沉淀剂的配制和投加、沉淀剂与原水混合反应、利用沉淀池或气浮池实现固液分离、泥渣的处理和应用四个环节。运行管理中需注意以下问题：

（1）增加沉淀剂的使用量，可以提高污水中离子的去除率，但沉淀剂的用量也不宜过多，否则会导致相反的效果，一般不要超过理论用量的 20%～50%。

（2）采用化学沉淀法处理工业废水时，产生的沉淀物经常为不带电荷的胶体，因此沉淀过程会变得简单，采用普通的平流式沉淀或竖流式沉淀即可，而且停留时间比生活污水或有机污水处理中的沉淀时间要短，具体的停留时间由实验获得。

（3）当用于不同的处理目标时，所需的药剂及反应装置也不相同。有些药剂可以干式投加，而另一些则需要先将药剂溶解并稀释成一定浓度，然后按比例投加。对于这两种方法，可参考采用相关的投药设备。

（4）有些污水或药剂有腐蚀性，采用的药剂和反应装置要充分考虑满足防腐要求。

第 8 节　消　　毒

学习目标

1．了解消毒工艺的工作原理。

2．熟悉消毒工艺的分类与特点。

3．掌握消毒工艺的运行管理要求。

知识要求

一、消毒原理

1．消毒的基本原理

消毒的目的主要是利用物理或化学的方法灭杀废水中的病原微生物，以防止其对人类及畜禽的健康产生危害和对生态环境造成污染。在近年来实施较多的工业水回用和中水回用工程中，消毒处理成为必须考虑的工艺步骤之一。

2．消毒方法的分类及特点

消毒方法大体上可以分为物理方法和化学方法两类。物理方法主要有加热、冷冻、辐照、紫外线和微波消毒等方法。化学方法是利用各种化学药剂进行消毒，常用的化学药剂有氯及其化合物、各种卤素、臭氧和重金属离子等。目前常用的污水消毒方法有氯消毒（主要包括液氯消毒、二氧化氯消毒和次氯酸钠消毒）、紫外线消毒、臭氧消毒。

（1）氯消毒。氯消毒工艺技术成熟，是应用最广的化学消毒方法，其中液氯消毒多用于大型的污水处理厂，而二氧化氯和次氯酸钠消毒多用在中、小型的污水处理厂或医院污水的消毒。氯化法消毒的主要特点是：水体氯消毒后能长时间地保持一定数量的余氯，从而具有持续消毒能力，是一种比较成熟的消毒方法。

1）液氯消毒。氯消毒作用利用的不是氯气本身，而是氯与水发生反应生成的次氯酸。次氯酸分子量很小，是不带电的中性分子，可以扩散到带负电荷的细菌细胞表面，并渗入细胞内，利用氯原子的氧化作用破坏细胞的酶系统，使其生理活动停止，最后导致死亡。在水中的次氯酸是一种弱酸，因此会发生以下电解反应：

$$HClO \rightleftharpoons H^+ + ClO^-$$

式中的次氯酸根离子 ClO^- 也具有氧化性，但由于其本身带有负电荷，不能靠近也带负电荷的细菌，所以基本上无消毒作用。当污水的 pH 值较高时，上式中的化学平衡会向右移动，水中 HClO 浓度降低，消毒效果减弱。因此，pH 值是影响消毒效果的一个重要因素。pH 值越低，消毒效果越好。实际运行中，一般控制 pH <7.4，以保证消毒效果。除 pH 值外，温度对消毒效果影响也很大，温度越高，消毒效果越好；反之越差。

2）二氧化氯消毒。二氧化氯是一种强氧化剂，溶于水后很安全，是国际上公认的含氯消毒中唯一的高效消毒剂。ClO_2 在水中是纯粹的溶解状态，不与水发生化学反应，故它的消毒作用受水的 pH 值影响小。在较高的 pH 值下，ClO_2 消毒能力比氯强。

二氧化氯消毒的特点是，只起氧化作用，不起氯化作用，因而一般不会产生致癌物质。二氧化氯不与氨氮发生反应，因此在相同的有效氯投加量下，可以保持较高的余氯浓度，取得较好的消毒效果。另外，二氧化氯消毒还不受 pH 值的干扰。但二氧化氯不稳定且具有爆炸性，因而必须在现场制造，并立即使用。制备含氯低的二氧化氯较复杂，原料（ClO_2）价格较其他消毒方法高，故限制了该方法的广泛采用。所以国内目前只是在一些中、小型的污水处理工程中采用了二氧化氯消毒工艺。

3）次氯酸钠消毒。次氯酸钠是一种高效含氯杀毒剂，在我国已较为广泛地用于医院污水的消毒。次氯酸钠的消毒机理与液氯完全一致，含氯消毒剂在水中形成次氯酸，作用于菌体蛋白质。次氯酸不仅可与细胞壁发生作用，且因分子小，不带电荷，故侵入细胞内与蛋白质发生氧化作用或破坏其磷酸脱氢酶，使糖代谢失调而致细胞死亡。

$$NaClO + H_2O \rightleftharpoons HClO + NaOH$$

由于 NaClO 是由 NaOH 和 Cl_2 反应生成的，因而其消毒的直接运行费用会高于液氯。但与液氯消毒相比，次氯酸钠的消毒工艺运行方便、安全、基建费用低。

（2）紫外线消毒。紫外线消毒是一种物理消毒方法，紫外线消毒并不是杀死微生物，而是破坏其繁殖能力进行灭活。紫外线消毒的原理主要是用紫外光摧毁微生物的遗传物质核酸（DNA 或 RNA），使其不能分裂复制。除此之外，紫外线还可引起微生物其他结构的破坏。波长为 250~360 nm 的紫外光的杀菌能力最强。

紫外线消毒法除具有不投加化学药剂、不增加水的嗅和味、不产生有毒有害的副产物、消毒速度快、效率高、设备操作较传统消毒工艺安全简单和实现自动化等优点外，运行、管理、劳务和维修费用也低。但紫外线消毒工艺对紫外穿透率较低的水质并不适用，如未经处理或只经过一级处理的污水，悬浮固体高于 30 mg/L 的污水。这种情况采用紫外线消毒的方式不但会增加能耗，而且消毒效果较差。

紫外线消毒技术如今已被广泛应用于各类城市污水的消毒处理中，包括低质污水、常规二级生化处理后的污水、合流管道溢流废水和再生水的消毒。

（3）臭氧消毒。臭氧具有很强的氧化能力（仅次于氟），能氧化大部分有机物。臭氧的杀菌能力远超过氯，且不需要太长的接触时间，实验证明，臭氧能够除藻杀菌，对病毒、芽孢等生命力较强的微生物也能起到很好的灭活作用。臭氧消毒不受污水中氨氮和pH 值的影响，而且其最终产物是二氧化碳和水，不会对环境造成二次污染。但臭氧很不稳定，也无法储藏，因此应根据需要就地生产。臭氧的制备一般有紫外辐射法、电化学法和电晕放电法。目前臭氧制备占主导地位的是电晕放电法。制约臭氧消毒普及应用的是其设备投资及电耗较高。因此臭氧消毒多适用于出水水质较好、排入水体卫生条件要求较高的场合。

几种消毒方法的比较见表 2—2。由于液氯消毒运行费用低，操作简单，主要用于大型污水处理厂。中、小型污水处理厂主要采用二氧化氯和紫外线消毒，但由于紫外线消毒效果不稳定，且设备维护费用较高等因素，二氧化氯消毒在中、小型污水处理厂中应用越来越广泛。臭氧消毒主要用于中水处理，具有较强的消毒效果及脱色效果，同时再辅以加氯消毒，以保证出水中的余氯要求。

表 2—2　　　　　　　　　几种消毒方法的比较

项目	液氯	臭氧	二氧化氯	紫外线照射	卤素 （Br₂、I₂）	金属离子 （银、铜等）
使用剂量/ （mg/L）	10.0	10.0	2~5	—	—	—
接触时间/ min	10~30	5~10	10~20	短	10~30	120
对细菌	有效	有效	有效	有效	有效	有效
对病毒	部分有效	有效	部分有效	部分有效	部分有效	无效

续表

项目	液氯	臭氧	二氧化氯	紫外线照射	卤素（Br_2、I_2）	金属离子（银、铜等）
对芽孢	无效	有效	无效	无效	无效	无效
优点	便宜、成熟、有后续消毒作用	除色、臭味效果好，现场发生溶氧增加，无毒	杀菌效果好，无气味，有定型产品	快速、无化学药剂	同氯，对眼睛影响较小	有长期后续消毒作用
缺点	对某些病毒、芽孢无效，残毒，产生臭味	比氯贵，无后续作用	维修管理要求较高	无后续作用，对浊度要求高	速度慢，比氯贵	速度慢，价格高，受胺及其他污染物干扰
用途	常用方法	应用日益广泛，与氯结合生产高质量水	中水及小水量工程	试验室及小规模应用较多	适用于游泳池	

二、消毒池的运行

1. 紫外消毒池的运行

消毒池是使消毒剂与污水混合，进行消毒的构筑物。图2—12所示为紫外消毒池。对于紫外消毒池，有以下维护要求：

图2—12 紫外消毒池

（1）灯管的更换。紫外灯管通常不会突然烧毁，但紫外线发射强度会随着使用时间的增长而降低，因此必须适时更换灯管。频繁的开关对紫外灯寿命的影响非常大，远远超过连续使用对紫外灯的损害，应该尽最大可能减少紫外灯的开关次数。

（2）性能检测。应当定期监测紫外消毒设备前和消毒设备后水样的细菌种类和数量，以监测紫外消毒设备的性能。并且要对紫外消毒设备下游水样进行细菌培养实验，以检测细菌的复活能力。

（3）灯管清洁。通过紫外消毒设备的水中含有许多悬浮固体（SS），这些悬浮固体会沉积在紫外灯管的外表面，降低紫外线透过灯管进入水体的能力，因此要尽可能地降低紫外设备入水的 SS 含量，并且定期地清洁紫外灯管，清洁频率取决于水质。

（4）监测紫外线剂量。应该使用紫外强度计来测量透过紫外灯管进入水体的紫外线的剂量，如果紫外线剂量过低将不能有效地杀灭细菌，紫外强度计可以确定何时需要清洁和更换灯管。

（5）安全要求。紫外线对细菌有强大的杀伤力，对人体同样有一定的伤害，人体最易受伤的部位是眼角膜，因此在任何时候都不可用眼睛直视点亮着的紫外灯管，以免受伤，如果必须要看时，应用普通玻璃（戴眼镜）或透光塑胶片作为防护面罩。千万勿错用石英玻璃，因为普通玻璃对紫外线几乎是完全无法透过的。一旦受伤，建议立即至医院求诊。

2. 氯消毒系统的运行

（1）二级处理出水的加氯量应根据试验资料或类似运行经验确定。无试验资料时，二级出水可采用 6 ~ 15 mg/L，再生水的加氯量按卫生学指标和余氯量确定。二氧化氯或氯消毒后应进行混合和接触，接触时间不应小于 30 min。

（2）污水处理后采用加氯消毒时，其加氯可根据实际情况按需确定。当污水排至水源上游等处时，应连续加氯。

（3）当二次沉淀池出水水质中的 pH 值、水温、水量等变化时，应及时调整加氯量。

（4）加氯室内温度宜保持在 15 ~ 25℃。室外使用氯气瓶时，必须有安全措施。

（5）加氯操作必须符合现行的国家标准 GB 11984—2008《氯气安全规程》的规定。开泵前应检查加氯设备，做好各项准备工作；加氯应按各种加氯设备的操作程序进行；停泵前 2 ~ 3 min 应关闭出氯总阀。

（6）长期不使用的加氯间，应将氯瓶妥善处置。需重新启用时，应按加氯间投产运行前的检查和验收方案重新做好准备工作。

（7）控制好余氯量。控制好余氯量是保证水质的关键，控制余氯的常用方法是定时、定点检测余氯，目前也有多种仪表可以自动监测余氯，应根据余氯量及时调整加氯量。

3. 臭氧消毒系统运行

臭氧消毒系统由供气系统、臭氧发生系统、臭氧接触池、尾气破坏系统等几部分组成。

（1）臭氧是一种有毒气体、对眼和呼吸器官有强烈的刺激作用。《工业企业设计卫生标准》（GBZ 1—2010）规定车间空气中臭氧的最高允许浓度为 $0.1\ mL/m^3$，故这些场合必须保证空气畅通。

（2）臭氧在水中的溶解度只有 $100\ mg/L$，因此通入污水中的臭氧往往不能被全部利用。为了提高臭氧的利用率，接触反应池最好建成水深 $5\sim6\ m$ 的深水池，或建成封闭的多格串联式接触池，并设置管式或板式微孔扩散器散布臭氧。

（3）臭氧投加时，臭氧出口阻力不能太大，否则会造成臭氧发生系统内压过大，不仅易发生放电管鼓破事故，也影响臭氧产生的效率。实际操作过程中应注意防止臭氧出口堵塞，尤其采用臭氧接触塔的处理工艺时，需定期检查布气板工作情况。

本章思考题

1. 简述人工格栅与机械格栅的区别。
2. 简述调节池的分类及作用。
3. 简述沉砂池与沉淀池的区别与分类。
4. 简述隔油池的工作原理。
5. 简述常用中和药剂及其应用场合。
6. 列举常用混凝剂的种类。
7. 列举化学沉淀法在污水处理中的应用。
8. 列举常用的消毒工艺及其各自的优缺点。

第 3 章

活性污泥法

活性污泥法是以活性污泥为主体的污水生物处理技术。将空气连续鼓入主要呈溶解和胶体状有机物质的废水中，经过一定时间后，水中即形成生物絮凝体——活性污泥。在活性污泥上栖息、生活着大量的微生物，这些微生物以有机物为食料，获得能量，并不断增长繁殖，从而使废水得到净化。因此，活性污泥法就是以废水中的有机污染物为培养基，在有溶解氧的条件下，连续地培养活性污泥，微生物主要以悬浮状态存在，再利用其吸附凝聚和氧化分解作用净化废水中的有机污染物的一种方法。

第1节　活性污泥法概述

 学习目标

1. 了解生物处理主体微生物的主要特点。
2. 掌握生物处理中微生物的种类及在处理中所起的作用。
3. 了解生物处理的优势及生物处理的种类。
4. 掌握活性污泥法运行的基本流程。
5. 掌握活性污泥法处理对进水水质的要求。
6. 理解活性污泥法处理的三个阶段。
7. 掌握反映活性污泥性状的指标及意义。

 知识要求

一、废水生物处理

1. 微生物概念

人们把那些形体微小，结构简单，在适宜环境下能生长繁殖及发生遗传变异，用肉眼难以看到，必须借助光学显微镜或电子显微镜才能看清的低等微小生物统称为微生物。

污水中常见的微生物大致可分成藻类（一般含叶绿素）、菌类、原生动物和微型后生动物。

2. 微生物特点

微生物的种类庞杂，形态结构差异很大，但它们具有以下特点：

（1）个体微小，分布广泛。由于微生物个体微小而且轻，故可通过风和水的散播而广泛分布到江、河、湖、海、高山、陆地和人体中，甚至在寒冷的北极冰层中也发现有微生物存在。

（2）种类繁多，代谢旺盛。因为微生物的种类繁多，代谢类型多样化，代谢十分旺盛，所以能够利用微生物分解和转化各种污染物，使环境得到改善，达到保护环境的目的。

（3）繁殖快速，易于培养。微生物在最适宜的条件下具有高速度繁殖的特性，但实际受营养物质的缺乏及代谢产物的积累等因素的限制。

（4）容易变异，有利于应用。由于绝大多数微生物结构简单，多为单细胞且无性繁殖，与环境直接接触，易受外界环境影响，因而容易发生变异或菌种退化，有可能变异为优良菌种，这也是微生物能广泛适应各种环境的一个有利因素，同时也为利用遗传手段筛选优良菌种提供了有利条件。例如，在处理某种有毒的工业废水过程中，原来不能生存的微生物经过培养驯化后，变得能够忍受毒性并把有毒物质作为养料加以分解，使废水得以净化。

3. 废水生物处理法

废水生物处理法是指通过微生物的新陈代谢作用，将废水中的有机物转化为细胞物质和无机物，从而去除废水中有机污染物的一种方法。城市污水的主要污染物是有机物，目前国内外大多采用生物处理法。

废水生物处理法可分为好氧生物处理法和厌氧生物处理法。一般废水中有机物浓度若低于 500 mg/L 时，可直接用好氧处理法；而厌氧生物处理法则主要用于处理高浓度的有机废水。好氧处理法由于处理效率高，效果好，使用广泛，是生物处理法的主要方法。根据微生物在水中是悬浮状态还是附着在某种填料上区分，好氧处理法又分为活性污泥法和生物膜法。其他生物处理法还有生态生物处理法，如稳定塘法、水生植物塘法、土地处理法等。

二、活性污泥法基本原理

1. 活性污泥法基本工艺流程

活性污泥法具有如下优点：净化效率一般较高；运行费用相对比较低；臭气少；占地面积较小。其缺点主要有剩余污泥产生量大；对水质水量变化较敏感，适应能力较差；运行中易出现各类故障（如污泥膨胀等），使净化效率降低。活性污泥法是目前处理有机废水的主要方法，城市生活污水处理采用活性污泥法的非常多。活性污泥法的基本工艺流程如图 3—1 所示。

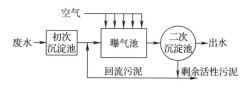

图 3—1　活性污泥法的基本工艺流程

活性污泥法的基本组成及各部分的作用如下：

（1）曝气池。生化反应的主体构筑物。

（2）初沉池。去除污水中的可沉物，减轻后续处理设施的负荷。

（3）二沉池

1）进行泥水分离，保证出水水质。

2）保证有足够回流污泥量，维持曝气池内的污泥浓度。

（4）回流系统

1）维持曝气池的污泥浓度。

2）调整回流量，改变曝气池的运行工况。

（5）剩余污泥排放系统

1）去除有机物的途径之一。

2）维持系统的稳定运行。

（6）曝气供氧系统

1）提供足够的溶解氧。

2）保证一定的混合强度。

2. 活性污泥中的主要生物种类

活性污泥就是在曝气池中生长繁殖的、含有各种好氧微生物群体的絮状物。在显微镜下观察活性污泥可以看到大量的细菌、真菌、原生动物、后生动物等多种生物群体，它们组成了一个特有的生态系统。其中细菌主要有菌胶团细菌和丝状菌，数量占污泥中微生物总量的90%～95%，细菌是活性污泥净化功能最活跃的成分。

（1）菌胶团细菌。能形成活性污泥絮状体的细菌称为菌胶团细菌。它们是构成活性污泥絮状体的主要成分，有很强的吸附、氧化有机物的能力，性能良好的絮体是活性污泥絮凝、吸附和沉降功能正常发挥的基础。它们在污水处理中的主要作用如下：

1）有很强的吸附能力和氧化分解有机物的能力。

2）对有机物的吸附和分解，为原生动物和微型后生动物提供了良好的生存环境。

3）为原生动物和微型后生动物提供附着场所。

4）具有指示作用：通过菌胶团的颜色、透明度、数量、颗粒大小及结构的松紧程度可衡量好氧活性污泥的性能。新生菌胶团一般颜色浅、无色透明、结构紧密，则说明菌胶团生命力旺盛，吸附和氧化能力强。老化的菌胶团颜色深、结构松散、活性不强，吸附和氧化能力差。

（2）丝状细菌。丝状细菌具有很强的氧化分解有机物的能力，在污水净化中起着一定的作用。但在运行不正常时会出现过量繁殖，导致污泥絮体结构松散，沉降性能变差，引起活性污泥膨胀，造成出水水质下降。在活性污泥中常见的丝状细菌有数十种，上海地区的污水厂中较多出现的是以浮游球衣细菌为代表的有鞘细菌和以丝硫细菌为代表的硫细菌。

（3）原生动物、微型后生动物。原生动物对废水的净化也起着重要作用，而且可作为处理系统运转管理的一种指标。在活性污泥系统启动的初期，活性污泥尚未得到良好的培育，混合液中游离细菌居多，处理水水质欠佳，此时出现的原生动物，最初为肉足虫类（如变形虫）占优势，继之出现的则是以游泳型的纤毛虫，如豆形虫、肾形虫、草履虫等为主。当活性污泥菌胶团培育成熟，结构良好，活性较强，成为处理系统微生物的主要存在形式时，处理水水质良好，此时出现的原生动物则将以带柄固着型的纤毛虫，如钟虫、等枝虫、独缩虫、聚缩虫和盖纤虫等为主。通过显微镜的镜检，能够观察到出现在活性污泥中的原生动物，并可辨别其种属，据此能够判断处理水质的优劣，因此，可以将原生动物作为活性污泥系统运行效果的指示性生物。此外，原生动物还不断地摄食水中的游离细菌，起到进一步净化水质的作用。

后生动物在活性污泥系统中并不经常出现，只有在处理水质良好时才有一些微型后生动物存在，主要有轮虫、线虫和寡毛类。它们多以细菌、原生动物以及活性污泥碎片为食。一般来说，轮虫的出现反映了有机质的含量较低，水质较好；线虫可在城市污水厂的活性污泥中大量存在。活性污泥中的寡毛类以颤蚯蚓为代表，是活性污泥中体形最大、分化较高级的一种多细胞生物。活性污泥中常见的微生物如图3—2所示。

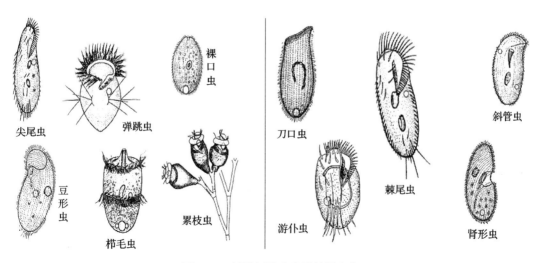

图3—2　活性污泥中常见的微生物

1）指示作用。生物是由低等向高等演化的，低等生物对环境适应性强，对环境因素的改变不甚敏感。较高等的生物则相反，例如钟虫和轮虫对溶解氧和毒物特别敏感。所以，在水体中的排污口、废水生物处理的初期或推流系统的进水处，生长大量的细菌，其他微生物很少或不出现。随着污（废）水净化和水体自净程度增高，会相应出现许多较高级的微生物。原生动物及微型后生动物出现的先后次序是：细菌—植物性鞭毛虫—肉足类（变形虫）—动物性鞭毛虫—游泳型纤毛虫、吸管虫—固着型纤毛虫—轮虫。因此，可根据上述原生动物和微型后生动物的演替以及它们的活动规律判断水质和废水处理程度，还可判断活性污泥培养成熟程度。

2）净化作用。1 mL正常好氧活性污泥的混合液中有5 000～20 000个原生动物，70%～80%是纤毛虫，尤其是小口钟虫、沟钟虫、有肋楯纤虫、漫游虫出现频率高，起重要作用，轮虫则有100～200个。轮虫有旋轮虫属、轮虫属、椎轮虫属等。大多数原生动物是动物性营养，它们吞食有机颗粒和游离细菌及其他微小的生物，对净化水质起积极作用。

3）促进絮凝和沉淀作用。废水生物处理中主要靠细菌起净化作用和絮凝作用。原生动物能促使细菌发生絮凝作用。

3. 活性污泥法对进水的要求

活性污泥法要求进水必须水质水量相对稳定、适宜微生物生长。生活污水厂会因混入过多工业废水或天然雨水导致氮磷不足，为保证活性污泥正常生产繁殖，必须补充营养物质以满足微生物生长所需。部分工业废水有机物难降解，重金属和有毒有害物质多，对微生物有毒性或抑制作用。pH值及有机物浓度波动巨大，对系统冲击大。活性污泥法对进水的具体要求如下：

（1）营养源。要使微生物在生物反应器内繁殖，就必须有微生物生长、繁殖所必需的营养物质。特别是氮、磷元素。若按重量比表示，所必需的氮、磷等营养盐的比例为$BOD_5 : N : P = 100 : 5 : 1$。

（2）pH值。当污水的pH值偏离较大时，处理水的水质将会恶化，一般要求pH值应控制在6.0～8.5范围内。

（3）水温。在好氧处理时，若处理装置内的水温超过40℃，就会引起好氧微生物中的蛋白质变质，氧失去活性，导致处理水质的恶化。因此，要采取适当方法，将水温控制在40℃以下。

（4）进水可生化性。可生化性用BOD_5 / COD的比值来判断，在进水BOD_5 / COD大于0.3时，一般认为该废水具有可生化性，否则不宜直接用活性污泥法处理。一般进水BOD_5宜小于500 mg/L。水量、水质变化也不宜过大。

（5）其他。如悬浮物质、油脂类及油分、溶解盐类、重金属类浓度等需控制在一定范围内。在活性污泥法处理时，对于有危害微生物活性的物质存在时，比较安全的方法是采用稀释进水，降低进水污染物的浓度后再进入处理装置。

三、活性污泥法的净化机理

在废水生物处理构筑物中，微生物与污染物接触，通过微生物分泌的胞外酶或胞内酶的作用，将复杂的有机物质分解为简单的无机物。微生物在转化有机物质的过程中，将一部分分解产物用于合成微生物细胞原生质和细胞内的储藏物，另一部分变为代谢产物排出体外并释放出能量，即分解与合成的相互统一，以此供微生物的原生质合成和生命活动的需要。于是，微生物不断地生长繁殖，不断地转化废水中的污染物，使废水得以净化。

1. 活性污泥法净化过程

活性污泥净化污水的过程大致分三个阶段进行，如图3—3所示。

第一阶段为吸附阶段，废水主要由于活性污泥的吸附作用而得到净化。吸附作用进行得十分迅速，对于生活污水，往往在 10～30 min 内就可以基本完成，也就是说基本上在曝气池进水端较短距离内就已经基本完成吸附作用。在这一阶段，除吸附外，还进行了吸收和氧化的作用，但吸附是主要作用。

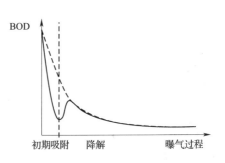

图3—3　活性污泥净化污水的过程

第二阶段为氧化分解阶段，主要是继续氧化分解前阶段被吸附和吸收的有机物，同时也继续吸附前阶段未吸附和吸收的残余物。这个阶段进行得相当缓慢，比第一阶段所需的时间长得多。

第三阶段为沉降阶段，在二沉池中，活性污泥能形成较大的絮凝体，使之从混合液中沉淀下来，达到泥水分离的目的。絮凝的原因主要是菌胶团细菌表面黏性的多糖类物质能促使菌胶团之间相互凝聚，结成大的絮体，与微生物所处的生长阶段有关。

2. 有机物的氧化、同化作用

活性污泥中的微生物以污水中各种有机物作为营养，（在有氧的条件下）进行分解代谢，称为有机物的氧化。

同时，微生物又把分解代谢中产生的中间产物及能量进行合成代谢，也称同化作用，即合成新的细胞物质。

3. 生物硝化、生物脱氮、生物除磷

氨氮在有氧存在的情况下经亚硝酸细菌和硝酸细菌的作用转化为硝酸盐的过程称为生物硝化。

在溶解氧不足时（缺氧），反硝化细菌利用各种有机质作为电子供体，利用硝化过程中产生的硝酸盐或亚硝酸盐作为电子受体进行缺氧呼吸，将硝酸盐还原为 N_2。

在厌氧池中没有溶解氧和硝态氧存在，聚磷菌成为优势菌种，构成了活性污泥絮体的主体，这些微生物在厌氧条件下释放体内所储存的磷，当厌氧区域后紧接一个好氧区域时，聚磷菌可以吸收超过正常水平的磷。在反应器中有序创造厌氧—好氧的环境条件，在好氧段通过排泥排除污泥中聚磷菌多吸收的磷而达到除磷的目的。

四、活性污泥性能指标

1. 泥龄（SRT）

泥龄是指活性污泥在曝气池中的平均停留时间，也是活性污泥增长一倍所需的时间。在计算时常用系统中活性污泥总量与每天排放的剩余污泥量之比表达。

2. 活性污泥浓度（MLSS/MLVSS）

MLSS 指 1 L 曝气池混合液中所含悬浮固体的干重，它是衡量反应器中活性污泥数量多少的指标。MLVSS 指 1 L 曝气池混合液中所含挥发性悬浮固体（即有机物）的含量。所以 MLVSS 能比较确切地反映反应器中微生物的数量。一般情况下处理生活污水的活性污泥的 MLVSS/MLSS 比值在 0.75 左右，对于工业污水，则因水质不同而异，MLVSS/MLSS 比值差异较大。

3. 水力停留时间

水力停留时间简写作 HRT，水力停留时间是指污水在反应器内的平均停留时间（h），也就是污水与生物反应器内微生物作用的平均反应时间，即反应器有效容积除以进水流量所得的值。

4. 有机物负荷

有机物负荷分 BOD 污泥负荷和 BOD 容积负荷。BOD 污泥负荷是反应器设计和运行的一个重要参数，它指单位时间内单位质量的活性污泥所能去除的有机物的量（五日生化需氧量），单位是 $kgBOD_5/(kgMLSS \cdot d)$。BOD 容积负荷指单位时间内单位曝气池容积所能去除的五日生化需氧量 $kgBOD_5/(m^3 \cdot d)$。

5. 混合液污泥沉降比 SV（%）

SV（%）称为污泥沉降比，曝气池混合液在量筒中静止 30 min 后，污泥所占体积与原混合液体积的比值，一般用百分数表示。正常的活性污泥沉降 30 min 后，可接近其最大

的密度，故在正常运行时，SV（%）大致反映了反应器中的污泥量，可用于控制污泥排放。一般曝气池中 SV（%）正常值为 20% ~ 30%。SV（%）的变化还可以及时反映污泥膨胀等异常情况。所以 SV（%）是控制活性污泥法运行的重要指标，但有时会因污泥浓度太高而造成数值偏大。

6. 污泥体积指数 SVI

SVI 是指曝气池出口处，混合液经 30 min 静止沉降后 1 g 干污泥所占的湿污泥的体积，单位为 mL/g，但一般不写单位。

SVI = 混合液 30 min 沉降后湿污泥体积/污泥干重 = SV%/MLSS

SVI 反映了污泥的松散程度和凝聚性能，SVI 过低，说明污泥颗粒细小紧密，无机物多，微生物数量少，此时污泥缺乏活性和吸附能力。SVI 过高则说明污泥结构松散，难以沉淀分离，即将膨胀或已经发生膨胀。一般 SVI 值在 100 ~ 200 较正常，大于 250 则为污泥膨胀。

第 2 节　活性污泥法系统

 学习单元 1　曝气池

 学习目标

1. 了解曝气池的类型及结构。
2. 了解常见的曝气装置。

 知识要求

一、曝气池的类型

1. 曝气池池型

根据混合液在曝气池内的流态，可分为推流式、完全混合式和循环混合式、序批式反应池四种。

（1）推流式曝气池。推流式曝气池多为长方廊道形，常采用鼓风曝气，适用于处理水质较稳定的废水。传统的做法是将空气扩散装置安装在曝气池廊道底部的一侧，这样布置可使水流在池中呈螺旋状流动，提高气泡和混合液的接触时间。如果曝气池的宽度较大，则应考虑将空气扩散装置安装在曝气池廊道底部的两侧或呈梅花形交错式均衡地布置在整个曝气池池底。

推流式曝气池长宽比为5~10的长方形，为节省占地面积往往建成两折或多折。曝气池的宽深比常为1.5~2。池深与造价和动力费用密切相关。池深大，有利于氧的利用，但造价和动力费用将有所提高。反之，造价和动力费用降低，但氧的利用率也将降低。

此外，还应考虑土建结构和曝气池的功能要求、允许占用的土地面积、能够购置到的鼓风机所具有的压力等因素。目前我国对推流式曝气池采用的深度多为4~6 m。

为了使混合液在曝气池内的旋转流动能够减少阻力，并避免形成死区，可将廊道横剖面池壁两墙的墙顶和墙脚做成45°斜面。为了节约空气管道，相邻廊道的空气扩散装置常沿公共隔墙布置。

曝气池的进水口和进泥口均设于水面以下，采用淹没出流方式，以免形成短流，并设闸门以调节流量；出水一般采用溢流堰的方式，处理水流过堰顶，溢流入排水渠道。

在曝气池底部设直径为80~100 mm的放空管，用于维修或池子清洗时放空。考虑到在活性污泥培养、驯化周期排放上清液的要求，根据具体情况，在距池底一定距离处设2~3根排水管，直径也是80~100 mm。

（2）完全混合式曝气池。完全混合式曝气池其表面多呈圆形、方形或正多边形，常采用表面机械曝气装置供氧。使用较多的是合建式完全混合曝气沉淀池，简称曝气沉淀池，由曝气区、导流区和沉淀区三部分组成。由于曝气池原有混合液可对进水产生稀释作用，完全混合式曝气池耐冲击负荷的能力较强，同时负荷均匀，使供氧和需氧容易平衡，从而节省供氧能力。

1）曝气区。曝气区位于池中央，曝气装置设于曝气池中心顶部平台上，并深入水下某一深度。污水从池底部进入，并立即与池内原有混合液完全混合，并与从沉淀区回流缝回流的活性污泥充分混合、接触。经过曝气反应后的污水从位于顶部四周的回流窗流出并导入导流区。回流窗设有活门，可以通过调节窗孔大小，控制回流污泥量。

2）导流区。位于曝气区和沉淀区之间，宽度一般在0.6 m左右，高约1.5 m。内设竖向挡流板，起缓冲水流的作用，并在此释放混合液中挟带的气泡，使水流平稳进入沉淀区，为固液分离创造良好条件。

3）沉淀区。位于导流区和曝气区的外侧，其作用是泥水分离，上部为澄清区，下部为污泥区。澄清区的深度不宜小于 1.5 m，污泥区的容积应不小于 2 h 的存泥量。澄清的处理水沿设于池四周的出流堰进入排水槽，出流堰常采用锯齿状的三角堰。

污泥通过回流缝回流曝气区，回流缝一般宽 0.15 ~ 0.20 m，在回流缝上侧设池裙，以避免死角。在污泥区的一定深度设排泥管，以排出剩余污泥。

与沉淀池合建的完全混合曝气池（见图 3—4）。

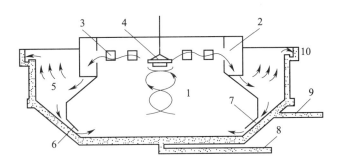

图 3—4　合建式完全混合曝气沉淀池

1—曝气区　2—导流区　3—回流窗　4—曝气叶轮　5—沉淀区　6—顺流圈

7—回流缝　8、9—进水管　10—出水槽

（3）封闭环流式反应池。早期的反应池呈封闭的沟渠状，多采用机械曝气，现有多种形式池型和曝气方式，污水进入反应池后，在曝气设备的作用下被快速均匀地与反应器中的混合液混合，混合后的水在封闭的沟渠中循环流动。封闭环流式反应池在短时间内呈现推流式，而长时间内呈现完全混合特征。两种流态的结合，可减小短流，使进水被数十倍甚至数百倍的循环混合液所稀释，从而提高了反应器的缓冲能力。主要用于氧化沟工艺，该工艺结合了推流和完全混合两种流态的特点。

（4）序批式反应池（SBR）。SBR 是一个间歇注水的反应器系统，包括一个独立的完全混合式反应器，活性污泥工艺的所有步骤都在其中发生。在循环中，混合液始终保留在反应器中，因此不需要独立的沉淀池。

SBR 工艺采用了一个完全混合的间歇排水反应器系统，进水后在同一个池中完成反应和沉淀过程，所以 SBR 系统都有 5 个阶段，依次为流入、反应（曝气）、沉淀、排水和闲置阶段。就连续运行应用而言，至少需要两个 SBR 池依次运行，当一个池完成一个处理周期后，另一个池开始运行，具有脱氮除磷功能。

在反应阶段，微生物在所控制的环境条件下降解消耗废水中的底物。

在沉淀阶段，混合液在静止条件下进行固液分离，澄清后的上清液作为出水排放。

在排水阶段，将排出池中澄清的水。排水器械有很多类型，其中最常见的就是可移动或可调节的堰和滗水器。

2. 曝气方式和曝气设备

根据曝气方式，可分为鼓风曝气池、机械曝气池以及两者联合使用的机械—鼓风曝气池。

曝气设备是活性污泥法污水处理工艺系统中的重要组成部分，通过曝气设备向曝气池供氧，同时曝气设备还有混合搅拌的功能，以改善污染物在水处理系统中的传质条件，提高处理效果。

（1）鼓风曝气。利用能够产生一定风量和压力的鼓风机将空气通过输送设备和扩散设备强制加入到水体中的过程称为鼓风曝气。鼓风曝气系统由空气净化器（除尘）、鼓风机、曝气装置和空气输送管道组成。鼓风机将空气通过一系列管道输送到安装在曝气池底部的曝气装置，经过曝气装置，使空气形成不同尺寸的气泡。气泡经过上升和随水循环流动，最后在液面处破裂，在这一过程中氧气向混合液中转移形成溶解氧，实现了氧气从气相向液相的转移。

鼓风曝气根据水气运动方式又可分为旋流式、全面曝气式、射流式、水下搅拌式四种。

1）旋流式。曝气池底部单侧布置曝气器，水气旋流推进。

2）全面曝气式。多采用微孔曝气，曝气池底部全部均匀布置曝气器，水气混合推进。

3）射流式。射流器是鼓风曝气方式中比较特殊的一种曝气装置，水流由高压水泵经过喷嘴形成高速水流，在喷嘴周围形成负压由进气管吸入空气，经混合室与水流混合，在喇叭形的扩散管内产生水气混合流，高速喷射而出，夹带许多气泡的水流在较大面积和深度的水域内涡旋搅拌，完成曝气。

4）水下搅拌式。曝气池底部安装水下搅拌曝气器，可提高供氧效率。

鼓风曝气系统中的扩散设备称为曝气器，是曝气池内最重要的装置，曝气器的种类非常多，传统曝气池主要采用穿孔管，目前常见的有微气泡曝气器、中气泡曝气器和水力剪切式空气曝气器。

微气泡曝气器又分为平板型微孔曝气器、罩型微孔曝气器、膜片式微孔曝气器。这类扩散装置的特点是产生微小气泡，气、液接触面积大，氧利用率高；缺点是气压损失大，易堵塞，送入的空气应预先通过净化过滤处理。

（2）机械曝气。借助机械设备（如叶片、叶轮等）使活性污泥法曝气池中的废水和污泥充分混合，并使混合液液面不断更新与空气接触，来增加水中的溶解氧的方法称为机械曝气。机械曝气装置安装在曝气池水面下，叶轮浸没深度一般为 15 ~ 25 cm，通过叶轮的转动，使空气中的氧转移到污水中。其机理是：曝气装置转动时，表面的混合液不断地从曝气装置周边抛向四周，形成水跃，液面剧烈搅动，卷入空气；曝气装置转动，在其后侧形成负压区，吸入空气；曝气装置转动，具有提升液体的作用，使池内混合液连续上下循环流动，气液接触界面不断更新，不断地使空气中的氧向液体内转移。

曝气装置类型的选用依据各有侧重，根据目前的实践经验，机械曝气装置适用于中、小规模的曝气池。当污水处理量较大时，采用多台表面曝气机械设备会导致基建费用和运行费用的增加，同时维护管理工作比较繁重，此时应考虑鼓风曝气装置。

机械曝气装置分为竖轴叶轮曝气机、卧轴式曝气机两种。

1）竖轴叶轮曝气机，常用的曝气叶轮有泵型叶轮、倒伞型叶轮、平板型叶轮等。曝气叶轮的充氧能力和提升能力与叶轮直径、叶轮旋转速度和浸液深度等因素有关。一般叶轮周边线速度以 2~5 m/s 为宜。

2）卧轴式曝气装置主要是转刷曝气器。由水平转轴和固定在轴上的叶片组成，转轴带动叶片转动，搅动水面溅起水花，空气中的氧通过气—液界面转移到水中。

转刷曝气器主要用于氧化沟，它具有负荷调节方便、维护管理容易、动力效率高等优点。

 学习单元2　二沉池

 学习目标

1. 熟悉二沉池运行维护的要点。
2. 熟悉二沉池出现的异常问题及可能的原因。

 **知识要求**

一、二沉池种类

1. 二沉池的功能

二沉池是活性污泥处理系统的重要组成部分，其功能主要是固液分离使混合液澄清，同时浓缩污泥。它的工作效率将直接影响系统的出水水质和回流污泥的浓度，从利用悬浮固体与污水的密度差达到固液分离的目的来看，二沉池与初沉池原理并无区别，但由于功能和沉淀类型不同，二沉池与初沉池运行要求又有不同。

2. 常见类型及构造

二沉池常按池内水流方向不同分为平流式沉淀池、竖流式沉淀池和辐流式沉淀池三种。二沉池絮体较轻，易被出水挟走，表面负荷、出水堰负荷都比初沉池低，沉淀时间长。污泥斗容积需考虑污泥浓缩要求。其他结构如排泥设备、浮渣收集撇除输送和处置装置等基本和初沉池类似。

二、二沉池的运行与维护

1. 二沉池的运行参数

二沉池的运行参数见表 3—1。

表 3—1　　　　　　　　　　　二沉池的运行参数

表面负荷/m³/（m²·h）	停留时间/h	污泥含水率
1.0~1.5	1.5~2.5	99.2%~99.5%

2. 二沉池的运行维护

（1）巡检时应仔细观察出水的感官指标，污泥界面的高低变化、悬浮污泥量的多少、是否有污泥上浮现象等，发现异常后及时采取针对措施解决，以免影响水质。

（2）巡检时注意辨听刮泥、刮渣、排泥设备是否有异常声音，同时检查其是否有部件松动等，并及时调整或修复。

（3）按规定对二沉池常规监测项目进行及时的分析化验。常规监测项目主要有：pH值、透明度、SS、BOD、COD、总氮、有机氮、氨氮、亚硝酸氮、硝酸盐氮、碱度、总磷、磷酸根、DO、大肠杆菌数。

（4）经常检查并调整各个二沉池的配水设备，确保进入各二沉池的混合液流量均匀。

（5）经常检查并调整各个出水堰板的平整度，防止出水不均和短流现象的发生。

（6）检查浮渣斗的积渣情况并及时排出，还要经常用水冲洗浮渣斗。同时注意浮渣刮板与浮渣斗挡板配合是否适当，并及时调整或修复。

（7）原则上连续排泥。各池的排泥量应根据入流、溢流、沉淀的整体运行情况来考虑排泥阀开度，确定后一般不做调节。

（8）为使污泥界面维持在一定高度，活性污泥不随水流出，各池应根据活性污泥堆积状况进行调整排泥。

（9）对于昼夜间进水量的波动，曝气池的入流污泥量也应随之变化，因此在二次沉淀池的管理上，应按时间增减排泥量。

（10）定期（一般每年一次）将二沉池放空检修，重点检查水下设备、管道、池底与设备的配合等是否出现异常，并根据具体情况进行修复。

（11）由于二沉池一般埋深较大，因此，当地下水位较高而需要将二沉池放空时，为防止出现漂池现象，一定要事先确认地下水位的具体情况，必要时可以先降低二沉池周围的地下水位再放空。

（12）及时清除堰板、出水槽、台阶走道上的生物膜及藻类。

3. 二沉池异常现象及对策

二沉池异常现象及对策见表3—2。

表3—2　　　　　　　　　　　二沉池异常现象及对策

异常现象症状	分析及诊断	解决对策
二沉池有大块黑色污泥上浮，出水氨氮往往较高，水质恶化	沉淀池局部积泥厌氧，产生 CH_4、CO_2，气泡附于泥粒使之上浮	防止沉淀池有死角，排泥后在死角区用压缩空气冲或清洗 检查排泥操作及排泥设备
	进水有机负荷过高，如有工业废水的流入，曝气不足等，二沉池有厌氧现象	检查进水，调整曝气及回流污泥量
二沉池污泥沉淀30~90 min后呈成层上浮，多发生在夏季	由于曝气池中硝化作用形成的硝酸盐在二沉池缺氧的环境下被还原成 N_2，附着在已沉淀的污泥上引起污泥上浮	在有脱氮的工艺中增大内回流，减少进入二沉池的硝酸盐 内回流后，增大曝气量，防止二沉池形成缺氧环境 增加二沉池的排泥量
在沉淀后的上清液中含有大量的悬浮微小絮体，出水透明度下降，ESS升高	负荷下降，曝气过度，活性污泥自身氧化过度	减少曝气；增大负荷量
	污泥中毒	控制有毒有害物质的进入
	污泥生长环境受影响，如 pH 值、温度、营养等，污泥未成熟，絮粒瘦小	控制进水，调整营养
	机械曝气叶轮转速过大，混合强度过大，使絮粒破碎	调整表面曝气机运行状态
二沉池上清液透明度下降，泥水交界面不明显	高浓度有机废水的流入，使微生物处于对数增长期，污泥形成的絮体性能较差	降低负荷；增大回流量以提高曝气池中的 MLSS，降低 F/M 值

异常现象症状	分析及诊断	解决对策
污泥膨胀，活性污泥絮体质量变轻、膨大，沉降性能恶化，在二沉池中不能正常沉淀下来，SVI 异常增高，可达 400 以上	丝状菌异常增殖	提高活性污泥的絮凝性，投加絮凝剂，如硫酸铝等 改善活性污泥的沉降性、密实性，如投加黏土、消化污泥等 投加氯等杀灭丝状菌 针对不同的丝状菌，调节运行条件：调整曝气；调整进水 pH 值；调整混合液中的营养物质比例等

学习单元 3 活性污泥法运行

学习目标

1. 掌握正常运行时的巡视要点。
2. 了解活性污泥法处理中的水质指标。
3. 掌握曝气池配水操作、曝气操作、回流操作方法。
4. 能够进行二沉池的维护。
5. 能完成曝气池配水操作。

知识要求

一、曝气池的运行要求

活性污泥法运行有三个基本要素，一是污水中的有机物，它是处理对象，也是微生物的食料；二是溶解氧，用于保证好氧微生物最基本的生存条件，获得较高处理效率；三是起吸附和氧化作用的微生物，即活性污泥。简单说就是水、气、泥三要素。曝气池是活性污泥系统主体构筑物，曝气池的运行要求即围绕水、气、泥的平衡展开。污水均衡进入系统并具有合适的营养及营养比例，能使微生物生长、繁殖正常；人工曝气提供足够的溶解氧，并使其活性污泥与污水中的有机物充分接触，以利于微生物利用；通过回流和排泥维持系统中一定的微生物数量，系统才能长期稳定运行。

二、曝气池运行状况

1. 曝气池巡视

操作人员靠近污水处理装置观察污水处理状况，即为巡视，主要内容如下：

（1）色、嗅。当池水有异色，要检查是否有其他工业废水混入。在一般的处理系统中，活性污泥一般呈茶褐色；在曝气池溶解氧不足时，厌氧微生物会相应滋生，含硫有机物在厌氧时分解释放出 H_2S，会使污泥发黑、发臭。当曝气池溶解氧过高或进水负荷过低时，污泥中的微生物可因缺乏营养而自身氧化，污泥色泽转淡。良好的新鲜活性污泥略带有泥土味。

（2）曝气池观察与污泥性状。在巡视曝气池时，应注意观察曝气池液面翻腾情况，曝气池中间若见有成团气泡上升，表示液面下曝气管道或气孔有堵塞，应予以清洁或更换；若液面翻腾不均匀，说明有死角，尤应注意四角有无积泥。此外还应注意气泡的性状。

1）气泡量的多少。在污泥负荷适当、运行正常时，气泡量较少，气泡外观呈新鲜的乳白色气泡。污泥负荷过高、水质变化时，气泡量往往增多，如污泥泥龄过短或废水中含多量洗涤剂时即会出现大量气泡。

2）气泡的色泽。气泡呈白色且气泡量增多，说明水中洗涤剂量较多；气泡呈茶色、灰色，表示污泥泥龄太长或污泥被打碎、吸附在气泡上所致，这时应增加排泥量。气泡出现其他颜色时，则往往表示是吸附了废水中染料等类发色物质的结果。

3）气泡的黏性。用手沾一点气泡，检查是否容易破碎。在负荷过高，有机物分解不完全时，气泡较黏，不易破碎。

（3）二沉池观察与污泥性状。活性污泥性状的好坏可从二沉池运行状况中显示出来，应注意观察二沉池泥面的高低、上清液透明程度及有无漂泥、漂泥泥粒的大小等。上清液清澈透明说明运行正常，污泥性状良好；上清液混浊说明负荷过高，污泥对有机物氧化、分解不彻底；泥面上升、SVI 高说明可能污泥膨胀，污泥沉降性差；污泥成层上浮说明可能污泥中毒；大块污泥上浮说明可能沉淀池局部厌氧，导致该处污泥腐败；细小污泥漂泥说明水温过高、C/N 不适、营养不足等原因导致污泥解絮。

2. 水质监测

对水质的测定分析能及时为技术人员提供准确、可靠的运行数据，帮助技术人员判定出现故障的原因，及时进行相应的调整。曝气池运行常规水质的检测项目有：水温、pH值、MLDO、MLSS、MLVSS、回流污泥的浓度及 SV、耗氧速率、生物相、污泥负荷、泥龄、SVI 等。

三、曝气池运行操作

1. 曝气池污泥浓度与回流量调节

保持曝气池内合适的 MLSS 在管理上非常重要，污泥回流的作用就是补充曝气池混合液进入二沉池带走的活性污泥，而进入二沉池的污泥沉淀后分成两部分，一部分作为回流污泥返回曝气池，另一部分作为剩余污泥量排出系统。曝气池内污泥量、二沉池内污泥量、回流污泥量、剩余污泥量之间有密切关系。

控制污泥回流的方法有：

（1）保持回流量恒定。这种控制方式适用于进水量恒定或波动不大的情况。如果流量变化较大，会导致活性污泥量在曝气池和二沉池之间的重新分配。当进水流量增大时，部分曝气池的污泥会转移到二沉池，使曝气池内 MLSS 降低，而此时需要更多的 MLSS 去处理增加了的污水。另外二沉池内污泥量的增加会导致泥位的上升，有可能造成污泥流失，同时水量的增加使二沉池水力负荷加大，进一步增大了污泥流失的可能性。

（2）保持剩余污泥排放量恒定。在回流量不变的条件下，保持剩余污泥排放流量和时间的相对稳定，即可保证相对稳定的处理效果。此方式的缺点是在进水水量和进水有机负荷降低的情况下，曝气池内污泥的增长量有可能少于剩余污泥的排放量，最终导致系统污泥量的下降和处理效果的降低。

（3）回流比和回流量均随时调整。回流比是污泥回流量与曝气池进水量的比值。根据进水水量和进水有机负荷的变化，随时调整剩余污泥排放量和污泥回流量，尽可能保持回流污泥浓度和曝气池混合液污泥浓度的稳定，这种方法是比较理想化的调整方法，效果最好。但操作频繁，工作量大，对控制设备和仪表的灵敏度等要求较高。

2. 曝气池溶氧与供风调节

在鼓风曝气系统中，可控制曝气量的大小来调节曝气池内溶氧的高低。鼓风消耗的电量在维护管理费中占很大比例，应尽量避免过度曝气。调节方法可分为保持一定 DO、风量程序控制和比例控制的方法。

（1）保持一定 DO。这是为维持出口处一定 DO 而调节鼓风量的控制方法。但污水在曝气池内停留时间为数小时，进水波动较大时，通过一点的 DO 监测进行调控是比较困难的。

（2）风量程序控制。根据每天进水水质、水量的时间变化曲线，靠经验决定每小时的鼓风量，按程序控制鼓风量的方法。

（3）比例控制。保持鼓风量占进水量一定比例的调节方法。供风量一般是进水量的

3~7倍，根据水温、水质、曝气时间、DO、MLSS由经验选定。

若以曝气叶轮作充氧的处理系统，可改变叶轮的转速或它的浸没深度来调节溶氧的高低，叶轮浸深超过它的最佳充氧浸没深度后，充氧能力降低，搅拌（使泥水混合）能力增加，在培菌初期或污泥负荷过低时即可采用这种方式运行。

3. 曝气池配水操作

有时排放的污水的水质、水量会有较大变化，普通方法是设置调节池，使污水更均衡地进入处理系统。而小幅的变化可通过对系统的操作予以调整。主要可采取以下这些方法：

（1）调整曝气池配水系统各阀门开启大小，使流入各曝气池的流量均匀。

（2）当进水有机负荷较高时，可考虑采用多点进水或处理水回流稀释进水适当调整。

（3）当出现超大流量时，利用曝气池超越管不处理直接进入后续二沉池或出水泵房。

第3节　常见活性污泥法工艺

 学习目标

1. 熟悉各类活性污泥的工艺特点。

2. 了解各类活性污泥的工艺参数。

3. 了解氧化沟的特点。

4. 掌握氧化沟工艺运行的控制要点。

 知识要求

一、活性污泥法的分类

根据不同的反应器类型、曝气方式以及有机负荷，活性污泥法分为传统活性污泥工艺、阶段曝气工艺、渐减曝气工艺、延时曝气工艺、吸附再生工艺、完全混合活性污泥工艺、A—B工艺（两段曝气法）、氧化沟工艺、间歇式活性污泥处理工艺等。

1. 传统活性污泥工艺

传统活性污泥工艺由初沉池、推流式长廊形曝气池、二沉池及污泥排放回流系统组成。其主要优点是处理效果好，BOD_5的去除率可达90%~95%；对废水的处理程度比较灵活，可根据要求进行调节。但池首端易形成厌氧状态，不宜采用过高的有机负荷，因而池容较大，占地面积较大；在池末端可能出现供氧速率高于需氧速率的现象，会浪费动力费用；对冲击负荷的适应性较弱。

2. 阶段曝气工艺

该工艺又称为阶段进水工艺或多点进水活性污泥法。其特点为：分段多点进水，负荷分布均匀，均化了需氧量，避免了前段供氧不足、后段供氧过剩的缺点，需氧和供氧较平衡；耐冲击负荷力强；活性污泥浓度沿池长逐渐降低，有利于二沉池的泥水分离。

3. 渐减曝气工艺

改进了传统活性污泥法的等距离均量布置曝气器的缺点，合理地布置空气扩散器，在曝气总量不变的前提下，根据负荷变化，沿程减少曝气量，以提高处理效率。

4. 延时曝气工艺

普通活性污泥法曝气时间为6~8 h，而延时曝气工艺曝气时间长达24 h以上。由于负荷低，延时曝气池容积大，占地面积较大；产污泥量少；处理效果好。

5. 吸附再生工艺

吸附再生工艺又名接触稳定工艺，是对传统活性污泥法的一项重要改革。它的主要特点是将活性污泥对有机物降解的吸附与代谢稳定过程，分别置于各自的反应器内进行。其工艺流程如图3—5所示。

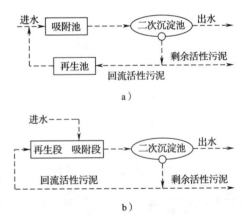

图3—5 吸附再生工艺流程

a）再生段与吸附段分建　b）再生段与吸附段合建

6. 完全混合活性污泥工艺

采用完全混合式曝气池，污水进入反应池，在曝气搅拌的作用下立即和全池混合，曝气池内各点的污水浓度、微生物浓度、需氧速率完全一样，不像推流式的前后段有明显的区别，当入流出现冲击负荷时，因为瞬时完全混合，曝气池混合液的组成变化较小，故完全混合法耐冲击负荷能力较大。

7. A—B 法工艺（两段曝气法）

A—B法工艺是两段活性污泥法，分为A段和B段，A段为吸附段，B段为生物氧化段，A—B法的工艺流程如图3—6所示。A段活性污泥产率高，污泥量大，能耐受进入废水的水量与水质的变化，抗冲击负荷能力强。B段为生物氧化段。活性污泥中菌胶团量少，以原生动物及后生动物为主，负荷低，处理效果好。

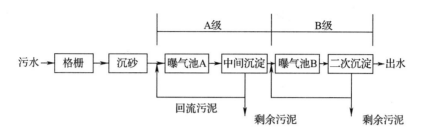

图3—6 A－B法的工艺流程

A－B法工艺的主要构筑物有A段曝气池、中间沉淀池、B段曝气池和二次沉淀池等，通常不设初次沉淀池，以A段和B段拥有各自独立的污泥回流系统，因此有各自独特的微生物种群，有利于系统功能的稳定。

8. 氧化沟工艺

氧化沟工艺是延时曝气的一种特殊工艺，即循环混合式曝气池。氧化沟是一种改良的活性污泥法，早期因其曝气池呈封闭的沟渠形，污水和活性污泥混合液在其中长时间循环流动，因此被称为氧化渠，又称环行曝气池、循环曝气池。污水在池内的停留时间很长，可达24 h甚至更长，有机负荷低。

9. 间歇式活性污泥处理工艺

间歇式活性污泥处理工艺是典型的SBR工艺，又称序批式活性污泥法。它的主要特征是在运行上的有序和间歇操作，SBR技术的核心是SBR反应池，该池集均化、初沉、生物降解、二沉等功能于一池，无污泥回流系统。

二、活性污泥法常见工艺运行参数范围

常见活性污泥法的设计参数见表3—3。

表3—3   常见活性污泥法的设计参数（处理城市污水，仅为参考值）

设计参数	传统活性污泥法	完全混合活性污泥法	阶段曝气活性污泥法
BOD_5污泥负荷/ $kgBOD_5/$（kgMLSS·d）	0.2～0.4	0.2～0.6	0.2～0.4
容积负荷/ $kgBOD_5/$（m^3·d）	0.3～0.6	0.8～2.0	0.6～1.0
污泥龄（d）	5～15	5～15	5～15

设计参数	传统活性污泥法	完全混合活性污泥法	阶段曝气活性污泥法
MLSS/mg/L	1 500～3 000	3 000～6 000	2 000～3 500
MLVSS/mg/L	1 200～2 400	2 400～4 800	1 600～2 800
回流比/%	25～50	25～100	25～75
曝气时间 HRT/h	4～8	3～5	3～8
BOD_5 去除率/%	85～95	85～90	85～90
设计参数	吸附再生活性污泥法	延时曝气活性污泥法	高负荷活性污泥法
BOD_5污泥负荷/ kgBOD$_5$/（kgMLSS·d）	0.2～0.6	0.05～0.15	1.5～5.0
容积负荷/kgBOD$_5$/（m^3·d）	1.0～1.2	0.1～0.4	1.2～2.4
污泥龄/d	5～15	20～30	0.25～2.5
MLSS/mg/L	吸附池1 000～3 000 再生池4 000～10 000	3 000～6 000	200～500
MLVSS/mg/L	吸附池800～2 400 再生池3 200～8 000	2 400～4 800	160～400
回流比/%	25～100	75～100	5～15
曝气时间 HRT/h	吸附池0.5～1.0 再生池3～6	18～48	1.5～3.0
BOD_5 去除率/%	80～90	95	60～75
设计参数	纯氧曝气活性污泥法	深井曝气活性污泥法	
BOD_5污泥负荷/ kgBOD$_5$/（kgMLSS·d）	0.4～1.0	1.0～1.2	
容积负荷/kgBOD$_5$/（m^3·d）	2.0～3.2	3.0～3.6	
污泥龄/d	5～15	5	
MLSS/mg/L	6 000～10 000	3 000～5 000	
MLVSS/mg/L	4 000～6 500	2 400～4 000	
回流比/%	25～50	40～80	
曝气时间 HRT/h	1.5～3.0	1.0～2.0	

续表

设计参数	纯氧曝气活性污泥法	深井曝气活性污泥法	
溶解氧浓度 DO/mg/L	6~10		
SVI/mL/g	30~50		
BOD_5 去除率/%	75~95	85~90	

三、氧化沟工艺简介

氧化沟系统的基本构成包括氧化沟池体，曝气设备，进、出水装置，导流和混合装置以及附属构筑物等部分。氧化沟工艺流程如图3—7所示。

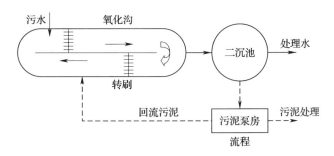

图3—7　氧化沟的工艺流程

1. 工艺特点

（1）操作单元少。污水经过格栅沉砂后，即可进入氧化沟，而不需在系统中设置初沉池和调节池，还可考虑不单设二次沉淀池，使氧化沟和二次沉淀池合建，省去污泥回流装置并可节省占地。

（2）耐冲击负荷。有机负荷、水力负荷和有害物质的冲击负荷对氧化沟工作的影响不明显，氧化沟有完全混合的特征且其中有大量的活性污泥，这就提高了系统对这些不良因素的抵抗能力。

（3）处理效果好，运行稳定。氧化沟中的污泥总量比普通曝气池高10~30倍。在供氧充足的情况下，氧化沟中的污水被完全净化，处理效果好。氧化沟即使是在严冬季节运行，出水仍能达到排放标准。

（4）污泥产泥率低，剩余污泥较稳定，没有臭味，脱水快，可以不经消化而直接脱水。

（5）适用范围广。氧化沟不仅能处理生活污水，还能处理工业废水；不仅能用于温暖的地区，也能用于寒冷的地区。按现代工艺建造的氧化沟还具有除磷、脱氮功能。

（6）在经济方面的特征。一般认为，由于曝气时间长，曝气池的建造费用和耗电费用都较高，实际上在进行中小规模的污水处理时，氧化沟的基建和运行费用较一般活性污泥法低。

2. 氧化沟的运行

氧化沟内的混合液兼具完全混合和推流态的特征，耐冲击负荷能力强，运行方式灵活，适应不同的进水水质和出水水质要求。

（1）进水水量和水质的控制。氧化沟工艺大多数不设初沉池，但若进水 SS、BOD_5 很高时也需要设初沉池，以适应水质的变化，保证氧化沟曝气池的出水水质。

（2）氧化沟曝气池的供氧控制。对氧化沟内混合液进行合理的曝气充氧是控制氧化沟反应条件的重要手段，氧化沟的好氧区或称高能区（通常是曝气设备下游）通常担负着去除绝大部分有机物的功能，其 DO 值一般应控制在 2 mg/L 或以上。

机械曝气装置如转刷和倒伞形曝气转碟过去常用控制出水溢流堰高度的方法来调节它们在水中的淹没深度，从而调节充氧量，保证沟内的最佳 DO 值。若机械曝气装置电动机具有变频功能，则通过调节转刷或转碟的转速来控制充氧量，从而调节沟内的溶解氧分布。

（3）控制氧化沟中的 MLSS 值。传统活性污泥工艺的 MLSS 值一般为 1 500 ~ 3 000 mg/L，氧化沟由于是延时曝气系统，其允许的 MLSS 值要高一些，为 3 000 ~ 5 000 mg/L。

（4）有机负荷 F/M 的控制。传统活性污泥工艺的 F/M 一般在 0.2 ~ 0.5 kg BOD_5/（kg MLVSS·d）的范围内，氧化沟的 F/M 一般在 0.05 ~ 0.15 kgBOD_5/（kg MLVSS·d）的范围内。

（5）SV 的测定。SV 的测定简单快速，有经验的操作人员通过 SV 的测定即可大致判断二沉池工作是否正常以及池内 MLSS、DO 是否正常，从而通过进一步验证后采取相应的措施。

（6）氧化沟池内生物相观察。和其他活性污泥法类似，通过镜检可以判定活性污泥的净化能力，及早发现丝状菌引起的固液分离障碍，防止各种隐患。

（7）曝气设备的维护与保养。氧化沟曝气装置，如曝气转刷和转碟使用寿命的长短在很大程度上取决于平时保养的好坏。对转碟设备的保养要从投用前开始，并积极主动做好电动机、齿轮箱、轴承、叶片、电气系统的日常例行保养工作，如可以每星期向曝气转刷的齿轮箱和轴承腔内灌注定量的油脂和润滑脂并清除电控箱内的灰尘和垃圾，每年全部更换齿轮箱和轴承腔内的润滑油脂等。

本章思考题

1. 画出活性污泥法的流程图。

2. 活性污泥法为什么被广泛应用？

3. 影响活性污泥法的环境条件是什么?

4. 评价活性污泥的指标有哪些?

5. 活性污泥系统运行时,在对曝气池、二沉池的工艺管理中有哪些要点?

6. 二沉池中常见的异常状况有哪些?

7. 叙述氧化沟工艺及特点。

8. 氧化沟运行时工艺管理上有哪些要点?

第 4 章

生 物 膜 法

1893 年在英国将污水在粗滤料上喷洒进行净化试验取得了良好的净化效果，作为生物膜法的生物滤池开始问世，生产中最早采用的生物膜法构筑物是以碎石为填料的普通生物滤池，也称滴滤池，但在实际应用中出现了较多问题。目前所采用的生物膜法多数是好氧生物处理范畴，少数是厌氧形式，如厌氧流化床等，本章主要介绍好氧生物膜法。生物膜法除生物滤池外，还有生物转盘、接触氧化法、曝气滤池和生物流化床技术等。

第 1 节　生物膜处理法概述

 **学习目标**

1. 掌握生物膜的形成脱落过程。
2. 熟悉生物膜法的特点。
3. 掌握生物膜法处理效果的影响因素。
4. 了解常见的填料及构造。
5. 熟悉生物膜法挂膜过程。

 **知识要求**

一、生物膜工作原理

1. 生物膜及生物膜的形成、构造

生物膜法主要是利用附着生长于某些固体物表面的微生物（即生物膜）降解有机物的一种污水处理技术。其附着的固体介质称为滤料或载体。生物膜是由高度密集的好氧菌、厌氧菌、兼性菌、真菌、原生动物以及藻类等组成的生态系统，附着在填料或某些载体上繁殖，并在其上形成膜状生物污泥。

当有机废水或由活性污泥悬浮液培养而成的接种液流过载体时，水中的悬浮物及微生物被吸附于滤料或载体表面上，其中的微生物利用有机底物而生长繁殖，逐渐在滤料或载体表面形成一层黏液状的生物膜。由于生物膜的吸附作用，在膜的表面会形成一个很薄的水层（附着水层）。废水流过生物膜时，有机物经附着水层向膜内扩散，外界的氧也经附着水层向膜内扩散，膜内微生物在氧的参与下对有机物进行分解和机体新陈代谢，代谢产物沿底物向相反的方向扩散，从生物膜传递返回液相和空气中。

随着废水处理过程的发展，微生物不断生长繁殖，生物膜厚度不断增大，废水底物及氧的传递阻力逐渐加大，在膜表层仍能保持足够的营养以及处于好氧状态，而在膜深处将会出现营养物或氧的不足，造成微生物内源代谢或出现厌氧层，当达到一定厚度时，此处的生物膜因与载体的附着力减小及水力冲刷作用等而脱落。老化的生物膜脱落后，载体表面又可重新经历吸附、生长、生物膜增厚直至脱落的过程。从吸附到脱落，完成一个生长周期。在正常运行情况下，整个反应器的生物膜各个部分总是交替脱落的，系统内活性生物膜数量相对稳定。生物膜的结构如图4—1所示。

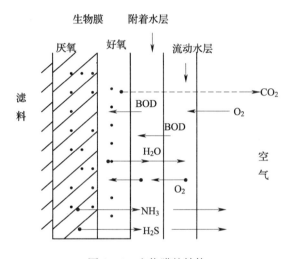

图4—1 生物膜的结构

生物膜自滤料向外可分为厌氧层、好氧层、附着水层、流动水层，在好氧层和厌氧层中还有兼性层。有机物降解主要是在好氧层进行，部分难降解有机物经兼氧层和厌氧层分解。过厚的生物膜并不能增大底物利用速度，相反厌氧层的产物逸出会抑制好氧微生物的活性，同时因过厚的生物膜脱落而可能造成堵塞，影响正常通风。一般认为，好氧层厚度在 $1\sim2$ mm、生物膜厚度控制在 $2\sim3$ mm 时，净化效果较好。

2. 生物膜法特点

污水的生物膜处理法是与活性污泥法并列的一种污水好氧处理技术，但活性污泥法是依靠曝气池中悬浮流动着的活性污泥来分解有机物的，而生物膜法则依靠固着于载体表面的微生物膜来净化有机物。由于有载体或填料的存在，生物膜法有以下特点：

（1）固着于滤料或载体上的生物膜对废水水质、水量的变化有较强的适应性，操作稳定性好。

（2）老化的生物膜大片脱落，不会发生污泥膨胀，运转管理较方便。

（3）由于微生物固着于固体表面，固体介质有利于微生物形成稳定的生态体系，栖息的微生物不仅数量多，种类也较多，即使增殖速度慢的微生物也能生长繁殖，因此处理效率高。而在活性污泥法中，世代时间比停留时间长的微生物会被排出曝气池，因此，生物膜中的生物相更为丰富，且沿水流方向膜中生物种群具有一定分布。

（4）由于脱落的生物膜呈块状，污泥的含水率低，同时生物膜形成的食物链要长于活性污泥法，因此，剩余污泥量较少。

（5）有些生物膜法采用自然通风供氧，运行比较经济，但供氧可能不如活性污泥充足，容易产生厌氧。

（6）附着于固体表面的微生物量较难控制，因而在运行方面灵活性较差。

（7）由于载体材料的比表面积小，故设备容积负荷有限，空间效率较低。

3. 生物膜法的主要影响因素

影响生物膜法的因素很多，水质、温度、pH值、溶解氧、营养平衡、有毒有害物质都会影响生物膜中的微生物，这和活性污泥法是一样的。此外还包括以下因素：

（1）水力负荷。水力负荷对生物膜法的处理效果以及生物膜厚度和传质改善等方面都有一定的影响。生物膜法有多种处理工艺，应该选择合适的水力负荷。

（2）载体表面结构和性质。载体对污水处理效果的影响主要反映在载体的表面性质，包括载体的比表面积大小、载体表面亲水性及表面电荷、表面粗糙度、载体的密度、孔隙率和材料强度等。载体的选择不仅决定了可供生物膜生长的面积大小和生物量的多少，还影响反应器中水的动力学状态。

（3）生物膜量及其活性。生物膜的厚度反映了生物量的大小，但是生物活性并非总是与生物量成正相关性。生物膜由好氧膜和厌氧膜组成，好氧膜的厚度通常为 $1.0 \sim 2.0$ mm，有机物的降解主要在好氧层内完成。不能单纯追求增加反应器的生物量，应保证反应器内生物膜正常脱落更新而不发生载体间隙被堵塞的现象。

二、填料

填料是微生物的载体，其特性对接触氧化池中的生物量、氧的利用率、水流条件和废水与生物膜的接触反应情况等有较大影响。水处理填料性能的选取要求：有较大的比表面积（单位质量或单位体积的填料所具有的表面积）；液体在填料表面有较好的均匀分布性能；气流能在填料层中均匀分布；填料具有较大的空隙率。另外，选择水处理填料时还应考虑其机械强度、来源、制造及价格等因素。污水处理常用的填料有以下几种：

1. 固定式填料

固定式填料以蜂窝状及波纹状填料为代表，多用玻璃钢、各种薄形塑料片构成，如图4—2所示。孔为六角形，孔径为 $20 \sim 100$ mm。但由于其比表面积小，生物膜量小，表面光滑，生物膜易脱落，填料横向不流通，容易造成布气不均匀、堵塞以致无法正常运转，且造价较高，近年来，此类填料已逐渐淘汰。

图4—2　聚乙烯蜂窝填料

2. 悬挂式填料

悬挂式填料包括软性、半软性及两者组合填料。软性填料，理论比表面积大，空隙率90%，挂膜快，空隙的可变性使之不易堵塞，而且造价低，组装方便，处理效果较好，COD 和 BOD_5 去除率可达 80% 以上；废水浓度高或水中悬浮物较大时，填料丝会结团，大大减少了实际利用的比表面积，且中心绳散丝打结、运转时易断等情况，会影响使用寿命，其寿命一般为 1～2 年。半软性填料具有较强的气泡切割性能和布水、布气的能力，挂膜、脱膜效果较好、不堵塞；COD 和 BOD 去除率在 70%～80%。使用寿命较软性填料长；其理论比表面积较小，生物膜总量不足影响污水处理效果，且造价偏高。软性、半软性填料如图 4—3 所示。

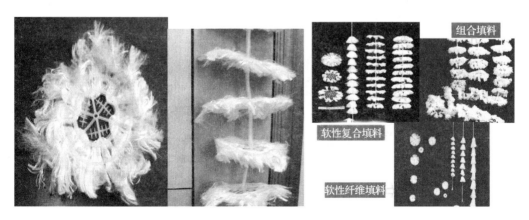

图4—3　软性、半软性填料

3．分散式填料

分散式填料包括堆积式、悬浮式填料，种类繁多。特点是无须固定和悬挂，只需将其放置于处理装置之中，使用方便，更换简单。其中，多孔球形悬浮填料具有充氧性能好、挂膜快、使用寿命长等优点，而且填料上的生物膜较薄，其活性相对较高，如图4—4所示。

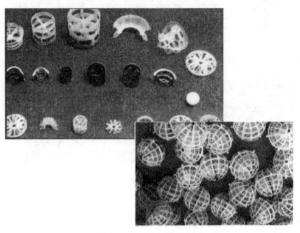

图4—4　分散式填料

4．散装填料

散装填料是一个个具有一定几何形状和尺寸的颗粒体，一般以随机的方式堆积在塔内，又称为乱堆填料或颗粒填料。散装填料根据结构特点不同，可分为环形填料、鞍形填料、环鞍形填料及球形填料等。

5．规整填料

规整填料是按一定的几何构形排列，整齐堆砌的填料。规整填料种类很多，根据其几何结构可分为格栅填料、波纹填料等。

（1）格栅填料。格栅填料是以条状单元体经一定规则组合而成的，具有多种结构形式。目前应用较为普遍的有格里奇格栅填料、网孔格栅填料、蜂窝格栅填料等，其中以格里奇格栅填料最具代表性。格栅填料的比表面积较低，主要用于要求压降小、负荷大及防堵等场合。

（2）波纹填料。目前工业上应用的规整填料绝大部分为波纹填料，它是由许多波纹薄板组成的圆盘状填料，波纹与塔轴的倾角有30°和45°两种，组装时相邻两波纹板反向靠叠。各盘填料垂直装于塔内，相邻的两盘填料间交错90°排列。波纹填料按结构分为网波纹填料和板波纹填料两大类，其材质又有金属、塑料和陶瓷之分。

三、挂膜

使具有代谢活性的微生物污泥在生物处理系统中的填料上固着生长的过程称为挂膜。

挂膜也就是生物膜处理系统膜状污泥的培养和驯化过程。

生物膜法刚开始投运时需要有一个挂膜阶段，有两个目的：一是使微生物生长繁殖直至填料表面布满生物膜，其中微生物的数量能满足污水处理的要求；二是使微生物逐渐适应所处理污水的水质，即对微生物进行驯化。挂膜过程中回流沉淀池出水和池底沉泥，可促进挂膜的早日完成。

挂膜过程使用的方法一般有直接挂膜法和间接挂膜法两种。在各种形式的生物膜处理设施中，生物接触氧化池和塔式生物滤池由于具有曝气系统，而且填料量和填料空隙均较大，可以使用直接挂膜法；而普通生物滤池和生物转盘等设施需要使用间接挂膜法。

1. 直接挂膜法

该方法是在合适的水温、溶解氧等环境条件及合适的 pH 值、BOD、C/N 等水质条件下，让处理系统连续进水正常运行。对于生活污水、城市污水或混有较大比例生活污水的工业废水可以采用直接挂膜法，一般经过 7~10 天就可以完成挂膜过程。

2. 间接挂膜法

对于不易生物降解的工业废水，尤其是使用普通生物滤池和生物转盘等设施处理时，为了保证挂膜的顺利进行，可以通过预先培养和驯化相应的活性污泥，然后再投加到生物膜处理系统中进行挂膜，也就是分步挂膜的方法。通常的做法是先将生活污水或其与工业废水的混合污水培养出活性污泥，然后将该污泥或其他类似污水处理厂的污泥与工业废水一起放入一个循环池内，再用泵投入生物膜法处理设施中，出水和沉淀污泥均回流到循环池。循环运行形成生物膜后，通水运行，并加入要处理的工业废水。可先投配20%的工业废水，经分析进出水的水质，生物膜具有一定处理效果后，再逐步加大工业废水的比例，直到全部都是工业废水为止。

第2节 生 物 滤 池

 **学习目标**

1. 掌握生物滤池的结构及基本工艺流程。

2. 熟悉高负荷生物滤池、塔式生物滤池的特点。

3. 熟悉生物滤池工艺运行要点。

4. 能进行生物滤池的日常运行。

知识要求

一、工作原理

生物滤池是以土壤自然净化原理为依据，在污水灌溉的实践基础上发展起来的人工生物处理技术。

废水自上而下在长有丰富生物膜的滤料的空隙间流过，与生物膜中的微生物充分接触，其中的有机污染物被微生物吸附并降解，使废水得以净化，净化过程中靠自然通风供氧。主要净化功能是依靠滤料表面的生物膜对废水中有机物的吸附氧化降解作用完成的。

二、生物滤池基本流程

生物滤池的基本流程如图4—5所示。

生物滤池工艺主要由初沉池、生物滤池、二沉池组成。污水经初次沉淀池处理，去除废水中能堵塞滤料的悬浮物等，然后进入生物滤池，与生长在滤料生物膜中的微生物充分接触，其中的有机污染物被微生物吸附并降解，使废水得以净化，

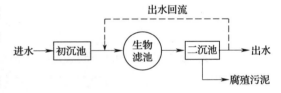

图4—5　生物滤池的基本流程

处理水和脱落的生物膜一同进入二沉池，在二沉池进行固液分离，上清液作为处理水排出，沉淀的污泥作为腐殖污泥排出系统。现在的工艺大多需要处理水回流，稀释进水，并提高滤速冲刷老化的生物膜。

三、生物滤池类型、构造及工艺特点

生物滤池按其构造特征可分为普通生物滤池、高负荷生物滤池及塔式生物滤池三种。

1. 普通生物滤池的构造

普通生物滤池一般由池体、滤料、布水装置、排水系统四部分组成。

（1）池体。池体可为圆形或矩形，池壁具有围护填料作用，一般高出滤池0.5～0.9 m，分为有孔池壁和无孔池壁，有孔洞的池壁有利于滤料的内部通风，但在冬季易受低气温的影响；在寒冷地区，有时需要考虑防冻、采暖或防蝇等措施。池壁底部四周设置通风口。

（2）滤料。一般为实心滤料，如碎石、卵石、炉渣等。一般分2层，工作层的滤料粒径为25～50 mm，高1.3～1.8 m，承托层滤料粒径为60～100 mm，高0.2 m左右。同一

层滤料要尽量均匀，以提高孔隙率。滤料的粒径越小，比表面积就越大，处理能力可以提高；但粒径过小，孔隙率降低，则滤料层易被生物膜堵塞；一般当滤料的孔隙率在45%左右时，滤料的比表面积为 $65 \sim 100\ m^2/m^3$。

（3）布水装置。布水装置的作用是将废水均匀地喷洒在滤料上，一般采用固定式布水装置。主要由投配池、布水管道和喷嘴组成。

（4）排水系统。排水系统处于滤床的底部，其作用是收集、排出处理后的废水和保证良好的通风。一般由渗水顶板、集水沟和排水渠所组成。渗水顶板用于支撑滤料，其排水孔的总面积应不小于滤池表面积的20%；渗水顶板的下底与池底之间的净空高度一般应在0.6 m以上，以利通风，一般是在出水区的四周池壁均匀布置进风孔。

普通生物滤池属低负荷生物滤池，承受的废水负荷低，占地面积大，水流的冲刷能力小，容易引起滤层堵塞，影响滤池通风，有些滤池还出现池面积水、生长滤池蝇的情况。目前，这类滤池较少采用。

2. 高负荷生物滤池

高负荷生物滤池是在普通生物滤池的基础上改进而发展起来的。其基本构造也是由池体、滤料、布水装置、排水系统四部分组成。

由于采用了处理水回流，使滤速大大提高，及时冲刷老化的生物膜，加速生物膜的更新，抑制厌氧层发育，使生物膜保持较高的活性，从而提高了生物膜处理效率。采用塑料滤料，空隙率大，也是提高滤速的一个原因，同时也抑制滤池蝇的滋长。生物膜处理效率提高，高负荷滤池的占地面积大大降低，一般采用几个圆形池型、回转式布水器（见图4—6）就能满足处理要求，也使得高负荷滤池能串并联运行，工艺运行方式也较多。采用塑料滤料，空隙率大，通风供氧水平提高，能保证生物膜工作时的需氧。通过采用处理水回流使 BOD_5 值低于 200 mg/L，采用轻质的塑料滤料可以提高滤床高度，满足生物膜和废水中有机物有足够的吸附氧化降解时间。采用处理水回流，也可均化与稳定进水水质，使抗冲击负荷能力提高，减轻臭味的散发。

3. 塔式生物滤池

塔式生物滤池是在生物滤池的基础上，参照化学工业中的填料塔方式，建造的直径与高度比为1:8～1:6，高达8～24 m的滤池。滤料一般选用环氧玻璃布料制成的蜂窝结构，可排列组合成多层结构，因此称为塔式生物滤池，简称为"塔滤"，如图4—7所示。它使生物膜处理效率更高，占地面积大大降低，并能抑制滤池蝇的滋长，减轻臭味。塔式生物滤池对处理含氰、酚、腈、醛等有毒污水效果较好，处理出水能符合要求。

图 4—6　布水装置

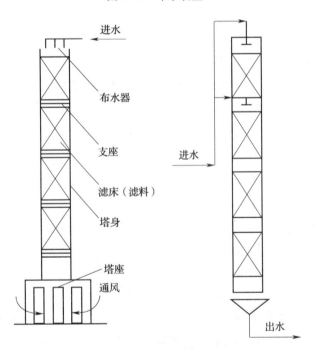

图 4—7　塔式生物滤池

　　污水在塔内自上而下流动的过程中对生物膜的冲刷作用非常大，生物膜处理效率更高，不同高度生长着不同的优势微生物，多种细菌在同一生物处理装置内出现，无疑会提高处理效果，且塔式结构拔风效果好，也可进行鼓风曝气，氧气供应充足。由于污水在塔内停留时间很短（一般只有几分钟），塔式生物滤池对有机物的处理往往不是很完全，进

水 BOD_5 超过 500 mg/L 时需处理水回流稀释，另外大量脱落的生物膜可能堵塞填料，产生厌氧。塔滤往往作为高浓度有机废水初级处理，可以大幅降低 COD 指标。

4. 生物滤池日常运行操作

（1）生物滤池的主要运行参数见表 4—1。

表 4—1　　　　　　　　　　　生物滤池主要运行参数

	普通生物滤池	高负荷生物滤池	塔式生物滤池
表面负荷/m³/m²·d	0.9~3.7	9~36（包括回流）	16~97（不包括回流）
BOD_5 负荷/kg/m³·d	0.11~0.37	0.37~1.084	高达 4.8
深度/m	1.8~3.0	0.9~2.4	8~12 或更高
回流比	无	1~4	回流比较大
滤料	多用碎石等	多用塑料滤料	塑料滤料
比表面积/m²/m³	43~65	43~65	82~115
孔隙率/%	45~60	45~60	93~95
蝇	多	很少	很少
生物膜脱落情况	间歇	连续	连续
运行要求	简单	需要一定技术	需要一定技术
投配时间的间歇	不超过 5 min	一般连续投配	连续投配
剩余污泥	黑色、高度氧化	棕色、未充分氧化	棕色、未充分氧化
处理出水	高度硝化，$BOD_5 \leq 20$ mg/L	未充分硝化，$BOD_5 \leq 30$ mg/L	未充分硝化，$BOD_5 \leq 30$ mg/L
BOD_5 去除率/%	85~95	75~85	65~85

（2）生物滤池的日常运行

1）做好日常的水质检测工作。严格控制污水的 pH 值、温度、营养成分等指标，尽量不要发生剧烈变化。

2）布水系统的喷嘴需定期检查，清除喷口的污物，防止堵塞。

3）冬天停水时，不可使水存积在布水管中以防管道冻裂。

4）经常检查维护各类机电设备，如旋转式布水器的轴承需定期加油等。

5）排水系统应定期检查，以确保不被过量生物物质所堵塞，堵塞处应冲洗。

6）新建滤池有时会有小的填料石块冲下，这时应将其冲净，但不应排入二沉池，不然会引起管道堵塞或减少池子容积，可将它与沙砾一起处理。

7）滤池底部应为硬质填料，卵石填料大小应均匀，筛除小的石块可增加空隙率，并防止堵塞。

8）为防止表层生物膜过厚引起滤料堵塞，可在运行一段时间后对表层滤料进行翻动。

9）每隔一段时间淹没滤池一次，以控制滤池蝇的生长。

10）对滤池表面的落叶等杂物应及时清除，以免堵塞和影响通风，并可使布水更均匀。

11）及时清理池边的蜗牛、苔藓等。

第3节 生物转盘

学习目标

1. 掌握生物转盘的结构及基本工艺流程。
2. 熟悉生物转盘的特点。
3. 了解生物转盘的运行参数。
4. 熟悉生物滤池工艺运行要点。
5. 能进行生物转盘的日常运行。

知识要求

生物转盘是20世纪60年代德国开发的一种生物膜法处理废水技术，国外使用比较普遍，国内主要用于工业废水处理。

一、工作原理

生物转盘由许多平行排列浸没在一个水槽（氧化槽）中的塑料圆盘（盘片）所组成。盘片的盘面近一半浸没在废水水面之下，盘片上长着生物膜。它的工作原理和生物滤池基本相同，盘片在与之垂直的水平轴带动下缓慢地转动，浸入废水中那部分盘片上的生物膜便吸附废水中的有机物，当转出水面时，生物膜又从大气中吸收所需的氧气，使吸附于膜上的有机物被微生物所分解。随着盘片的不断转动，最终使槽内废水得以净化，如图4—8所示。

在处理过程中盘片上的生物膜不断地生长、增厚，过剩的生物膜靠盘片在废水中旋转时产生的剪切力剥落下来，这样就防止了相邻盘片之间空隙的堵塞，脱落下来的絮状生物膜悬浮在氧化槽中，并随出水流出，同活性污泥系统和生物滤池一样，脱落的膜由设在后面的二沉池除去，污泥进一步处置，但不需回流。

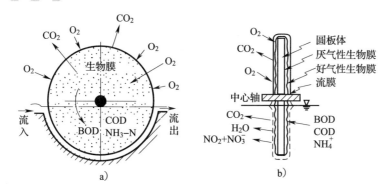

图4—8 生物转盘净化机理

a) 侧面 b) 断面

二、基本流程

常见生物转盘工艺流程如图4—9所示。

废水 → 沉砂池 → 沉淀池 → 生物转盘 → 二沉池 → 出水

图4—9 生物转盘工艺流程

生物转盘宜于采用多级处理方式。实践证明，如盘片面积不变，将转盘分为多级串联运行，能够提高处理水水质和污水中的溶解氧含量。级数多少主要根据污水的水质、水量、处理水应达到的程度以及进水及现场条件等因素决定。对城市污水多采用四级转盘进行处理。在设计时特别应注意的是第一级，首级承受的是高负荷，如供氧不足，可能使其形成厌氧状态。对此应采取适当的措施，如增加第一级的盘片面积，加大转速等。

三、生物转盘构造

生物转盘由盘片、接触反应槽、转轴、驱动装置四部分组成。

1. 盘片

盘片的形状有圆形、多角形及圆筒形等。盘面有平板、凹凸板、波形板、蜂窝板、网状板及各种组合。盘片的厚度与材质要求质轻、薄，强度高，耐腐蚀，同时还应易于加工，价格低等。一般厚度为0.5~1.0 cm。常用材料有聚丙烯、聚乙烯、聚氯乙烯、聚苯乙烯以及玻璃钢等。

转盘的直径一般为2.0~3.5 m，常用的是3.0 m。盘片间的间距一般为30 mm，高密度型则为10~15 mm。

2. 接触反应槽

一般可以用钢板或钢筋混凝土制成，横断面呈半圆形或梯形。槽内水位一般达到转盘直径的40%，超高为20～30 cm。转盘外缘与槽壁之间的间距一般为20～40 cm。

3. 转轴

长度为0.5～7.0 m，其直径为50～80 mm，轴中心高于槽液面150 mm。

4. 驱动装置

驱动方式有电力、空气、水力驱动，转速一般控制在0.8～3.0 r/min，外缘线速度15～18 m/min。

四、生物转盘工艺特点

1. 与活性污泥法相比，生物转盘在使用上具有以下优点：

（1）操作管理简便，无活性污泥膨胀现象及泡沫现象，无污泥回流系统，生产上易于控制。

（2）生物膜上生物的食物链长，污泥含水率低，剩余污泥数量少，沉淀速度快，易于沉淀分离和脱水干化。

（3）设备构造简单，无通风、回流及曝气设备，运转费用低，耗电量低。

（4）可采用多级布置，运行工艺灵活性大。

（5）适应性强，可处理高浓度的废水，承受BOD_5可达1 000 mg/L，耐冲击能力强。根据所需的处理程度，可进行多级串联，扩建方便。还可将生物转盘建成去除BOD—硝化—厌氧脱氮—曝气充氧组合处理系统，以提高度水处理水平。

（6）生物量多，净化率高，出水水质较好。废水在氧化槽内停留时间短，一般为1～1.5 h，处理效率高，BOD_5去除率一般可达90%以上。

2. 生物转盘同一般生物滤池相比，也具有一系列优点：

（1）无堵塞现象。

（2）生物膜与废水接触均匀，盘面面积的利用率高，无沟流现象。

（3）废水与生物膜的接触时间较长，而且易于控制，处理程度比高负荷滤池和塔式滤池高。可以调整转速改善接触条件和充氧能力。

（4）同一般低负荷滤池相比，它占地较小，如采用多层布置，占地面积可大大降低。

（5）系统的水头损失小，能耗低。

3. 生物转盘的缺点

（1）盘材较贵，投资大。

（2）因为无通风设备，转盘的供氧依靠盘面的生物膜接触大气，这样，废水中的挥发性物质将会产生污染。采用从氧化槽的底部进水可以减少挥发物的散失，比从氧化槽表面进水好。因此，生物转盘最好作为第二级生物处理装置。

（3）生物转盘的性能受环境气温及其他因素影响较大，所以，在北方设置生物转盘时，一般要置于室内，并采取一定的保温措施。建于室外的生物转盘都应加设雨棚，防止雨水淋洗，使生物膜脱落。

五、生物转盘的日常运行

1. 做好日常水质检测，要严格控制污水的 pH 值、温度、营养成分等指标，尽量不要使其发生剧烈变化。短期内流量和负荷的波动对处理效果影响并不大，但超负荷运行可使多级转盘系统中的第一级超负荷，造成生物膜过厚、生物膜厌氧发黑、BOD 去除率下降，且脱落的生物膜沉降性能差，给后续处理带来困难。

2. 当生物转盘由于检修等原因需要停止运行时，应把反应槽中的污水全部放空，防止因转盘上半部和下半部的生物膜干湿程度不同而破坏转盘的重量平衡。

3. 经常观察生物膜的生长状况，如生物膜厚度、增长速度及脱落的生物膜，通过这些观察往往能及时发现问题。

4. 生物转盘需要覆盖，至少前 2 级要进行覆盖，一是保温，防止气温过低时影响生物膜的处理效率；另外防止由于藻类生长、太阳暴晒、雨水冲淋等影响生物膜。

5. 定期检查转盘及其机械传动装置的运转是否正常，有无异常声音或异常温度变化，要定期为轴承、减速机、电动机等加油保养，尤其是要定期观察检测转盘的动平衡和静平衡，检查转盘的转动是否轻松自如。

6. 通过预处理如初沉池去除悬浮物、沙砾和大的有机颗粒，防止由于其沉积在氧化槽底部，减少了槽的有效容积，厌氧腐败后产生臭气等。

第4节　生物接触氧化

学习目标

1. 掌握接触氧化池的结构。

2. 掌握接触氧化法的基本流程。

3. 熟悉接触氧化法的特点。

4. 熟悉接触氧化法运行要点。

5. 能进行生物接触氧化池日常运行。

 知识要求

一、工作原理

生物接触氧化处理技术是在曝气池内充填填料，污水浸没全部填料，在填料上布满生物膜，污水与生物膜接触，在生物膜上微生物的新陈代谢功能的作用下，使污水中的有机污染物得到去除，污水得到净化。因此，生物接触氧化处理技术，又称为"淹没式生物滤池"。生物接触氧化处理技术也是采用与曝气池相同的曝气方法，向微生物提供其所需要的氧，并起到搅拌与混合作用。这种技术又相当于在曝气池内充填供微生物栖息的填料，因此，又称为"接触曝气法"。

生物接触氧化法的基本流程是，原污水经初次沉淀池处理后进入接触氧化池，经接触氧化池的处理后进入二次沉淀池；在二次沉淀池进行泥水分离，从填料上脱落的生物膜，在这里形成污泥排出系统。澄清水则作为处理水排放。

二、主要特点

1. 在充分发挥生物膜法优点的基础上，兼具活性污泥法的净化特征。

2. 生物接触氧化池内的生物固体浓度高于活性污泥法和生物滤池，具有较高的容积负荷、BOD负荷，污泥生物量大，相对而言处理效率较高，而且对进水冲击负荷的适应力强。

3. 处理时间短。因此在处理水量相同的条件下，所需装置的设备较小，因而占地面积小。

4. 能够克服污泥膨胀问题。生物接触氧化法同其他生物膜法一样，不存在污泥膨胀问题，对于那些用活性污泥法容易产生膨胀的污水，生物接触氧化法显示出特别的优越性，容易在活性污泥法中产生膨胀的菌种（如球衣细菌等），在接触氧化法中不仅不产生膨胀，而且能充分发挥其分解氧化能力强的优点。

5. 由于曝气池内溶解氧充沛，适于微生物存活增殖。

6. 维护管理方便，不需要回流污泥。由于微生物是附着在填料上形成生物膜，生物膜的剥落与增长可以自动保持平衡，所以无须回流污泥，运转十分方便。

7. 剩余污泥量少。

8. 具有多种净化功能，除有效地去除有机污染物外，如运行得当还可以脱氮，因此，可以作为深度处理技术。

生物接触氧化处理技术的主要缺点是：如设计或运行不当，填料可能堵塞；此外，布水、曝气不易均匀，可能在局部部位出现死角。

三、接触氧化池

接触氧化池由池体、填料、曝气系统、进出水装置和排泥管道等组成。如图4—10所示。

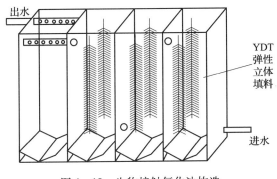

图4—10　生物接触氧化池构造

1. 池体

平面上有圆形、矩形和方形，钢混结构或钢板焊制。构筑物不应少于两个池。

2. 填料

填料高度一般为3.0 m左右，填料层上部水层高约0.5 m，填料层下部布水区的高度一般为0.5~1.5 m，填料有多种形式。

3. 曝气设备

布气管可布置在池子中心、侧面或全池，根据曝气装置与填料的相对位置，可以分为分流式和直流式两大类。

分流式即曝气装置与填料分设，填料区水流较稳定，有利于生物膜的生长，但冲刷力不够，生物膜不易脱落。直流式曝气装置设在填料底部，曝气装置多为鼓风曝气系统。可充分利用池容，填料间紊流激烈，生物膜更新快，活性高，不易堵塞，但检修较困难。

四、生物接触氧化池日常运行

1. 做好日常的水质检测工作。

2. 当处理工业废水时，如果污水缺乏足够的氮、磷等营养成分，要及时调整进水的氮、磷等营养成分含量，根据具体情况间断或连续向水中投加适量的营养盐。

3. 操作人员定期将填料提出水面观察其生物膜的厚度，定时进行生物膜的镜检，观察接触氧化池内，尤其是生物膜中特征微生物的种类和数量，一旦发现异常要及时调整运行参数。

4. 尽量减少进水中的悬浮杂物，以防其中尺寸较大的杂物堵塞填料的过水通道。避免进水负荷长期超过设计值造成生物膜异常生长，进而堵塞填料的过水通道。一旦发生堵塞现象，可采取提高曝气强度，以增强接触氧化池内水流紊动性的方法，或采用出水回流，以提高接触氧化池内水流速度的方法，加强对生物膜的冲刷作用，恢复填料的原有效果。

5. 保证曝气设备的正常运行。生物接触氧化池中溶解氧浓度一般为 2.5 ~ 3.5 mg/L，较活性污泥法要高。

6. 应定期检查氧化池底部是否积泥，防止其影响曝气。

7. 应经常检查填料，及时更换损坏的填料。

8. 检查布水、布气状况，由于填料的原因，接触氧化法容易发生布水、布气不均匀的现象。

本章思考题

1. 生物滤池中的生物膜是如何形成的？

2. 生物滤池、生物转盘、接触氧化池的基本构造有哪些？

3. 哪些因素会影响生物膜的处理效果？

4. 生物滤池、生物转盘、接触氧化运行时日常管理工作有哪些要点？

5. 生物膜法和活性污泥法相比有哪些优势与不足？

第 5 章

厌氧生物处理

利用厌氧生物方法处理废水要早于好氧处理法。以普通厌氧消化池为代表的传统厌氧工艺，由于水力时间长、有机负荷低等缺点，在过去很长一段时间内仅限于处理污泥、粪便，以后也逐步应用于废水处理中。近三十年，随着对厌氧生物处理的理论研究不断深入，在实践中不断摸索，厌氧工艺在处理高浓度有机废水方面取得了良好的处理效果和经济效益。

第 1 节　厌氧生物处理概述

 学习目标

1. 掌握厌氧生物处理的概念及过程。
2. 熟悉厌氧生物处理的特点。
3. 掌握影响厌氧生物处理运行的主要条件。
4. 熟悉工艺运行条件对厌氧生物处理效果的影响。

 知识要求

一、厌氧生物处理的概念

废水厌氧生物处理是指在无分子氧的条件下通过厌氧微生物（包括兼氧微生物）的作用将废水中的各种复杂有机物转化成甲烷和二氧化碳等物质的过程。也称为厌氧消化。它是一种低成本的废水处理技术，能在处理废水过程中回收能源（甲烷）。有机物厌氧分解的最终产物主要是甲烷、二氧化碳、氨、硫化氢等。由于散发出硫化氢等物质，所以废水会产生臭气，由于硫化氢与铁作用形成硫化铁，所以通过厌氧分解的水呈现黑色。缺氧情况下的氧化还原反应可用下列各式表示：

有机 C→RCOOH（有机酸）→$CH_4 + CO_2$

有机 N→$RCHNH_2COOH$（氨基酸）→NH_3 + 胺

有机 S→H_2S + 有机硫化物

有机 P→pH_3（磷化氢）+ 有机磷化物

二、厌氧生物处理过程

厌氧生物处理过程是一个复杂的生物化学过程，主要依靠三大类细菌，即水解产酸细菌、产氢产乙酸细菌和产甲烷细菌的联合作用完成。因而可粗略地将厌氧消化过程划分为三个连续的阶段，即水解酸化阶段、产氢产乙酸阶段和产甲烷阶段。如图5—1所示。

1. 水解酸化阶段

废水中复杂的大分子有机物被厌氧菌的胞外酶水解成小分子溶解性的有机物。如将蛋白质转化为氨基酸，纤维素、淀粉等碳水化合物水解成糖类，脂类水解成长链脂肪酸、甘油等。

2. 产氢产乙酸阶段

蛋白质、多糖类、脂类等水解后形成的小分子有机物，在产氢产酸菌的作用下，被转化为乙酸和氢气，还有部分CO_2生成。

3. 产甲烷阶段

产甲烷细菌将乙酸、乙酸盐、CO_2和H_2等转化为甲烷。

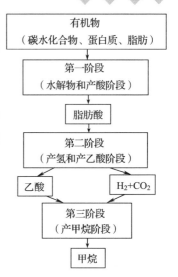

图5—1 厌氧生物处理的过程

此过程由两组生理上不同的产甲烷菌完成，一组把氢和二氧化碳转化成烷，另一组从乙酸或乙酸盐脱羧产生甲烷；前者约占总量的1/3，后者约占2/3。

在厌氧反应器中，三个阶段是同时连续进行的，而一般认为产甲烷阶段反应速度最慢，提高产甲烷阶段反应速度是提升整个厌氧反应速度的关键，在厌氧反应器中三个阶段保持某种程度的动态平衡。这种动态平衡一旦被pH值，温度、有机负荷等外加因素破坏，其结果会导致低级脂肪酸的积存，影响甲烷菌的生长环境，使产甲烷阶段受到抑制，厌氧进程的异常变化，甚至会导致整个厌氧消化过程停滞。

废水中有机物的降解产物如果主要是有机酸，则此厌氧消化过程是不完全的，称为水解酸化，其目的是为进一步进行生化处理提供可供微生物降解的基质，该工艺称为水解酸化工艺，常作为好氧生化处理前的预处理，常见的水解酸化/好氧生化处理组合工艺，就是以水解酸化作为活性污泥或生物接触氧化等的预处理，该法可提高废水的可生化性。

如果进一步将废水中有机物的降解产物——有机酸，转化为以甲烷为主的生物气，则此过程为完全的厌氧消化，称为甲烷发酵或沼气发酵，甲烷发酵的目的是进一步降解有机物和生成可以利用的甲烷气。完全的厌氧生物处理工艺因兼有降解有机物和生产气体燃料的双重功能，因而得到了广泛的发展和应用。

三、厌氧生物处理的优缺点

废水厌氧生物处理是在严格厌氧条件下进行的，与好氧生物处理法相比有如下几方面优缺点：

1. 废水厌氧生物处理的优点

（1）应用范围广。好氧生化法因供氧限制一般只适用于中、低浓度有机废水的处理，而厌氧法既适用于高浓度有机废水，又适用于中、低浓度有机废水。厌氧微生物有可能对好氧微生物不能降解的一些有机物进行降解或部分降解，因此对于某些含有难降解有机物的废水，先进行厌氧工艺处理可以获得更好的处理效果，或者可以利用厌氧工艺作为预处理工艺，可以提高废水的可生化性，提高后续好氧处理工艺的处理效果。

（2）能耗低。好氧法需要消耗大量能量供氧，曝气费用随着有机物浓度的增加而增大，而厌氧生物处理工艺无须为微生物提供氧气，所以不需要鼓风曝气，减少了能耗。同时厌氧生物处理工艺在大量降低废水中的有机物的同时，还会产生大量的沼气，其中主要的有效成分是甲烷，是一种可以燃烧的气体，具有很高的利用价值，可直接用于锅炉燃烧或发电。当废水有机物达到一定浓度后，沼气能量足可以抵偿消耗能量，从而降低了处理成本。

（3）负荷高。通常好氧法的有机容积负荷为 $2 \sim 4$ kgBOD/（$m^3 \cdot d$），而厌氧法为 $2 \sim 10$ kgCOD/（$m^3 \cdot d$），高的可达 50 kgCOD/（$m^3 \cdot d$）。

（4）污泥产量很低。由于在厌氧生化处理过程中废水中的大部分有机污染物都被用来产生沼气（主要成分是甲烷和二氧化碳）了，用于细胞合成的有机物相对来说就要少得多。好氧法每去除 1 kgCOD 将产生 $0.4 \sim 0.6$ kg 生物量，而厌氧法去除 1 kgCOD 只产生 $0.02 \sim 0.1$ kg 生物量，其剩余污泥量为好氧法的 $5\% \sim 20\%$。厌氧生物污泥浓缩性、脱水性较好，因此污泥处理和处置简单、运行费用低，同时还可作为肥料、饲料或饵料利用。

（5）对营养物质的需求少。好氧法一般要求 BOD∶N∶P 为 100∶5∶1，而厌氧法的 BOD∶N∶P 为 $200 \sim 300$∶5∶1，N 和 P 的需要量仅为好氧法的一半左右。对氮、磷缺乏的工业废水所需投加的营养盐量较少。

（6）消毒效果好。厌氧处理过程有一定的杀菌作用，可以杀死废水和污泥中的寄生虫卵、病毒等。

2. 废水厌氧生物处理的缺点

（1）初次启动慢，管理复杂。厌氧微生物增殖缓慢，因而厌氧设备启动和处理时间比好氧设备长。厌氧活性污泥可以长期储存，厌氧反应器可以季节性或间歇性运转，与好氧反应器相比，在停止运行一段时间后，能较迅速启动。厌氧生化处理较好氧生化处理的气味大，厌氧处理系统操作控制因素较为复杂，对温度和负荷的变化比较敏感，存在运行维护管理较困难等问题。

（2）出水水质差。处理后的出水水质差，往往需进一步处理才能达标排放，目前一般在厌氧处理工艺后再进行好氧处理，使废水处理后能达标排放。

（3）对氨氮的去除效果不好。在厌氧条件下氨氮一般不会降低，反而会因原废水中含有的有机氮在厌氧条件下的转化而导致氨氮浓度的上升。

总之，对有机污泥的消化及高浓度（一般 BOD$_5$≥2 000 mg/L）的有机废水宜采用厌氧生物处理法，降解大部分有机物及回收沼气。

四、厌氧生物处理的影响因素

厌氧过程要通过多种生理上不同的微生物类群联合作用来完成，而产甲烷菌是一群非常特殊的、严格厌氧的细菌，它们对生长环境条件的要求比较严格，其繁殖的世代期更长。产甲烷细菌是决定厌氧消化效率和成败的主要微生物，甲烷发酵阶段是厌氧消化反应的控制阶段，因此厌氧反应的各项影响因素也以对甲烷菌的影响因素为准，主要因素有温度、营养、pH 值、氧化还原电位、有毒物质等。

1. 温度

温度是影响微生物生命活动过程的重要因素之一。温度主要影响微生物的生化反应速度，因而与有机物的分解速率有关。厌氧微生物按其适应的温度分为高温细菌和中温细菌两类，高温细菌适宜的温度区是 50~55℃，高于或低于此范围均造成其代谢活力的下降。中温细菌最适宜的温度区为 30~38℃，高于或低于此范围均造成其代谢活力的下降。以此可将厌氧生物处理分为高温消化和中温消化。

厌氧消化对温度的突变也十分敏感，无论是高温消化或是中温消化，其系统中允许的日变化幅度都小于 ±2℃。短时间内温度升降 5℃，沼气产量会明显下降，波动的幅度过大时，系统可能停止产气。

高温处理的效率高，反应器的容积小，但是其启动时间长，对有机负荷变化和毒物敏感。且高温处理虽然能提高处理能力，但是加热要消耗能源。实际工程中，以中温消化居多，温度控制在 33~35℃。

2. pH 值

产甲烷细菌对 pH 值变化的适应性很差，适宜 pH 值范围为 6.8~7.2。pH 值条件不正常首先使产氢产乙酸作用和产甲烷作用受抑制，使产酸过程所形成的有机酸不能被正常地代谢降解，从而使整个消化过程各阶段的协调平衡丧失。所以厌氧装置宜在中性或偏碱性的状态下运行。一般认为，实测值应为 7.2~7.4 为好。

3. 氧化还原电位（ORP）

厌氧环境主要以体系中的氧化还原电位来反映。产甲烷菌是专性厌氧菌，无氧环境是严格厌氧的产甲烷菌繁殖的最基本条件之一，产甲烷菌对氧和氧化剂非常敏感。产甲烷菌初始繁殖的环境条件是氧化还原电位不能高于 −300 mV。

在厌氧消化全过程中，不产甲烷阶段可在兼氧条件下完成，氧化还原电位为 $-0.1 \sim +0.1$ V，而在产甲烷阶段，氧化还原电位须控制在 $-0.3 \sim -0.35$ V（中温消化）与 $-0.56 \sim -0.6$ V（高温消化）。对大多数生活污水的污泥及性质相近的高浓度有机废水而言，只要严密隔断与空气的接触，即可保证必要的 ORP 值。

4. 营养

对生物可降解性有机物的浓度并无严格限制，但若浓度太低，经济上不合算，水力停留时间短，生物污泥易流失，难以实现稳定的运行。一般要求 COD 大于 1 000 mg/L，BOD: N: P 为 $200 \sim 300: 5: 1$。

5. 有毒物质

有许多化学物质能抑制厌氧消化过程中微生物的生命活动，这类物质被称为抑制剂。抑制剂的种类也很多，包括部分气态物质、重金属离子、酸类、醇类，苯、氰化物及去垢剂等。

挥发性脂肪酸（VFA）是消化原料酸性消化的产物，同时也是甲烷菌生长代谢的基质，一定的挥发性脂肪酸浓度是保证系统正常运行的必要条件，但过高的 VFA 会抑制甲烷菌的生长，从而破坏消化过程。

过量的硫化物存在也会对厌氧过程产生强烈的抑制，当硫含量在 100 mg/L 时，对产甲烷过程有抑制，超过 200 mg/L，抑制作用十分明显。

有毒物质的最高容许浓度与处理系统的运行方式、污泥驯化程度、废水特性、操作控制条件等因素有关。

6. 有机负荷

在厌氧消化中，通常指容积负荷，即消化反应器单位有效容积每天接受的有机物量，用 kgCODcr/（$m^3 \cdot d$）表示；也有用污泥负荷表示的，单位是 kgCODcr/（kg 污泥·d）。习惯上以投配率表达其直接影响处理效率和产气量。投配率是指每天的物料投加体积占消化池容积的百分数。对于城市污水处理厂的污泥消化，其投配率一般取 5% ~8%。在通常的情况下，常规厌氧消化工艺中温处理高浓度工业废水的有机负荷为 $2 \sim 3$ kgCOD/（$m^3 \cdot d$）。在高温下为 $4 \sim 6$ kgCOD/（$m^3 \cdot d$）。上流式厌氧污泥床反应器、厌氧滤池、厌氧流化床等新型厌氧工艺的有机负荷在中温下为 $5 \sim 15$ kgCOD/（$m^3 \cdot d$），可高达 30 kgCOD/（$m^3 \cdot d$）。在处理具体废水时，最好通过试验来确定其最适宜的有机负荷，试验的一个重要原则是：在两个转化（酸化和气化）速率保持稳定平衡的条件下，求得最大的处理目标（最大处理量或最大产气量）。

7. 搅拌和混合

搅拌可使消化物料分布均匀，增加微生物与物料的接触，避免产生分层，并使消化产物及时分离，从而提高消化效率、增加产气量。同时，对消化池进行搅拌，可使池内温度均匀，加快消化速度，提高产气量。

8. 水力停留时间

水力停留时间和负荷有密切联系，停留时间的缩短必然导致有机负荷和水力负荷提高，进水有机物分解率将下降，从而又会使单位质量进水有机物的产气量减少，水力停留时间增加，使设备的利用率低，投资和运行费用升高。

9. 厌氧污泥浓度

厌氧污泥主要由厌氧微生物及其代谢的和吸附的有机物、无机物组成。在一定范围内，厌氧活性污泥浓度越高，厌氧消化的效率也越高。

第 2 节　普通厌氧消化系统

学习目标

1. 了解厌氧生物处理系统的组成。
2. 掌握普通厌氧消化池的结构组成。
3. 掌握普通厌氧消化池运行要点。
4. 了解普通厌氧消化池启动过程。
5. 掌握普通厌氧消化池安全操作事项。
6. 熟悉普通厌氧消化池常见问题及相应的解决方法。

知识要求

目前常见厌氧消化工艺包括普通消化池工艺、厌氧接触工艺、升流式厌氧污泥床反应器、厌氧生物滤池、厌氧流化床、厌氧生物转盘等。

本节主要讨论普通厌氧消化系统。它是最基本的厌氧生物处理的工艺，主要应用于处理城市污水厂的污泥，也可应用于处理固体含量很高的有机废水。

一、普通厌氧消化系统组成

厌氧消化系统主要由预处理设施、厌氧反应器及沼气的收集利用系统组成。

预处理系统包括了各类粗细格栅、沉砂池、泵房、调节池、pH 值调整设备和预热池等。

厌氧反应器系统主要包括消化池、各类管道、配水设施、出水收集设施、排泥设施、气体收集装置、加热保温设施、搅拌设备、气固液三相分离设施、采样监控设备、安全设施和防腐设施等。

沼气的收集利用系统包括了沼气的收集和输送设施、沼气的储存及安全设施、沼气的净化设施和沼气的利用设施。

二、普通厌氧消化池

普通消化池又称传统或常规消化池，消化池常采用密闭的圆柱形池，废水定期或连续进入池中，经消化的污泥和废水分别由消化池底和上部排出，所产沼气从顶部排出。

1. 消化池的类型

按形状分为圆柱形、椭圆形（卵形）和龟甲形；按池顶结构分为固定盖式和浮动盖式；按运行方式分为传统消化池和高速消化池。如图5—2所示。

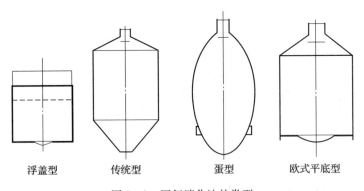

浮盖型　　　　传统型　　　　蛋型　　　　欧式平底型

图5—2　厌氧消化池的类型

2. 基本构造

消化池一般由池顶、池底和池体三部分组成，消化池的池顶有两种形式，即固定式和浮动盖。池顶一般还兼作集气罩，以保证良好的厌氧条件，收集消化过程中所产生的沼气和保持池内温度，并减少池面的蒸发。池径从几米至四十米，柱体部分的高度约为直径的1/2，池底呈圆锥形，有利于排放熟污泥，为了使进料和厌氧污泥充分接触，使所产的沼气气泡及时逸出而设有搅拌装置。进行中温和高温消化时，常需对消化液进行加热，普通消化池负荷范围，中温为 $2 \sim 3$ kgCOD/（$m^3 \cdot d$），高温为 $5 \sim 6$ kgCOD/（$m^3 \cdot d$）。

3. 搅拌方式

普通厌氧消化池常用的搅拌方式有三种，如图5—3所示。

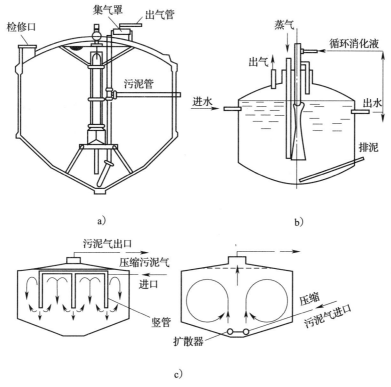

图 5—3　普通厌氧消化池常用搅拌方式

a）螺旋桨搅拌消化池　b）循环消化液搅拌消化池　c）沼气搅拌消化池

（1）池内机械搅拌

1）泵搅拌，即从池底抽出消化污泥，用泵加压后送至浮渣层表面或其他部位，进行循环搅拌，一般与进料和池外加热合并一起进行。

2）螺旋桨搅拌，即在一个竖向导流管中安装螺旋桨。

（2）沼气搅拌，即用压缩机将沼气从池顶抽出，再从池底充入，循环沼气进行搅拌。

（3）循环消化液搅拌，即池内设有射流器，由池外水泵压送的循环消化液经射流器喷射，在喉管处造成真空，吸进一部分池中的消化液，形成较剧烈的搅拌。一般情况下每隔 2~4 h 搅拌一次。在排放消化液时，通常停止搅拌，经沉淀分离后排出上清液。

4．加热方式

在进行中温和高温消化时，常需对消化液进行加热。常用加热方式有三种：

（1）废水在消化池外先经热交换器预热到规定温度再进入消化池。

（2）热蒸汽直接在消化器内加热。

（3）在消化池内部安装热交换管。

5. 运行方式

厌氧消化反应与固液分离可以在同一个池内实现，这类消化池结构较简单，管理相对简便。若无加热和搅拌装置，则存在料液严重的分层现象，微生物不能与料液均匀接触，温度也不均匀，消化效率低和水力停留时间很长（30～90 d），如农村的沼气池等，一般间歇运行。若设有加热和搅拌装置，缩短了有机物稳定所需的时间，也提高了沼气产量。在中温（30～35℃）条件下，一般消化时间为 15 d 左右，运行稳定，但搅拌使消化池内的污泥得不到浓缩，上清液不能分离。因而，实际往往使用两级消化池，两级串联连续运行，第一级是高速消化池，第二级则不设搅拌和加热，主要起沉淀浓缩和储存的作用，并能分离上清液。两者的 HRT 的比值可采用 1～4∶1。

三、厌氧消化运行

1. 厌氧消化池运行的一般要求

（1）消化池内，应按一定比例投加新鲜污泥，并定时排放消化污泥。

（2）池外加温且为循环搅拌的消化池，投泥和循环搅拌应同时进行。

（3）新鲜污泥投到消化池后，应充分搅拌，并应保持消化温度恒定。用沼气搅拌污泥宜采用单池进行。在产气量不足或在启动期间搅拌无法充分进行时，应采用辅助措施搅拌。消化池污泥必须在 2～5 h 之内充分混合一次。消化池中的搅拌不得与排泥同时进行。

（4）应监测产气量、pH 值、脂肪酸、总碱度和沼气成分等数据，并根据监测数据调整消化池运行工况。

（5）热交换器长期停止使用时，必须关闭通往消化池的进泥用阀，并将热交换器中的污泥放空。

（6）消化池前筛上的杂物，必须及时清捞并外运。

（7）消化池溢流管必须通畅，并保持其水封高度。环境温度低于 0℃ 时，应防止水封结冰。

（8）消化池启动初期，搅拌时间和次数可适当减少。运行数年的消化池的搅拌次数和时间可适当增多和延长。

2. 沼气的收集与利用

污泥和高浓度有机废水进行厌氧消化时均会产生大量沼气。沼气的热值很高（一般为 21 000～25 000 kJ/m³，即 5 000～6 000 kcal/m³），是一种可利用的生物能源。

（1）污泥消化过程中沼气产量的估算。沼气成分：一般认为 CH_4 占 50%～70%，CO_2 占 20%～30%，H_2 占 2%～5%，NH_3 占 8%～10%，还有微量 H_2S 等。沼气产气率是指每处理单位体积的生污泥所产生的沼气量,产气率与污泥的性质、污泥投配率、污泥含水率、发酵温度等有关。当污泥来自城市污水处理厂,生污泥含水率为96%时,中温消化且投配率为6%~8%,产气率可达10~12 m³沼气/m³生污泥。

(2)沼气的收集。在沼气管道沿程上应设置凝结水罐;注意安全;设置阻火器;为防止在冬季结冰引起堵塞,有时在沼气管上还应采取保温措施。

(3)沼气的储存与利用。一般需要采用沼气柜来调节产气量与用气量之间的平衡;调节容积一般为日平均产气量的25%~40%,即6~10 h的产气量,注意防腐、防火。沼气的利用基本作为燃料使用,也可作为原料制取化工产品。

3. 厌氧污泥的培养和驯化

厌氧微生物增殖缓慢,设备启动时间长,若能取得大量的厌氧活性污泥就可缩短投产期。

厌氧活性污泥一般可以取自正在工作的厌氧处理构筑物或江河、湖泊、沼泽和下水道等厌氧环境中的污泥,最好选择同类物料厌氧消化污泥。如果采用一般的未经消化的有机污泥自行培养,所需时间更长。一般来说,接种污泥量为反应器有效容积的10%~90%,40~60 kg SS/m³。

在启动过程中,控制升温速度为1℃/h,达到要求温度即保持恒温;注意保持pH值为6.8~7.8;常取较低的初始负荷,继而通过逐步增加负荷而完成启动。培养结束后,正常的成熟污泥呈深灰到黑色,带焦油气,无硫化氢臭,pH值为7.0~7.5,污泥易脱水和干化。当进水量达到要求且较高的处理效率,产气量大,沼气甲烷成分高时,可认为启动完成。

4. 安全操作事项

(1)在投配污泥、搅拌、加热及排放等项操作前,应首先检查各种工艺管路闸阀的启闭是否正确,严禁跑泥、漏气、漏水。

(2)每次蒸汽加热前,应排放蒸汽管道内的冷凝水。

(3)沼气管道内的冷凝水应定期排放。

(4)消化池排泥时,应将沼气管道与储气柜联通。消化池放空清理应采取防护措施,池内有害气体和可燃气体含量应符合规定。

(5)消化池内压力超过设计值时,应停止搅拌,一般在出气总管道上接一个水封装置,用来控制消化池中的沼气压力,水封罐的最大限压为9 000 Pa。当沼气压力过高时,水封被破坏,沼气从水封罐中冲击,起到了泄压保护消化池的作用。

(6)操作人员检修和维护加热、搅拌等设施时,应采取安全防护措施,要注意保温,尽可能防止反应器热量散失。

(7)除了保证每天足够的进泥量外,污泥搅拌也是一项重要内容。连续而均匀地进泥与排泥可使消化池内有机物最大限度地维持在一定水平上。

（8）沼气是易燃易爆气体，每班应检查一次消化池和沼气管道闸阀是否漏气。

（9）严格遵守防火、防爆相关要求。

5. 厌氧活性污泥法的运行异常与对策

厌氧生物处理中异常问题及解决方法见表5—1。

表 5—1　　　　　　　　　　　　厌氧生物处理中异常问题及解决方法

存在问题	原因	解决方法
污泥生长过慢	营养物不足，微量元素不足 进液酸化度过高 种泥不足	增加营养物和微量元素 减少酸化度 增加种泥
反应器超负荷	反应器污泥量不够 污泥产甲烷活性不足 每次进泥量过大，间断时间短	增加种泥或提高污泥产量 减少污泥负荷 减少每次进泥量，加大进泥间隔
污泥活性不够	温度不够 产酸菌生长过快 营养或微量元素不足 无机物 Ca^{2+} 引起沉淀	提高温度 控制产酸菌生长条件 增加营养物和微量元素 减少进泥中 Ca^{2+} 含量
污泥流失	气体集于污泥中，污泥上浮 产酸菌使污泥分层 污泥脂肪和蛋白过大	增加污泥负荷，增加内部水循环 稳定工艺条件增加废水酸化程度 采取预处理去除脂肪蛋白
污泥扩散，颗粒污泥破裂	负荷过大 过度机械搅拌 有毒物质存在 预酸化突然增加	稳定负荷 改水力搅拌 废水清除毒素 应用更稳定酸化条件

本章思考题

1. 厌氧生物处理和好氧生物处理比较有何优势和不足？

2. 厌氧生物处理有哪三个阶段？重点应控制哪个阶段？

3. 有哪些因素会影响厌氧处理效果？

4. 叙述普通消化池结构。

5. 叙述消化池安全操作注意事项。

6. 常见的厌氧消化易出现的问题有哪些？

第 6 章

污泥处理与处置

第 1 节　污泥处理概述

学习目标

1. 熟悉污泥的来源与分类。
2. 掌握污泥的性质指标。
3. 了解污泥的处理目标与方法。
4. 熟悉污泥处理的工艺流程。

知识要求

一、污泥分类与性质指标

据统计，2012 年全国废水排放量为 684.8 亿吨，其中城镇生活污水排放量 462.7 亿吨，投入运行的城镇污水处理厂共 3 340 座，日处理能力为 1.42 亿立方米。年产生含水率 80% 的污泥约 3 100 万吨。目前我国的污水厂污泥只有小部分进行卫生填埋、土地利用、焚烧和建材利用等，大部分未进行规范化处理与处置。污泥含有病原体、重金属和持久性有机物等有毒有害物质，未经有效处置极易对地表水、地下水和土壤等造成二次污染，直接威胁环境安全和公众健康。

1. 污泥的来源与分类

在工业废水和生活污水的处理过程中，会产生大量的固体悬浮物质，这些物质统称为污泥。污泥既可以是废水中早已存在的，也可以是在废水处理过程中形成的。前者如各种自然沉淀中截留的悬浮物质，后者如生物处理和化学处理过程中，由原来的溶解性物质和胶体物质转化而成的悬浮物质。

（1）根据污泥的来源和性质分类

1）初沉池污泥。初沉池污泥来自初沉池，其性质因废水的成分而异。初沉污泥的含水率一般为 92% ~ 98%。

2）剩余活性污泥与腐殖污泥。剩余活性污泥来源于活性污泥法后的二次沉淀池，含水率一般为 99% ~ 99.7%，腐殖污泥来源于生物膜法后的二次沉淀池。

3）消化污泥。初次沉淀污泥、剩余活性污泥和腐殖污泥等经过消化稳定处理后的污泥称为消化污泥。

4）化学污泥。用混凝、化学沉淀等化学法处理废水所产生的污泥称为化学污泥。

（2）根据污泥的成分不同分类

1）有机污泥。有机污泥主要以有机物为主要成分，典型的有机污泥是活性污泥法中的剩余活性污泥与生物膜法中的腐殖污泥，厌氧消化处理后的消化污泥等，此外还有油泥及废水固相有机污染物沉淀后形成的污泥。

2）无机污泥。无机污泥主要以无机物为主要成分，也称泥渣。如废水利用石灰中和沉淀、混凝沉淀和化学沉淀的沉淀物等。

2. 污泥的性质指标

污泥性质指标对选择污泥的处理与处置方法具有重要的指示作用。日常工作中主要通过以下几个指标来判断污泥的性质。

（1）含水率。含水率指单位质量污泥中所含水分的百分数。污泥含水率的大小，对污泥的运输、提升、处理和利用都有很大影响。通常含水率在85%以上时，污泥呈流态；65%~85%时呈塑态；低于60%时，则呈固态。

（2）污泥的比重。污泥比重指污泥重量与同体积水重量的比值。由于污泥含水率很高，污泥比重往往接近于1。

（3）污泥的比阻。污泥比阻指单位过滤面积上，单位质量干污泥所受到的过滤阻力，称为比阻。比阻的大小与污泥中有机物含量及其成分有关。

（4）毛细吸水时间。毛细吸水时间指污泥中的水在特定吸水纸上渗透距离为1 cm所需要的时间。比阻与毛细吸水时间之间存在一定的对应关系，通常比阻越大，毛细吸水时间越长，污泥脱水的阻力也越大。

（5）挥发性固体。挥发性固体（VSS）表示污泥中的有机物含量，是指污泥中在600℃的燃烧炉中能被燃烧，并以气体逸出的那部分固体，称为灼烧减重。

（6）灰分。灰分（NVSS）表示污泥中的无机物含量，称为灼烧残渣。

（7）污泥的可消化程度。污泥中的有机物是消化处理的对象。一部分是可以被消化降解的；另一部分是不易或不能被降解的，如脂肪和纤维素等。可消化程度表示污泥中可被消化降解有机物的比例。

（8）污泥的肥分。污泥的肥分主要指氮、磷、钾、有机质、微量元素等的含量。肥分指标直接决定污泥是否适合于作为肥料进行综合利用。

（9）污泥的卫生学指标。从废水生物处理系统排出的污泥含有大量的微生物，包括病原体和寄生虫卵。未经卫生处理的污泥直接排放到环境或施用于农田是不安全的。卫生学指标指污泥中微生物的数量，尤其是病原微生物的数量。

二、污泥处理的目标、方法及系统

1. 污泥处理的目标

（1）减量化。由于污泥含水率很高，体积很大，经污泥脱水处理后，污泥体积可减至原来的十几分之一，且由液态转化成固态，便于运输和消纳。

（2）稳定化。污泥中有机物含量很高，极易腐败并产生恶臭，经消化阶段处理以后，易腐败的部分有机物被分解转化，不易腐败，恶臭大大降低，方便运输及处理。

（3）无害化。污泥中含有大量病原菌、寄生虫卵及病毒，易造成传染病大面积传播，特别是初次沉淀池的污泥尤为严重。经消化阶段处理，可以杀灭大部分的蛔虫卵、病原菌和病毒，大大提高污泥的卫生指标。

（4）资源化。污泥是一种资源，可以通过多种方式进行利用。如污泥厌氧消化可以回收沼气，采用污泥生产建筑材料，从某些工业污泥中提取有用的重金属等。

2. 污泥处理方法

（1）污泥浓缩。污泥浓缩阶段的主要目的是使污泥初步减容，缩小后续处理构筑物的容积或设备容量。常采用的工艺有重力浓缩、离心浓缩和气浮浓缩等。

（2）污泥消化。污泥消化阶段的主要目的是分解污泥中的有机物，减小污泥的体积，并杀死污泥中的病原微生物和寄生虫卵。污泥消化可分为厌氧消化和好氧消化两大类。

（3）污泥脱水。污泥脱水阶段可使污泥进一步减容，使污泥由液态转化为固态，方便运输和消纳。污泥脱水可分为自然干化和机械脱水两大类。

（4）污泥处置。污泥处置阶段的目的是最终消除污泥造成的环境污染并回收利用其中的有用成分。主要方法有污泥填埋、污泥焚烧、污泥堆肥、综合利用等。

3. 污泥处理系统

一个完整的污泥处理系统通常是由不同的污泥处理单元组成，污泥处理单元主要有污泥的浓缩、稳定、脱水、干化等。在实际操作中，应该根据污泥的最终处置方案、污泥的数量和性质，并结合当地的具体条件，选取不同的污泥处理单元，以组成相应最佳的污泥处理系统。

三、污泥处理流程

污泥处理一般流程的选择决定于当地条件、环境保护要求、投资情况、运行费用及维护管理等多种因素。可供选择的流程见表6—1。

污泥处理流程	污泥处理目的
生污泥→浓缩→消化→自然干化→最终处置	以消化为主,产生生物能(沼气),用于农用或
生污泥→浓缩→消化→机械脱水→最终处置	其他利用
生污泥→浓缩→自然干化→堆肥→农肥	堆肥为最终目的
生污泥→浓缩→机械脱水→干燥焚烧→最终处置	产生热能,进行发电
生污泥→湿污泥池→农用	污泥质量符合农用要求
生污泥→浓缩→消化→最终处置	污泥消化稳定后,进行最终处置
生污泥→浓缩→消化→机械脱水→干燥焚烧→最终处置	在环境要求高的地区采用,是最为完善的污泥处理方案

表6—1　　　　　　　　　　　　污泥处理流程

一般来说,典型污泥处理工艺流程包括4个处理阶段,如图6—1所示。

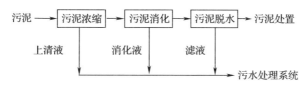

图6—1　典型污泥处理工艺流程

由于中小型城市污水处理厂的污泥产量较少,建设如图6—1所示的污泥处理工艺流程,往往需要较多的投资,并占用较多的土地,因此许多处理厂不建设污泥消化系统,直接对污泥进行浓缩、脱水和最终处理。目前出现了一种浓缩脱水一体化的污泥处理机械设备。这种设备是将常规的浓缩和脱水整合在一台机器上,具有工艺流程简单、工艺适应性强、自动化程度高、运行连续、控制操作简单和过程可调节性强等优点,已经被广泛地应用于中小型城市污水处理厂和工业废水污泥的处理。

第2节　污　泥　浓　缩

 学习目标

1. 了解污泥中的水分分类。
2. 熟悉污泥的浓缩方法。
3. 能独立进行污泥浓缩池的巡视与维护。

 **知识要求**

一、污泥浓缩原理

废水处理过程中产生的污泥，其含水率很高，一般为 96%～99.8%，体积很大，对污泥的处理、利用和运输造成很大困难。污泥浓缩就是使污泥的含水率、污泥体积得到一定程度的降低，从而降低污泥后续处理设施的基本建设费用和运行费用。

如污泥含水率 C_1 从 99.6% 降至 C_2 为 96%，若污泥浓缩前后体积分别为 V_1，V_2，则根据污泥浓缩前后干固体质量守恒原理，$V_1（1 - C_1）= V_2（1 - C_2）$ 计算后可得：浓缩后污泥体积为原来的 1/10，浓缩法减容效果显著。

1. 污泥中的水分

污泥中的水分大致可以分为 4 类，如图6—2所示。

（1）空隙水。空隙水指被污泥颗粒包围起来的水分，并不与污泥颗粒直接结合，一般占总水分的 70% 左右，这部分水可以通过重力沉淀（浓缩压密）而分离。

（2）毛细水。毛细水指颗粒间毛细管内的水。毛细水约占总水分的 20%。要脱除毛细水，

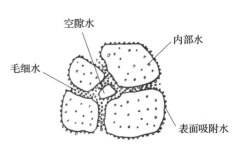

图6—2　污泥中水分示意图

必须向污泥施加外力，如施加离心力、负压力（真空过滤）等，以破坏毛细管表面张力和凝聚力的作用。

（3）表面吸附水。表面吸附水是在污泥颗粒表面附着的水分，其附着力较强，这部分水在胶体状颗粒、生物污泥等固体表面上常出现。这部分水的脱除比较困难，要使胶体颗粒与水分离，必须采用混凝方法，通过胶体颗粒的相互絮凝，排除附着在表面的水分。

（4）内部水。内部水指污泥颗粒内部结合的水分，加上表面吸附水的比例约占污泥总水分的 10% 左右。如生物污泥中细胞内部水分，污泥中金属化合物所带的结晶水等。这部分水无法用机械方法分离，可以通过生物分解或加热、焚烧等方法去除。

2. 污泥浓缩的方法

污泥浓缩的方法主要有重力浓缩、气浮浓缩和离心浓缩三种。

（1）重力浓缩法。利用重力将污泥中的固体与水分离，使污泥的含水率降低的方法称为重力浓缩法，它适用于浓缩比重较大的污泥和沉渣，也是使用最广泛和最简便的一种浓缩方法。重力浓缩池可以用于浓缩初沉污泥、剩余污泥、腐殖污泥及其混合污泥。

（2）气浮浓缩法。气浮浓缩原理与重力浓缩相反，它是依靠大量微小气泡附着在污泥颗粒的周围，通过减小颗粒的比重，形成上浮污泥层，撇除上浮污泥层到污泥槽，并用浮渣泵把污泥槽污泥送到下一段污泥处理设施，气浮池下层液体回流到废水处理装置。通常使用混凝剂作为浮选助剂，以提高气浮效果。

（3）离心浓缩法。离心浓缩法是利用污泥中固、液比重不同，在高速旋转的机械中具有不同的离心力而进行分离浓缩的方法。经分离的固体颗粒和污泥分离液，由不同的通道导出机外。由于离心力是重力的 500 ~ 3 000 倍，因而在很大的重力浓缩池内要经十几小时才能达到的浓缩效果，在很小的离心机内就可以完成，且只需十几分钟。对于不易重力浓缩的活性污泥，离心机可借其强大的离心力，使之浓缩。活性污泥的固体含量在 0.5% 左右时，经离心浓缩，可增至 6% 。离心浓缩过程封闭在离心机内进行，因而一般不会产生恶臭。

在浓缩剩余活性污泥时，为了取得好的浓缩效果，提高出泥含固率（>4%）和固体回收率（>90%），一般需要添加 PFS（聚合硫酸铁）、PAM（聚丙烯酰胺）等助凝剂。同时电耗很大，在达到相同的浓缩效果时，其电耗约为气浮法的 10 倍。

3. 污泥浓缩装置与设备

（1）重力浓缩池。重力浓缩池污泥储存能力高，占地面积大。根据运行方式可分为间歇运行与连续运行。

1）间歇型浓缩池。首先把待浓缩的污泥排入，经一定浓缩时间后，依次开启设在浓缩池上不同高度的清液管上的阀门，分层地放掉上清液，然后通过排泥管排放污泥后，再向浓缩池内排入下一批待处理的污泥。间歇式浓缩池主要用于污泥量小的处理系统，浓缩池一般不少于 2 座，轮换操作，不设搅拌装置。图 6—3 为间歇式污泥浓缩池的结构示意图。

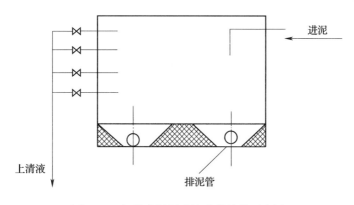

图 6—3　间歇式污泥浓缩池的结构示意图

2）连续型浓缩池。连续运行的浓缩池一般有竖流式或辐流式两种。在连续运行的重力浓缩池中，带有桁架或直立栅的普通集泥机械将污泥慢慢搅动，一方面可加速污泥颗粒之间凝聚，使颗粒结构均匀；另一方面可造成空穴，使间隙水与空气泡容易逸出，并加速污泥的密实。

图 6—4 为有刮泥及搅动栅的连续式重力浓缩池的示意图。稀污泥通过中心管进入池中，进行区域沉淀和浓缩，池底坡度采用 1/100～1/12，一般取 1/20，浓缩污泥从底部排除。

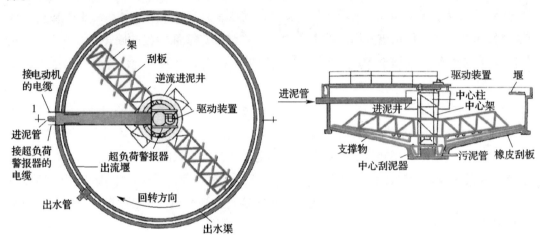

图 6—4　连续型重力浓缩池

（2）气浮浓缩池。气浮浓缩法常采用出水部分回流加压溶气气浮工艺，如图 6—5 所示。结构组成可参照废水物理处理方法中的气浮工艺。该工艺采用出水回流加压溶气，因此可减少对絮状污泥的剪切作用，避免加压泵、压力容器、减压阀的阻塞。采用该工艺流程，可将污泥含水率浓缩到 94%～96%，但若不使用化学絮凝剂，只能获得含水率为 97%～98% 的浓缩效果。

气浮浓缩池单位池容处理能力大，脱水效率高，污泥储存能力小。占地面积比重力浓缩法少，比离心浓缩法大。一般采用水密性钢筋混凝土建造。气浮池的池形有矩形和圆形两种，具体选择哪种池形，一般取决于污泥的处理量。当每座污泥处理量小于 $100 \text{ m}^3/\text{h}$ 时，多采用矩形池，长宽比一般为 8:1～4:1，深度与宽度之比不小于 0.3，有效

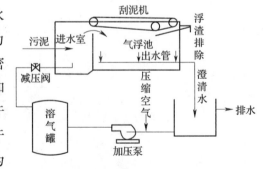

图 6—5　部分回流加压溶气气浮工艺

水深为 3~4 m；当每座污泥处理量大于 100 m³/h 时，多采用圆形，但浓缩池处理能力不应大于 1 000 m³/h，有效水深不小于 3 m。

（3）离心浓缩机

1）转盘式离心机。转盘式离心机是连续运行的，其构件包括多层叠的锥形转盘（每个转盘相当于一个独立的、生产能力较低的离心机），污泥在转盘间进行分离，澄清液沿着中心轴向上流动，并从顶部排出，而固体集中于离心机转筒底边缘，并经排放口排出。

2）螺旋卸料离心机。螺旋卸料离心机也是连续运转的，它由一个长的转筒和一个同心的螺旋轴构成。通常转筒是水平安装，而且一端是逐渐缩小的。污泥被连续引入装置，固体向周围离心浓缩。旋转速率略微不同的螺旋轴，将积聚的污泥移向渐缩端，固体脱水和离心分离液分别从前后端排出。

3）筐式离心机。在筐式离心机中，污泥从底部进入，并朝着筐的外壁流动。滤饼连续堆积在筐内，直到离心滤液（溢流通过装置顶部的堰板）中固体含量开始增加为止。此时就要停止进料，离心机减速，并把撇油器放进转筒中，以脱除留在装置内的液层。然后把刮刀移进转筒中刮除滤饼，掉到离心机底部并排出。此装置是间歇运行的，污泥进料和脱水滤饼的排出交替进行，一般用于小规模污泥量的处理。

三种污泥浓缩方法各有优缺点，应根据具体情况与要求予以选择。中小规模的污水处理厂多采用重力浓缩法处理污泥，而工业上主要则采用气浮浓缩法及离心浓缩法。具体优缺点见表 6—2。

表 6—2　　　　　　　　　　污泥浓缩方法优缺点

污泥浓缩方法	优点	缺点
重力浓缩	（1）操作要求不高 （2）间歇运行时，无须机械设备 （3）连续运行时，仅需开动刮泥机，运行费用少，电耗低	（1）会产生臭气 （2）对于某些污泥工作不稳定
气浮浓缩	（1）富含氧分的污泥不易腐化变质，臭气问题少 （2）适用于废水生物处理系统有机性污泥的浓缩脱水 （3）可使沙砾不混于浓缩污泥中 （4）能去除油脂	（1）运行电耗高 （2）污泥储存能力小 （3）设施较多，操作管理比较烦琐

污泥浓缩方法	优点	缺点
离心浓缩	（1）浓缩后污泥含水率较低 （2）工作场地卫生条件好，没有或几乎没有臭气问题 （3）占地面积小	（1）要求专用的离心机，需要装设在坚实的防震底座上 （2）需要考虑防止噪声的措施，运行时产生振动和噪声 （3）电耗大 （4）对操作人员要求高

二、污泥重力浓缩池的运行与维护

1. 污泥重力浓缩池的运行

间歇式浓缩池的工艺参数主要是浓缩时间，其数值由试验确定。污泥在浓缩池内的停留时间太短，会导致浓缩效果不好；若停留时间太长，不仅占地面积大，而且还可能使有机污泥出现厌氧状态而破坏浓缩过程。对于没有条件试验的场合，停留时间通常采用 9 ~ 12 h。

连续式重力浓缩池的主要工艺参数有固体负荷、浓缩时间、污泥含水率、有效水深与刮泥机外缘线速度。

（1）固体负荷宜采用 30 ~ 60 kg/（m^2 · d）。

（2）浓缩时间的采用不宜小于 12 h。

（3）采用刮泥机排泥时，其外缘线速度一般宜为 1 ~ 2 m/min，池底坡向泥斗的坡度不宜小于 0.05，且在刮泥机上应设置栅条。

2. 污泥重力浓缩池的维护

（1）浓缩池表面的浮渣应及时清除。

（2）初次沉淀池污泥与活性污泥混合浓缩时，应保证两种污泥混合均匀，否则进入浓缩池会由于密度流扰动污泥层，降低浓缩效果。

（3）当温度较高时，极易产生污泥厌氧上浮；当废水生化处理系统中产生污泥膨胀时，丝状菌会随活性污泥进入浓缩池，使污泥继续处于膨胀状态，致使无法进行浓缩。对于以上情况，可向浓缩池入流污泥中加入液氯、K_2MnO_4、H_2O_2 等氧化剂，抑制微生物的活动，保证浓缩效果，同时，还应从污水处理系统中寻找膨胀原因，并予以排除。

（4）在浓缩池入流污泥中加入部分二次沉淀池出水，可以防止污泥厌氧上浮，提高浓缩效果，同时还能适当降低恶臭程度。

（5）浓缩池较长时间没排泥时，应先排空浓缩池，严禁直接开启污泥浓缩机。

（6）由于浓缩池容积小，热容量小，在寒冷地区的冬季浓缩池液面会出现结冰现象，此时应先破冰并使之溶化后，再开启污泥浓缩机。

（7）应定期检查上清液溢流堰的平整度，如不平整应予以调整，否则会导致池内流态不均匀，产生短流现象，降低浓缩效果。

（8）浓缩池是恶臭很严重的一个处理单元，因而应对池壁、出水堰等部位定期清刷，尽量降低恶臭。

（9）应约每隔半年进行排空，彻底检查是否积泥或积砂，并对水下部件予以防腐处理。

第3节　污　泥　消　化

 学习目标

1. 了解污泥消化的基本原理。
2. 熟悉污泥消化系统的组成。

 知识要求

一、污泥消化概述

1. 污泥消化基本原理

污泥消化是利用微生物的代谢作用，使污泥中的有机物质稳定化，减少污泥体积，降低污泥中病原体数量的处理过程。当污泥中的挥发固体 VSS 含量降低到 40% 以下时，即可认为已达到稳定化。《城镇污水处理厂污染物排放标准》规定，污泥稳定化控制指标中有机物降解率应大于 40%。污泥消化可分为好氧消化和厌氧消化两类，污泥的好氧消化原理与活性污泥法相似，主要有空气稳定和纯氧稳定两种工艺。而污泥厌氧消化最为常用，这里主要介绍厌氧污泥消化。

污泥的厌氧消化与高浓度有机废水的厌氧处理的原理和过程是相似的，但有所区别的是：产甲烷过程是控制整个废水处理的主要过程，而在污泥厌氧消化中，固态物的水解、液化是主要控制过程。

根据操作温度可分为中温消化（温度 33~38℃）和高温消化（50~55℃）。高温消化运行的能耗大大高于中温消化，只有当条件非常有利于高温消化或要求特殊时才会采用。

根据负荷率分为低负荷率和高负荷率两种。

2. 污泥消化特点

消化后的污泥称熟污泥或消化污泥，这种污泥易于脱水，所含固体物数量减少，不会腐化，氨氮浓度增高，污泥中的致病菌和寄生虫卵大为减少。一般消化后的污泥其体积可减少60%~70%。在污泥消化过程中会产生大量高热值的沼气，可作为能源利用，使污泥资源化。另外，污泥经消化以后，其中的部分有机氮转换为了氨氮，提高了污泥的肥效。

（1）厌氧消化的优点。厌氧消化能产生大量甲烷气，可用来发电，故能抵消污水厂一部分能耗，并使污泥固体总量减少（通常厌氧消化使25%~50%的污泥固体被分解），减少了后续污泥处理的费用。

消化污泥是一种很好的土壤调节剂，它含有一定量的灰分和有机物，能提高土壤的肥力和改善土壤的结构。

消化过程尤其是高温消化过程（在50~55℃条件下），能杀死致病菌。

（2）厌氧消化的缺点是，消化反应时间长、投资大。运行易受环境条件的影响，消化污泥不易沉淀（污泥颗粒周围有甲烷及其他气体的气泡）。

二、污泥消化系统

1. 污泥厌氧消化系统组成

污泥厌氧消化系统主要由消化池、进排泥系统、搅拌系统、加热系统、集气系统组成。

2. 消化池

一般为圆形，直径6~35 m，壁高5~15 m，池底为圆锥形，底部坡度25%左右，池盖有固定式和浮动式两种。池盖上设有检修口、集气管等。浮动池盖可随污泥面升降，保证池内压力高于大气压，以防止空气侵入池内形成爆炸混合气而引起消化池爆炸。消化池内装有搅拌设备，使生熟污泥充分混合，防止结成硬壳。池内安有加热管道，以维持消化所需温度。生污泥一般从池体中部加入，消化污泥在静水压力下从底部定时排出。

消化池构造如图6—6所示。

3. 污泥消化系统运行要求

（1）投入污泥。投入的污泥是微生物的营养源。应投加最适宜微生物活动的有机物，过多或过少都会影响微生物的生长。因此，消化池的投污量应根据池内消化温度、消化时间及消化方法等因素由经验确定。对中温消化，每日投加的固体量不应超过池内固体量的5%，相应的生污泥在池中平均停留时间为20 d。

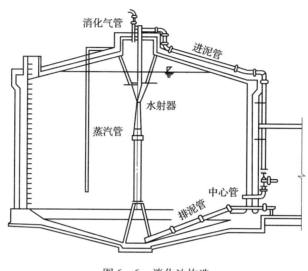

图6—6　消化池构造

（2）排泥。污泥消化池的管理主要取决于消化池的污泥和上清液的排出。消化池污泥排量和上清液排量的比值应根据能维持池内消化污泥浓度高、产气量高的要求，由经验确定。

（3）上清液的排放。污泥消化后，一部分有机固体被分解，污泥中固体物质减少了。分解的产物中，一部分是水，因此，消化污泥的含水率均大于新鲜污泥的含水率，必须进行上清液排放或撇水。应根据经验确定，一般排放量为每日进泥量体积的一半，即要能基本稳定消化池内的污泥含水率。

（4）沼气的收集和储存。产气量是判断消化状态的重要指标。沼气中一般含甲烷60%，二氧化碳35%，沼气的发热量为23 MJ/m³。沼气中含大量水分，输气管中如存有冷凝水会影响沼气的流动，应在管路上设排水阀，将水及时排出。沼气是一种易燃易爆气体，当空气中含有沼气5%～15%时遇火种即爆炸，要特别注意采取防爆措施。因为刚产生出来的沼气与原池中的空气混合，总有一个时期沼气含量是5%～15%。为了避开这一爆炸范围，确保万无一失，在消化池启动运转时，可对消化池和储气柜换气，用压缩氮气把消化池和储气柜中的空气赶掉。

消化池和储气柜输出的沼气管上，必须有防逆火器，以防回火。消化区内严禁吸烟，严禁使用电炉及明火操作。

（5）加热设备。加热方法有热水盘管法、热交换器法和蒸汽吹入法三种。盘管设在消化池内，管道表面会因污泥附着而影响热效率，应经常检查出口水温及水量。热交换器都设在池外，一般采用污泥在内管流动，热水在外管内流动的双管式热交换器。应经常检查热交换器污泥和热水进出口的温度，如发现异常，应及时进行调节及维修。蒸汽吹入法是把高温蒸汽直接通到消化池，它的热效率高，但温度过高会杀死蒸汽喷口处的微生物。

（6）搅拌设备。搅拌目的是使投入的污泥或废水和池内的消化污泥混合均匀，使池内各点的温度均匀，分离附在污泥颗粒上的气体以及防止浮渣层的形成，增加产气量。搅拌的方法主要有三种，即水力提升器搅拌、机械螺旋桨搅拌和沼气搅拌。

第4节　污泥脱水与干化

 学习目标

1. 熟悉污泥调理的常用方法。
2. 了解污泥脱水的基本原理。
3. 掌握污泥脱水机的分类。
4. 了解污泥干化场的组成。

 知识要求

一、污泥调理

初次沉淀污泥、腐殖污泥、剩余活性污泥和消化污泥等有机污泥含有大量的蛋白质和碳水化合物，这些物质大都是亲水性的胶体，带有负电荷，与水的亲和能力很强，所以沉降性能和脱水性能都很差。而且这类物质颗粒大小不匀且很细，挥发性固体含量高，比阻也大，如剩余活性污泥的比阻一般在 $(16.8 \sim 28.8) \times 10^9 \, s^2/g$，一般认为进行机械脱水的污泥，比阻值在 $(0.1 \sim 0.4) \times 10^9 \, s^2/g$ 为宜。因此，对于大部分的生化污泥，若不做调理，机械脱水会相当困难。对于不适合直接进行机械脱水的，必须进行改善污泥脱水性能的预处理，改善污泥脱水性能的预处理操作称为污泥调理。

污泥调理的实质是要克服污泥颗粒的水合作用和电性排斥作用，使污泥颗粒脱稳，颗粒凝聚增大，易于脱水。此外，还要改善污泥颗粒间的结构，减少过滤阻力，使污泥颗粒不致堵塞过滤介质，如滤布等。

1. 污泥调理方法

常用的污泥调理方法有化学调理、物理调理、水力调理。选择调理方法时，应该从污泥的性状、脱水的工艺、运行费用及最终的处置等方面综合考虑。目前化学调理最为普遍，又称为加药调理法。

（1）化学调理

向污泥中投加化学调节剂（如混凝剂、助凝剂）使污泥凝聚，提高脱水性能，这是目前污泥调节常用的主要方法。

（2）物理调理

物理调理有加热、冷冻、添加惰性助滤剂等方法。

污泥经过 160~200℃ 和 1~1.5 MPa 的高压处理后，不但破坏了胶体结构，提高了脱水性能，而且还能彻底杀灭细菌，解决卫生问题。缺点是气味大、设备易腐蚀。

污泥反复冷冻能破坏固体与结合水的联系，提高过滤能力。人工冷冻法成本高，自然冷冻法易受气候条件的影响，故使用较少。

污泥中投加无机助滤剂后，能在滤饼中形成具有较大孔隙的骨架，可减小污泥比阻。此外，污泥焚烧的灰烬、飞灰以及锯末等均可用作助滤剂。

（3）水力调理

水力调理也叫淘洗，就是先利用处理过的污水与污泥混合，然后再澄清分离，以此冲洗和稀释原污泥中的高碱度并带走细小固体。

水力调理法一般仅使用于消化污泥。消化污泥中含有很高的碱度，会与化学调理剂反应，如三氯化铁等，消耗大量药剂，必须通过淘洗来降低碱度。另外污泥中的细小固体是化学药剂的主要消耗者，且易堵塞滤饼，经过淘洗将其冲走，也能降低药耗，提高过滤性能。采用水力调理一般可节省 50%~80% 的化学调理剂。

水力调理法常采用多级逆流方式进行。淘洗液中的 BOD 和 COD 含量都很高，需回流到废水处理工艺中去处理。但由于水力调理法需增设淘洗池等构筑物，使得造价提高，与节约的混凝剂费用比较后，两者差不多抵消，故淘洗法在实际上很少采用。

2. 常用污泥调节剂

污泥调理所用的混凝剂的种类很多，有生石灰、三氯化铁、氯化铝等无机药剂和聚丙烯酰胺等高分子有机药剂，此外，木屑、硅藻土、电厂的粉煤灰等也可作调理剂使用。

二、污泥机械脱水

1. 污泥机械脱水原理

常用的污泥脱水方法是机械脱水，即通过在脱水机的滤布、滤网等滤材的两侧形成的压差（正压或负压）为脱水的推动力而实现脱水。形成正压的是压滤脱水机，如板框压滤机和带式压滤机等；形成负压的称为吸滤脱水机。

2. 污泥脱水机分类

目前常用的污泥脱水机械有板框压滤机、带式压滤机、真空过滤机和离心脱水机。这四种脱水设备各有其特点，应根据处理厂的规模、技术、资金、污泥性质和污泥最终处置等综合考虑。

（1）板框压滤机。板框压滤机使用较早，目前已发展到第四代，如图6—7所示。板框压滤机具有脱水效果好、构造简单等优点，其缺点是处理量较小、不能连续运行。因此需要设置容积较大的污泥中间储存池或实行多台压滤机轮换运行。

图6—7　板框压滤机

板框式压滤机是通过板框的挤压，使污泥内的水通过滤布排出，达到脱水目的。

（2）带式压滤机。带式压滤机是目前使用很普遍的加压过滤脱水装置，如图6—8所示。带式压滤脱水机是由上下两条张紧的滤带夹带着污泥层，从一连串有规律排列的辊压筒中呈S形经过，依靠滤带本身的张力形成对污泥层的压榨和剪切力，把污泥层中的毛细水挤压出来，获得含固量较高的泥饼，从而实现污泥脱水。泥饼的含水率一般为75%～80%。目前有的压滤机可使污泥浓缩和脱水一体化，污泥首先进入压滤机前端的浓缩筒内，经浓缩后再脱水，可进一步提高脱水效果。

（3）真空过滤机。真空过滤机靠减压与大气压间产生压力差作为过滤的推动力来脱水，如图6—9所示。滤层背面受真空减压，正面处于大气压力下进行过滤操作。污泥靠重力或用泵供给，滤液通过离心泵或气压排液器排出。真空过滤机具有管理和维修方便等优点。缺点是不适用过滤比阻大的污泥和挥发性物料的过滤。使用真空过滤机一般使用无机混凝剂来调理污泥。

（4）卧螺离心机。卧螺离心机是一种比较先进的脱水机，如图6—10所示。工作时污泥由轴上的进料孔进入机内，在离心力的作用下向转鼓内侧运动，并从转鼓后端排水口排出；固体则在鼓外侧附近聚积，经转鼓与螺旋的速差被螺旋从转鼓前端排渣口排出。

图6—8　带式压滤机

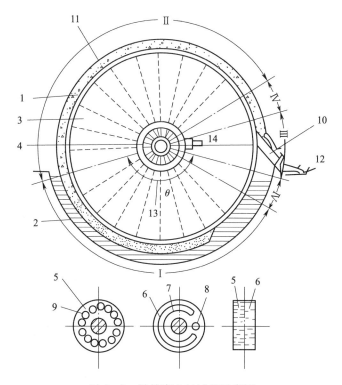

图6—9　转筒真空过滤机示意图

Ⅰ—滤饼形成区　Ⅱ—吸干区　Ⅲ—反吹区　Ⅳ—休止区

1—空心转筒　2—污泥槽　3—扇形格　4—分配头　5—转动部件　6—固定部件

7—与真空泵通的缝　8—与空压机通的孔　9—与各扇形格相通的孔　10—刮刀

11—泥饼　12—皮带输送器　13—真空管路　14—压缩空气管路

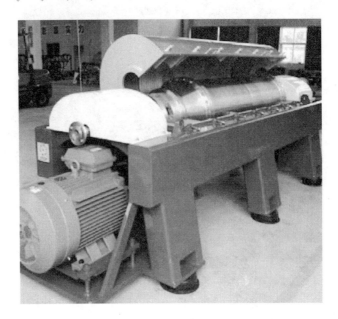

图6—10　卧螺式离心机

卧螺式离心机的主要优点是能够自动连续运转，结构紧凑，密封性好，便于维修，占地面积小，固液分离效率高，适应范围较宽，操作劳动强度小等。缺点是造价和运行费用较高，噪声和振动较大。

用卧螺式离心机脱水，一般采用有机高分子药剂来调理污泥。

3. 污泥脱水运行要求

（1）污泥调理是保证脱水效果的重要措施，因此应控制好污泥调理的操作环节。一般来说，用板框压滤机和真空过滤机脱水的污泥，应该用无机药剂来调理。带式压滤机和离心脱水机用有机高分子药剂来调理效果较好。

（2）污泥脱水机在运行前，应该先将滤布浸湿，这样有利于泥饼剥落。滤布上的污泥在运行过程中应及时清洗干净（自动或人工），在停止运行后还需彻底清洗滤布，以免污泥颗粒干燥后堵塞滤布孔眼。真空过滤机的滤布无法用水冲洗干净时，可将稀盐酸溶液加入滤机的污泥槽内来刷洗滤布。

（3）经常检查脱水机的运行状态。针对不正常现象，采取纠偏措施，保证正常运行。例如：带式压滤机可能由于进泥超负荷、滤带张力太小、辊压筒损坏等原因造成滤带打滑，此时应分别采取降低进泥量、增大滤带张力、修复或更换辊压筒等措施予以解决；若因冲洗不彻底、滤带张力太大、进泥中含较多的细砂、加药过量使污泥黏度增大等原因造成滤带发生堵塞，可采取增强冲洗、调整带速、降低投药量等办法来解决。

离心脱水机也会发生离心机转轴扭矩太大，过度振动等故障。前者可能的原因是：进泥量太大、浮渣或砂进入离心机、齿轮箱出故障等；后者可能是有垃圾进入机内且缠绕在螺旋输送器上而造成转动失衡、润滑系统出故障、机座松动等原因造成的。总之，出现故障时应分析原因，有针对性地采取措施来解决。

（4）当发现滤液浑浊或泥饼含水率较高时，应该减少进泥量，并检查和分析原因。造成这些现象的原因有污泥量太多或污泥性质有变化，也可能是药剂种类或投加量不合适，还可能是脱水机运行工况没调整好。对于带式压滤机，可能是带速太快，污泥挤压时间不够。对于板框压滤机，可能是挤压力和挤压时间不够。对于离心脱水机，可能是转速差太大，转鼓的转速太低，液环层厚度太大等原因造成。

（5）按照所用脱水机类型的要求，认真做好设备的日常维护保养工作。经常检查脱水机易磨损件的磨损情况，必要时予以更换。如脱水机的转轴、滤布等。

（6）做好进泥量、泥饼量、污泥含固率、药剂投加量、能耗等的分析测量与记录工作。

三、污泥自然干化

污泥自然干化的主要构筑物是干化场。

干化场可分为自然滤层干化场与人工滤层干化场两种。前者适用于自然土质渗透性能好、地下水位低的地区。人工滤层干化场的滤层是人工铺设的，又可分为敞开式干化场和有盖式干化场两种。

人工滤层干化场的构造如图6—11所示。它由不透水底层、排水系统、滤水层、输泥管、隔墙及围堤等部分组成。有盖式的干化场，晴天可移开顶盖或雨天盖上顶盖，顶盖一般用弓形复合塑料薄膜制成，移置方便。

滤水层上层由细矿渣或沙层铺设，厚度为200～300 mm；下层用粗矿渣或砾石层铺设，厚度为200～300 mm。

排水管道系统用100～150 mm陶土管或盲沟铺成，管子接头不密封，以便排水。管道之间中心距4～8 m，纵坡0.002～0.003，排水管起点覆土深（至沙层顶面）为0.6 m。

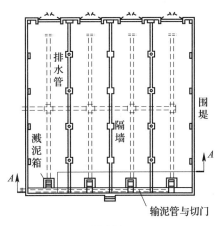

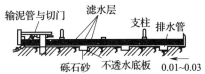

图6—11　人工滤层干化场

不透水底板由 200～400 mm 厚的黏土层或 150～300 mm 厚的三七灰土夯实而成。也可用 100～150 mm 厚的素混凝土铺成。底板有 0.01～O.03 的坡度坡向排水管。

由隔墙与围堤把干化场分隔成若干分块，轮流使用，以便提高干化场利用率。

近来在干燥、蒸发量大的地区，采用由沥青或混凝土铺成的不透水层。这种无滤水层的干化场，依靠蒸发脱水。其优点是泥饼容易铲除。

第 5 节　污泥处置与利用

 学习目标

1. 了解污泥干燥机械原理。
2. 了解污泥焚烧原理。
3. 了解污泥的处置与综合利用。

 知识要求

一、污泥干燥

1. 污泥干燥原理

污泥经脱水后仍含有较高的水分，为了便于运输和进行综合利用或最终处置，还需通过干燥来进一步降低含水率。

污泥干燥是通过加热使污泥中的水分蒸发。污泥内的水分以液体状态在内部扩散到污泥表面而汽化，或者在污泥内部直接汽化而向表面移动和扩散。要提高污泥的干燥速度，需要满足以下三个条件：一是将污泥分解破碎以增大蒸发面积，加快蒸发速度；二是使用高温的热载体或通过减压来增加污泥与热载体的温差来增加传热的推动力；三是经过搅拌来增大和强化传热的过程。

污泥加热干燥处理，成本很高，且要求操作人员有较高的操作技能。如果系统操作和维护不当，则存在爆炸和对环境空气造成污染的潜在可能性。因此，对污泥干燥的处理，只有在干燥污泥所回收的价值能满足干燥处理运行费用时，或者有特殊卫生要求时，才考虑采用。

2. 污泥干燥机械

污泥的干燥处理方法很多，常用的设备有回转圆筒干燥装置、急骤干燥装置、流化床干燥装置等，除此以外还有喷雾干燥器、真空干燥器、多层炉干燥器、移动层干燥器等多种形式的污泥干燥机械。表6—3是三种常见污泥干燥设备的处理效果比较。而且本类装置用 PLC 控制，具有自动化程度高、处理效果好、污染少等优点，今后将会被更多采用。

表6—3　　　　　　　　　　　　　干燥设备的处理效果比较

项目	回转圆筒干燥装置	急骤干燥装置	流化床干燥装置
热气体温度（℃）	120～150	530	85
卫生条件	杀灭病原菌等	杀灭病原菌等	杀灭病原菌等
干化后污泥的含水率（%）	15～20	10	5
干化时间（min）	30～32	<1	7～15
热效率	低	高	高

（1）回转圆筒干燥装置。回转圆筒干燥装置也称旋转式干燥器。圆筒内装刮板或在搅拌轴上设破碎搅拌翼片，以便搅拌和破碎污泥。污泥从圆筒的一端输入，使圆筒旋转而将污泥在搅拌过程中被加热。加热方式有热风直接加热、间接传导加热和复合加热三种。污泥经加热使水分蒸发，从另一端得到干化成品。间接加热型用于干燥过程容易产生粉尘的污泥，需要很高的热风温度时则用复合加热型。直接加热型又分为逆流和并流两种方式。

污泥靠圆筒内侧安装的提升杆边旋转边提升，提升到筒顶部的粉状污泥呈幕状落下，在下落过程中和热风接触而蒸发干燥。回转圆筒干燥器有多种结构形式，其工作原理是基本相同的。这类设备的热效率较低，能适应进料污泥水分的大幅度波动并可大容量处理，但也存在易局部过热、污泥中养分易破坏、筒壁易黏附污泥等问题，设备价格和运行费用也较高。

（2）急骤干燥装置。急骤干燥装置也称闪蒸干燥。装置中的污泥导入热气流中，使水分从固体中瞬时蒸发。导入的湿污泥，首先在混合器内与经干燥的污泥混合，以便改善气动输送条件。混合污泥与来自炉内650～760℃的热气体相混合，混合污泥的含水率约50%，送进笼式粉碎机中，混合物在粉碎机内搅拌，并且迅速蒸发水蒸气。在笼式粉碎机内的停留时间仅为数秒钟，含有8%～10%水分的干污泥与加热气体在导管内上升，然后进入旋风分离器，使蒸汽和固体分离。污泥的干化过程主要是在导管内实现的，部分经干化的污泥与进入的湿污泥一起循环，其余的干燥污泥过筛，或送入另一旋风分离器与废干燥气体分离后送储罐，可进一步处置和利用。

（3）流化床干燥装置。流化床干燥装置是一种先进的污泥干化处理设备，国外使用较多。污泥由偏心螺杆泵送入湿污泥料仓中，然后通过料仓底部的偏心螺杆泵将污泥升压后送入流化床中，在污泥进入流化床前，粉碎机将污泥碎成细薄片，有助于湿污泥在流化床中快速干化。

流化床系统处在一个密闭循环的惰性气体回路中，惰性气体由下向上穿过流化床层并且使床内物料产生流态化，使整个流化床层中的物料达到均匀的干燥和温度分布。由于湿污泥进入流化床后迅速与床内的干污泥颗粒混合，能很好地发生流化，也不会黏结。流化床层的温度在 85℃，干化所需热量由内部热交换器及回路中的循环气体提供。从污泥中蒸发出来的水及废气从流化床的顶部排出。排出的废气经旋风分离、喷淋和除沫后，会同湿污泥料仓和干污泥料仓的废气一起进入焚烧炉焚烧。焚烧后的惰性气体通过引风机回入流化床内，部分惰性气体排放。

流化床内的温度通过进泥量来自动调节和控制，床内的气体含氧量设定为 8%，通过焚烧后的惰性气体来调节和维持，以保证安全。干化后从流化床底部排出的粒度约 3 mm左右、含水率约为 5%的干污泥颗粒产品由斗式提升机、螺旋输送机和带式输送机将颗粒污泥送到干污泥料仓中储放，定期外运处置或利用。

二、污泥焚烧

1. 污泥焚烧原理

污泥焚烧处理是将污泥加入焚烧炉内，在过量空气加入的情况下完全燃烧，污泥经焚烧后会产生 1/10 左右固体质量、无菌、无臭的灰渣。这种方法是当前污泥处理中最有效的处理方法之一。

2. 污泥焚烧简介

污泥经浓缩和脱水后，含水率在 60%~80%，可经过干燥进一步脱水，使含水率降至20%左右。而污泥焚烧可使污泥成为灰尘，处理的对象是污泥的吸附水、颗粒内部水及有机物，使含水率降至零值，从而使污泥体积与重量最大限度地减少，卫生条件大为提高。这种方法是当前污泥处理中最有效的处理方法之一。第一，焚烧可以大量减少污泥的体积，相对于机械脱水的污泥来说，最终的焚烧产物体积只相当于最初产物的 10%。第二，焚烧也可以杀死一切病原体，一切有机物在燃烧过程中都会最大限度的被分解，病原体和细菌也不例外。通过高温处理，在燃烧残渣内几乎没有病原体存在。此外，焚烧还可以解决污泥的恶臭问题。第三，经过脱水后的污泥热值相当于褐煤的水平，因此在一定条件下污泥可以自燃，这样可以在一定程度上减轻污泥焚烧的费用。第四，可以回收能量用于发电和供热。近年来，焚烧采用了合适的预处理工艺和先进的焚烧方法，满足了越来越严格的环境要求。

污泥的焚烧已有近 70 年的发展历史。20 世纪 60 年代，用做污泥焚烧的主要是多膛式焚烧炉。由于辅助燃料成本上升和更加严格的气体排放标准，多膛炉逐渐失去竞争力，促使流化床焚烧炉成为较受欢迎的污泥焚烧装置。此外，还有逆流回转式焚烧炉和立式焚烧炉。流化床污泥焚烧炉流程如图 6—12 所示。

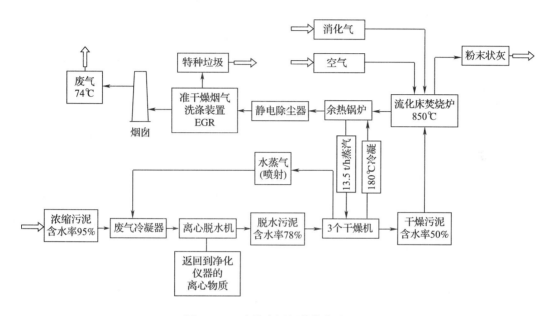

图 6—12　流化床污泥焚烧炉流程图

污泥焚烧过程中的核心设备是焚烧炉。焚烧炉的选用主要取决于污泥的处理量及其特性，以及财力、技术等。对于处理量小、热值低的污泥采用投资较少的简易焚烧炉是恰当的；而处理量大、资源利用率高的污泥可使用投资较大、技术装备较好的焚烧炉。

3. 污泥焚烧系统运行要求

污泥焚烧时，水分蒸发需消耗大量能量，为了减少能量消耗，应尽可能在焚烧前减少污泥的含水率。一般的焚烧装置同污泥的干燥过程是合为一体的。焚烧过程大致可分为以下四个阶段：

（1）首先将污泥加热到 80～100℃，使除了内部结合水之外的全部水分蒸发掉。

（2）继续升温至 180℃，进一步蒸发内部结合水。

（3）再加热到 300～400℃，干化的污泥分解，析出可燃气体，开始燃烧。

（4）最终加热到 850～1 200℃，使可燃固体成分完全燃烧，减少二噁英的产生。

一般有机污泥的燃烧，应保证燃烧温度在 850℃以上。为了不造成二次污染，一些有机物的燃烧温度应高于污泥燃烧温度，而且还需对焚烧产生的烟气进行处理，如用碱液进行湿式洗涤处理。

三、污泥处置与综合利用

污泥的处置与综合利用，是用适当的技术措施为污泥提供出路，同时要兼顾经济问题及污泥处置所带来的环境问题，并按相关的法规或条例妥善地解决问题。污泥的最终处置，无非是部分利用、全部利用，或以某种形式回到环境中去。

1. 污泥固化

污泥固化是通过物理和化学方法如采用固化剂固定废物，使之不再扩散到环境中去的一种处置方法。所使用的固化剂有水泥、石灰、热塑性物质、有机聚合物等。这种方法主要适用于有毒无机物（重金属）的污泥。

2. 污泥填埋

污泥的填埋处置是任何国家都可能采用的最终处置法。当污泥不能农业利用或工业利用时，其通常的处置方法就是填埋。在农用污泥的卫生要求越来越高而工业利用途径仍然较少时，西欧、日本和美国的污泥平均填埋量高达50%左右。近年来，环保要求越来越高，污泥需经无害化处理（堆肥、湿式氧化、焚烧）后，才能进行填埋处理，以利于节约土地，防止二次污染。

填埋场通常分为无人工衬层的普通填埋场和有人工衬层的卫生填埋场。所填埋的固体废弃物有废水处理厂污泥、污泥焚化灰以及城市垃圾等废弃物。设计和管理填埋场时，一般必须考虑三个问题：

（1）污泥填充料的选择。脱水污泥的含水率为80%左右，根据填埋技术的要求，填埋物料的含水率应在65%以下。因此要在含水率过高的脱水污泥中掺入硬化剂或吸湿剂。一般掺入22%的工业石灰或30%的电厂灰。

（2）填埋场防渗衬层材料的确定。为了防止填埋场地区的地下水受到污染，一般要在填埋场底部设置防渗衬层。防渗衬层材料应具有不渗性、耐久性、可靠性和经济性。防渗衬层材料通常有黏土、膨润土和石灰，以及多种化学合成的防渗材料（高密度聚乙烯）等。

（3）污泥渗滤液的处理。污泥渗滤液若处理不当将严重污染地下水和地表水，一般污泥渗滤液具有良好的可生化性，可进行生物处理。若用超滤或反渗透工艺，则处理效果较为理想，但处理成本较高。

3. 污泥综合利用

在污泥的综合利用方面，如将无毒的有机污泥中的营养成分和有机物，用在农业或从中回收饲料或能量，也可从污泥中回收有价值的原料及物资。

（1）污泥的农业利用

1）污泥肥料。污泥堆肥是在中温（27～35℃）、高温（50～75℃）下，利用好氧微生物分解污泥中的有机物，形成以腐殖酸为主的生物肥，其工艺主要是调节好水量、碳氮磷营养、pH 值等堆肥条件。一般中温堆肥时间为 15～30 d，高温堆肥为 5～10 d。污泥堆肥可制成复合肥。也有用污泥养殖蚯蚓，蚓粪用作化肥。

污泥中含有的氮、磷、钾是农作物生长所必需的肥料成分，有机质是良好的土壤改良剂，蛋白质、脂肪、维生素是动物有价值的饲料成分。污泥中的氮能促进植物叶和茎的生长，初沉污泥中含有大量有机氮，适用于做底肥，消化污泥和活性污泥中的氨氮、硝酸盐氮适用于做追肥，磷可促进植物根部生长，增加抗病能力。一般污泥中的氮含量较多，磷、钾较少，需适当补充。

2）污泥饲料。污泥养殖蚯蚓，蚓体可作为饲料，或加温加压转化为饲料蛋白。

3）农业利用的原则

①加强病原菌和寄生虫的控制。

②重视污泥中的重金属及有毒有机物的控制。

③注意盐分和氮、磷等养分的影响。

④控制污泥的施用量。

（2）污泥综合利用

1）污泥焚烧或掺入电厂燃料中，可用于发电。污泥焚烧是污泥脱水后在 800℃以上的高温下，完全氧化燃烧，回收热能或发电。但需解决好两个问题，一是焚烧产生的飞灰和残渣中含有较多重金属等有害物质，需卫生填埋处置。二是烟气中含有多种有害物质，一般需用石灰浆和活性炭进行吸附、除尘等净化处理。无害化、减量化较彻底，但投入大，运行成本高。

2）干化污泥或污泥焚烧灰渣用于制砖原料。也可制成人工轻质填充料。

3）污泥焚烧灰渣与矿渣等混合可制成水泥。

4）污泥制成生化纤维板。利用其中粗蛋白经变性等处理后，与脱脂废纤维压制成生化纤维板。

5）污泥制陶粒。污泥干燥、焙烧等制成建筑用陶粒。

6）污泥气化，制成煤气加以利用。

7）污泥经炭化、活化后，可用于制作吸附剂、黏结剂、造纸和制塑添加剂等。

8）污泥湿式氧化技术，污泥低温热解制油，高温裂解制气。

本章思考题

1. 结合污泥处理工艺，解释污泥处理的四化目标。

2. 比较常用污泥浓缩工艺的优缺点有哪些？

3. 列举污泥消化系统在污泥处理工艺中的作用。

4. 为什么大部分的生化污泥若不做调理，机械脱水会相当困难？

5. 列举污泥填埋的注意事项。

6. 列举污泥农业利用的注意事项。

7. 污泥的含水率从 97.5% 降至 94%，污泥体积会发生怎样的变化？

第 7 章

废水处理机械设备与电气仪表

第1节　常用材料与管配件

学习目标

1. 了解废水处理所涉及的设备、管道及配件的材料种类和特性。
2. 熟悉废水处理所涉及的各种管配件的类型及特点。
3. 掌握管配件常用的几种连接方式的特点和要求。
4. 能识别废水处理所涉及的设备、管道及配件的常用材料。
5. 能选择使用常用的管配件。
6. 能熟练完成常用管配件的连接操作。

知识要求

一、常用材料

废水处理设备、管道及其配件使用的材料种类繁多，性能各异，根据它们的化学组成可分为金属材料和非金属材料。

1. 金属材料的性能

金属材料的种类很多，为了正确、合理地使用各种金属材料管件，应充分了解和掌握金属材料的性能。金属材料的性能包括物理性能、化学性能、力学性能和工艺性能。

（1）物理性能。金属材料的物理性能是指金属所固有的属性，它包括密度、熔点、导热性、导电性、热膨胀性和磁性等。

（2）化学性能。金属的化学性能是指金属在化学作用下所表现出来的性能，如耐腐蚀性、抗氧化性和化学稳定性。

（3）工艺性能。工艺性能是指金属材料对不同加工工艺方法的适应能力，它包括铸造性能、锻造性能、焊接性能和切削加工性能等。工艺性能直接影响到零件制造工艺和质量，是选材和制定零件工艺路线时必须考虑的因素之一。

2. 金属材料的分类

废水处理设备使用的金属材料主要为钢铁，所谓钢铁是指铁和碳、硅、锰、磷、硫以及少量其他元素所组成的合金，其中除铁以外，碳的含量对钢铁的力学性能起着重要的作用，因此，钢铁也统称为铁碳合金。按含碳量的多少，钢铁又分为生铁和碳钢。生铁是指含碳量大于 2% 的铁碳合金。碳钢是指含碳量小于 2% 的铁碳合金。

（1）生铁。生铁是含有非铁杂质较多的铁碳合金。生铁质硬而脆，缺乏韧性。生铁在大多数酸中耐腐蚀性很差，但在氨水及稀碱溶液中比较稳定，而当氢氧化钠的浓度超过 30% 时，生铁表面的氧化膜开始被破坏，温度越高，膜被破坏越严重。生铁在各种干燥的气体和有机溶剂中具有良好的耐腐蚀性能，但铁在潮湿的气体和水中很容易生锈。

生铁是高炉产品，按其用途可分为炼钢生铁和铸造生铁两大类。习惯上把炼钢生铁叫作生铁，把铸造生铁简称为铸铁。铸造生铁又可分为白口铸铁、灰铸铁、可锻铸铁、球墨铸铁和高硅铸铁等品种。

1）白口铸铁。白口铸铁中的碳全部以渗碳体形式存在，因此质硬而脆，在近中性或碱性溶液中具有很高的耐腐蚀性。

2）灰铸铁。灰铸铁中的碳全部或部分以片状石墨形态存在，所以它耐磨、消振，但强度和塑性比碳钢低，韧性也差。

3）可锻铸铁。可锻铸铁是由白口铸铁经过退火制成的，有良好的延展性。

4）球墨铸铁。球墨铸铁中的石墨以球状存在。它的强度、塑性和弹性都比灰铸铁好，有良好的消振性、耐磨性和抗氧化性，可以代替某些钢材，制造重要的机械零件。

5）高硅铸铁。含硅量为 14% ~ 18% 的铸铁称为高硅铸铁，有优良的耐腐蚀性能。

（2）碳钢。工业用的碳钢除含有铁和碳外，还含有少量冶炼时难以除净的其他元素，如硅、锰、硫、磷和微量的氧、氢等杂质。这些杂质和碳的含量及其形态对碳钢的性能有很大的影响。随着含碳量的增加，碳钢抗拉强度呈线性增加，而塑性和抗击强度则下降。

碳钢在盐酸、硝酸、硫酸和氢氧化钠等介质中的腐蚀情况与生铁基本相同。

3. 非金属材料的分类

废水处理设备使用的非金属材料主要包括非金属无机材料和有机高分子材料两大类。

（1）非金属无机材料。非金属无机材料种类繁多，主要有铸石、玻璃、搪瓷、水泥及其制品等。它们不仅原料便宜易得，更重要的是具有优良的耐腐蚀性能。

从材料的成分来看，非金属无机材料大部分是硅酸盐材料。硅酸盐材料具有优良的耐化学腐蚀能力，可耐酸的腐蚀，但耐碱性较差。

通常所说的混凝土大多数是指以普通硅酸盐水泥为胶结材料的水泥混凝土。如果把它和具有较高耐碱性的石灰石类（如石灰岩、白云石、大理石等）骨料相结合，再加入适当的外加剂等，就制成耐碱混凝土。

耐酸混凝土又称为水玻璃混凝土，它是以水玻璃为胶结材料，以氟硅酸钠为固化剂。耐酸混凝土具有良好的耐酸性能，可耐大多数无机酸和有机酸的腐蚀，也可耐某些有机溶剂的腐蚀。但它在水的长期作用下会溶解，所以不能用于长期浸水的工程设备。

（2）有机高分子材料。有机高分子材料通常指以树脂为主要成分，在一定温度和压力下被塑造成一定形状，并在常温下能保持形状的有机材料，常称为塑料。塑料种类繁多，常用的有聚乙烯塑料（PE）、聚氯乙烯塑料（PVC）、聚丙烯塑料（PP）、ABS塑料酚醛塑料（PF）、环氧塑料（EP）等。

（3）玻璃纤维增强复合材料。玻璃纤维增强复合材料俗称玻璃钢，它是以合成树脂为黏结剂，玻璃纤维及其制品为增强材料，经过一定的成型工艺制成的一类复合材料。

玻璃纤维增强复合材料质量轻，比强度高，耐腐蚀、耐热和电绝缘性能好，既可以用来制造整体耐腐蚀设备、管道和零部件，也可用来做设备的耐腐蚀衬里层和隔离层。

二、管配件的种类和连接

管道及其配件统称管配件。由管道及其配件才能构成流体流动的通道，因此流体输送离不开管配件。

1. 管配件种类

（1）管道

1）铸铁管。铸铁的耐腐蚀性能好，经久耐用，价格低廉，广泛用作上下水管道。缺点是质脆，不耐振动和弯折，质量大，表面粗糙。

2）钢管。钢管有无缝钢管和焊接钢管两种，废水处理装置常用焊接钢管。钢管的优点是强度大，能耐高压；韧性好，耐振动；质轻，长度长，连接时接头少。但易生锈，耐腐蚀性能差。

3）塑料管。塑料管有硬聚氯乙烯管（UPVC管）、聚乙烯管（PE管）、聚丙烯管（PP管）和聚丁烯管（ABS管）等，目前最常用的是UPVC管。

硬聚氯乙烯管有优良的化学稳定性，耐腐蚀，不受酸、碱、盐和油类等介质的侵蚀；具有很好的可塑性，在加热情况下容易加工成型；容易切割，安装方便；材质轻，密度为钢的1/5，铝的1/2；管内壁光滑，水头损失少。但强度低，不耐高压和高温，易老化，适用于压力较低的排水管道。

（2）配件。把管道安装成管路时，使管路能够连接、拐弯和分叉的附件通常称为配件。如弯头、三通、异径管等。按其功用，可大致分为五类：

1）改变管路的方向，如图7—1所示的1、3、6、13各种管件。

2）连接管路支管，如图7—1所示的2、4、5、7、12各种管件。

3）改变管路的直径，如图7—1所示的10、11等。

4）堵塞管路，如图7—1所示的8及14。

5）连接两管，如图7—1所示的9及15。

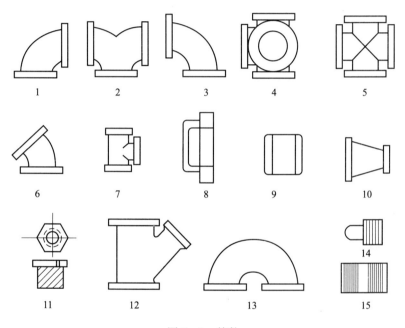

图7—1　管件

1—90°肘管或称弯头　2—双曲肘管　3—长颈肘管　4—偏面四通管　5—四通管

6—45°肘管或弯头　7—三通管　8—管帽　9—轴节或内牙管　10—缩小连接管

11—内外牙　12—Y形管　13—回弯头　14—管塞或丝堵　15—外牙管

除上述各种配件外还有其他多种样式，配件均有一定的标准规格，可在有关手册中查到。

2. 管配件的连接

管道连接可分为：螺纹连接、法兰连接、承插连接、焊接连接和黏合连接五种方式。应根据管材和连接要求选择适当的连接方式。

（1）螺纹连接。螺纹连接适用于管径 DN≤50 mm、工作压强小于 1.0 MPa 的废水管道。管螺纹分圆锥管螺纹和圆柱管螺纹两种。圆锥管螺纹用于管道接口，圆柱管螺纹用于活接头等管件。用螺纹连接管件时，应先根据管道输送流体性质选用相应填料，以使连接严密、无渗漏。螺纹上紧时注意不应用力过猛，以免损坏零件，上紧后连接处突出的填料应清理干净。

（2）法兰连接。法兰连接常用于管道与管道、管道与设备或者阀门等的连接。其优点是结合面紧密、强度高、方便拆卸、能满足不同材质管道的连接，但不宜用于埋地管道的连接，因螺栓易锈蚀，拆卸困难。

连接法兰前应将其密封面清理干净，焊缝高出密封面部分应锉平，垫圈放置应平整。安装时必须使法兰密封面与管子中心线垂直。拧法兰螺栓时，要对称、均匀拧紧。严禁先拧紧一侧，再拧另一侧。法兰垫片材质应根据管道输送的流体性质选择，其内圆不应小于管内径，外径不应大于法兰盘的凸面边缘。

（3）承插连接。带承插接口的铸铁管采用承插连接。承插连接分嵌缝和密封两道工序。嵌缝是用油麻或橡胶圈将承插口填满并压实，然后用密封填料将承插口密封，保证管道中流体不渗漏。常用的填料有石棉水泥填料、自应力水泥砂浆填料、石膏水泥填料、青铅填料和水泥砂浆填料等。

承插式连接还可用胶水黏结接口。施工时先用干布揩拭管端和承插口内表面，然后在管端外表面及承插口内涂一薄层黏结剂，再将管子插入承插口，并转动半圈，使黏结剂涂布均匀，用抹布擦掉插口外多余的黏结剂，待自然干燥即可。

（4）焊接连接。焊接连接是一种可靠性很高的连接方法，适用于高温高压管道的连接，但拆卸不方便，焊缝较易腐蚀，因此常用于不需要经常拆卸的管道连接。

（5）黏合连接。黏合连接常应用于塑料管的连接。硬聚氯乙烯管采用黏合式连接。黏合前管子承接口表面要求干燥、清洁，最好用丙酮或二氯乙烷擦洗干净。接口上涂一层薄而均匀的黏结剂使之黏合。将连接管插入，接头必须插足，为保证连接质量，还可在接口处用焊条焊接。若在光滑表面进行黏结、焊接时，必须用砂纸或刮刀将局部打毛。管道与阀门黏结时应防止胶水流入阀门，使阀门报废。

第 2 节　阀　　门

 **学习目标**

1. 熟悉阀门的类型、结构和原理。
2. 掌握阀门型号和表示方法。

3. 了解阀门的使用和保养要求。

4. 能规范阀门的使用和遵循阀门的维护要求。

 知识要求

阀门是流体输送系统中的控制部件，具有截止、调节、导流、防止逆流、稳压、分流或溢流泄压等功能。在废水处理设施中，阀门被广泛用于控制流体的流量或者完全截断流体的流动。

一、阀门的基本参数

阀门的基本参数包括公称压力（PN）、公称通径（DN）和工作温度（T）。对于配备于管道上的各类阀门，常用公称压力和公称通径作为基本参数。

公称压力是指某种材料的阀门在规定的温度下，所允许承受的最大工作压力。通常用PN数值（公称压力值）表示，例如PN1.6（16）表示公称压力为 1.6 MPa，括号内的数值为常用单位的压力值，即 16 bar≈16 kgf/cm^2。

公称通径指阀体与管道连接端部的名义内径，以 DN 表示，单位为 mm。同一公称直径的阀门与管道以及管路附件均能相互连接，具有互换性。

工作温度指阀门在适用介质下的温度。

二、阀门的分类

阀门通常由阀体、阀盖、阀座、启闭件、驱动机构、密封件和紧固件等组成。

1. 按阀门的结构分类

接阀门的结构分为闸阀、旋塞阀、球阀、蝶阀、隔膜阀、夹管阀等。

2. 按阀门的作用分类

污水处理工程常用阀门的类型与代号见表 7—1。

表 7—1 阀门的类型与代号

阀门类型	代号	阀门类型	代号
安全阀	A	球阀	Q
蝶阀	D	调节阀	T
隔膜阀	G	旋塞阀	X
止回阀	H	减压阀	Y
截止阀	J	闸阀	Z

（1）截断阀。截断阀又称闭路阀，其作用是接通或截断管路中的介质。截断阀包括闸阀、截止阀、旋塞阀、蝶阀和隔膜阀等。

（2）止回阀。止回阀又称单向阀或逆止阀，其作用是防止管路中介质的倒流。如水泵吸水底阀属于止回阀。

（3）安全阀。安全阀类的作用是防止管路或装置中的介质压力超过规定数值，以保护后续设备的安全运行。

（4）调节阀。调节阀的作用是调节介质的压力、流量等参数。

（5）分流阀。分流阀包括各种分配阀和疏水阀等，其作用是分配、分离或混合管路中的介质。

3. 按阀门驱动方式分类

阀门驱动方式与代号见表7—2。

表7—2　　　　　　　　　　　　阀门的驱动方式与代号

驱动方式	代号	驱动方式	代号
电磁	0	锥齿轮	5
电磁—液动	1	气动	6
电—液动	2	液动	7
涡轮	3	气—液动	8
正齿轮	4	电动	9

（1）自动阀。指不需要外力驱动，而是依靠介质自身的能量来使阀门动作的阀门，如安全阀、减压阀、疏水阀、止回阀、自动调节阀等。

（2）动力驱动阀。动力驱动阀可以利用各种动力源进行驱动。包括借助电力驱动的电动阀、借助压缩空气驱动的气动阀、借助油等液体压力驱动的液动阀，还有各种驱动方式的组合，如气—电动阀等。

（3）手动阀。手动阀是借助手轮、手柄、杠杆、链轮等部件，由人力来操纵阀门动作。当阀门启闭力矩较大时，可在手轮和阀杆间设置齿轮或涡轮减速器。必要时，也可以用万向接头及传动轴进行远距离操作。

4. 按连接方法分类

可分为螺纹连接阀门、法兰连接阀门、焊接连接阀门、卡箍连接阀门、卡套连接阀门、对夹连接阀门六种。阀门连接形式与代号见表7—3。

表 7—3　　　　　　　　　　　　阀门连接形式与代号

连接形式	代号	连接形式	代号
内螺纹	1	对焊接	6b
外螺纹	2	对夹	7
法兰	4	卡箍	8
承插焊	6b	卡套	9

5. 阀门型号表示规范

阀门型号表示由七个要素组成，依次为：类型代号—传动方式代号—连接形式代号—结构形式代号—阀座密封面或衬里材料代号—公称压力—阀体材料。

三、废水处理常用阀门

污水处理管道上主要是通用阀门，包括闸阀、球阀、蝶阀、截止阀和止回阀等。

1. 闸阀

闸阀的流通介质可以是清水、污水、污泥、浮渣，也可以是油或气体。它的流通直径一般为 50~1 000 mm，最大工作压强可达 2~4 MPa。闸阀是指闸板在阀杆的带动下，沿通路中心线的垂直方向上下移动而到达启闭目的的阀门。闸阀是使用范围很广的一种阀门，一般 DN≥50 的切断装置都选用闸阀。闸阀作为截止介质使用，在全开时整个管路系统直通，此时介质运行的压力损失最小。闸阀通常适用于闸板全开或全闭且不需要经常启闭的工况。闸阀在管路中不适用于作为调节或节流使用，对于高速流动的介质，闸板在局部开启状况下可能引起闸门的振动，振动可能损伤闸板和阀座的密封面，而节流会使闸板受到介质的冲蚀。

闸阀由阀体、闸板、密封件和启闭装置组成。图 7—2 为明杆楔式单闸板闸阀结构。闸板启闭方式为往复平动，为了防止泄漏，闸板的两个平面及两个侧面都必须与阀体形成良好的密封，因此阀体与闸板接触的一个狭长的缝隙要镶以用青铜、橡胶或者尼龙制的密封件。为了排除淤积在闸板的插缝里的杂质，闸板下部的弧形面大都做成楔形或者疏齿形。闸阀的启闭装置有明杆与暗杆，手动、电动或液压之分。

闸阀的优点是当阀门全开时通道完全无障碍，所以流体通过闸阀时的阻力最小；闸阀启闭时闸板运动方向与介质流动方向相垂直，所以启闭力矩小，启闭较省力；介质流动方向不受限制，不扰流、不降低压力；介质从闸阀两侧任意方向流过时，均能达到使用的目的，适用于介质流动方向可能改变的管路中；闸阀的闸板是垂直置于阀体内的，结构长度较短；密封性能好，全开时密封面受冲蚀较小；形体比较简单，铸造工艺性较好，适用范围广。

闸阀的缺点是启闭时，闸板与阀座相接触的两密封之间有相对摩擦，易损伤，影响密封件性能与使用寿命，维修比较困难；启闭时间一般较长；外形尺寸高，安装所需空间较大；结构复杂，零件较多，给制造加工和维修增加困难。

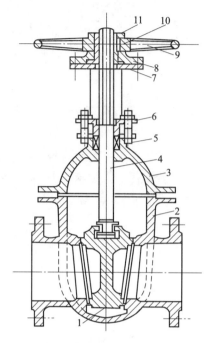

图 7—2　明杆楔式单闸板闸阀

1—楔式单闸板　2—阀体　3—阀盖　4—阀杆　5—填料　6—填料压盖

7—套筒螺母　8—压紧环　9—手轮　10—键　11—压紧螺母

2. 蝶阀

蝶阀是废水处理中使用得最广泛的一种阀门，它的流通介质有污水、清水、活性污泥、曝气用低压气体等，其最大流通直径可超过 2 m。蝶阀是用圆形蝶板作启闭件并随阀杆转动来开启、关闭和调节流体通道的一种阀门。蝶阀由阀体、内衬、蝶板及启闭机构几部分组成。阀体一般由铸铁制成，特殊的也用不锈钢及工程塑料等制作，它与管道的连接方式大部分为法兰盘。内衬的主要作用是实现阀体与蝶板的密封，避免介质与铸铁阀体的接触以及实现法兰盘密封。内衬多使用橡胶材料或者尼龙材料制成。蝶板的运动方式为转动，安装于管道的直径方向。在蝶阀阀体圆柱形通道内，圆形蝶板绕着轴线旋转，旋转角度为 0°～90°，旋转到 90° 时，阀门则呈全开状态。蝶阀如图 7—3 所示。

蝶阀的优点是启闭方便迅速、省力、流体阻力小，结

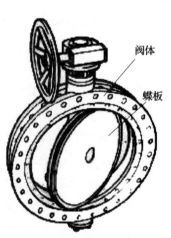

图 7—3　蝶阀

构简单，体积小，重量轻，调节性能好，低压下可以实现良好的密封。缺点是阀门开启后，蝶板仍横在流道中心，会对介质的流动产生阻力，介质中的杂物会在蝶板上造成缠绕。因此在浮渣管道或者介质中含浮渣较多的管道中应避免使用蝶阀。另外在蝶阀闭合时，如蝶板附近有较多泥沙，泥沙会阻碍蝶板再次开启。

3. 球阀

球阀的特点是阀芯为球形，中间有通径相同的通孔。阀门的启闭方式与蝶阀一样为阀芯的转动。当通孔的轴向位置与介质流动的方向平行时，阀门为全开；当通孔的位置与介质流动的方向垂直时，阀门为全闭合。因此在介质流通的管道中无任何障碍，即使在关闭时有泥沙淤积也不会阻碍重新开启。图7—4是一种小型球阀的结构图。球阀的密封性好，动作灵活，适应介质广泛，一些球阀可以承受20 MPa的压强。在污水处理厂，球阀常用在含杂物较多的中小型管道，如污泥、浮渣管道中。另外利用其密闭性好、耐压高的特点，在污泥消化处理系统的沼气管道上也常常使用球阀。缺点是与前述两种阀门相比，相同通径的球阀的体积、质量要大得多，成本也要高一些。基于这一原因，大于400 mm通径的球阀一般不多见。

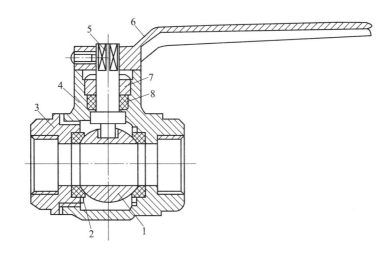

图7—4 球阀

1—浮动球 2—固定密封阀座 3—阀盖 4—阀体

5—阀杆 6—手柄 7—填料压盖 8—填料

4. 截止阀

截止阀启闭件是塞形的阀瓣，密闭面呈平面或锥面，阀瓣沿流体的中心线作垂直运动。控制阀瓣的阀杆运动形式有升降杆式（阀杆升降，手轮不升降），也有升降旋转杆式

（手轮与阀杆一起旋转升降，螺母设在阀体上）。截止阀只适用于全开和全关，不允许作调节和节流之用。截止阀的结构如图7—5所示。

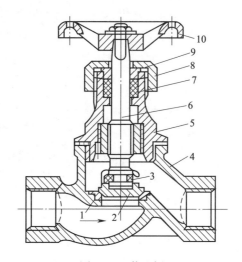

图7—5　截止阀

1—阀座　2—阀盘　3—铁丝圈　4—阀体　5—阀盖　6—阀杆

7—填料　8—填料压盖螺帽　9—填料压盖　10—手轮

　　截止阀属于强制密封式阀门。在阀门关闭时，必须向阀瓣下方施加压力，以强制密封面不泄漏。近年来，自动密封阀门出现后，截止阀的介质流向就改由阀瓣上方进入阀腔，在介质压力的作用下，关阀门的力小，而开阀门的力大，阀杆的直径也可以相应地减少；同时，在介质作用下，阀门封闭也较严密。

　　截止阀主要起到切断管路中介质的作用，开启高度小，关闭时间短，制造与维修方便，密封面不易磨损、擦伤，密封性能较好、使用寿命长，但调节性能较差。截止阀的阀体结构曲折，因此流阻大，能量消耗大。截止阀适用于蒸汽、油品等介质，不宜用于黏度较大、带颗粒、易结焦、易沉淀的介质。

　　5. 止回阀

　　止回阀又称为逆流阀、逆止阀、单向阀。这类阀门靠管路中介质本身的流动产生的力而自动开启和关闭，属于自动阀门的一种，如图7—6所示。其作用是只允许流体向一个方向流动，一旦流体倒流就自动关闭。止回阀按结构不同，分为升降式和旋启式两类。升降式止回阀的阀盘是垂直于阀体通道作升降运动的，一般安装在水平管路上，立式的升降式止回阀则应安装在垂直管路上；旋启式止回阀的摇板是围绕密封面做旋转运动，一般安装在水平管道上。止回阀一般适用于清净介质的管路中，在含有固体颗粒和黏度较大的介质管路中，不宜采用。

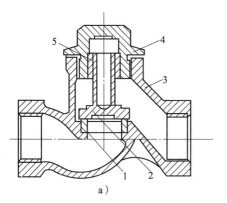

a)

b)

图7—6　止回阀

a) 升降式止回阀

1—阀座　2—阀盘　3—阀体

4—阀盖　5—导向套筒

b) 旋启式止回阀

1—阀座密封圈　2—摇板　3—摇杆　4—阀体

5—阀盖　6—定位紧固螺钉与锁母　7—枢轴

6. 安全阀

安全阀是一种截断装置，当超过规定的工作压强时，它便自动开启，而当恢复到原来的压强时，则自动关闭。其适用于预防蒸汽锅炉、容器和管路内压强升高到规定的压强范围以外的情况。

安全阀可分为两种类型，即弹簧型和重锤式，如图7—7所示。

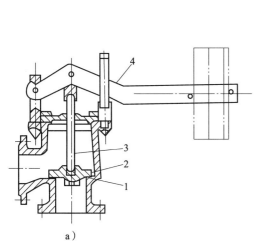

a)

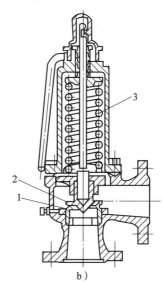

b)

图7—7　安全阀

a) 重锤式安全阀

1—阀座　2—阀芯　3—阀杆　4—附有重锤的杠杆

b) 弹簧式安全阀

1—阀座　2—阀芯　3—弹簧

弹簧式安全阀，主要依靠弹簧的作用达到密封。当设备或管内压强超过弹簧的弹力时，阀芯被介质顶开，内部流体排出，使压强降低。一旦内部压强降到与弹簧压强平衡时，阀门则自动关闭。此阀一般应用在移动式设备上和不能水平安装杠杆式安全阀的地方。而重锤式安全阀，主要靠杠杆上的重锤作用力来达到密封。在最大的允许压强下，流体加于阀芯上的压强为杠杆上重锤所平衡，而当超过了规定的压强时，阀芯便被顶起离开了阀座，使流体与外界相通。杠杆式安全阀多用在固定式设备上。

四、阀门的使用与保养

1. 阀门的使用

对于阀门，首先应学会正确操作，才能有利于维护与保养。

（1）手动阀门的开闭。手动阀门是使用最广的阀门，它的手轮或手柄，是按照普通的人力来设计的，考虑了密封面的强度和必要的关闭力。因此不能用长杠杆或长扳手来扳动。有些人习惯于使用扳手，应严格注意，不要用力过大过猛，否则容易损坏密封面，或扳断手轮、手柄。

1）启闭阀门，用力应该平稳，不可冲击。某些冲击启闭的高压阀门各部件已经考虑了这种冲击力。

2）对于蒸气阀门，开启前，应预先加热，并排除凝结水，开启时，应尽量徐缓，以免发生水击现象，水击现象是指在压力管道中，由于液体流速的急剧改变，从而造成瞬时压力显著、反复、迅速变化的现象，也称水锤。

3）当阀门全开后，应将手轮倒转少许，使螺纹之间严紧，以免松动损伤。

4）对于明杆阀门，要记住全开和全闭时的阀杆位置，避免全开时撞击上死点，并便于检查全闭时是否正常。假如阀瓣脱落，或阀芯密封之间嵌入较大杂物，全闭时的阀杆位置就要变化。

5）管路初用时，内部杂物较多，可将阀门微启，利用介质的高速流动，将其冲走，然后轻轻关闭（不能快闭、猛闭，以防残留杂质夹伤密封面），再次开启，如此重复多次，冲净杂物，再投入正常工作。

6）常开阀门，密封面上可能粘有脏物，关闭时也要用上述方法将其冲刷干净，然后正式关严。

7）如手轮、手柄损坏或丢失，应立即配齐，不可用活络扳手代替，以免损坏阀杆四方，启闭不灵，以致在生产中发生事故。

8）某些介质会在阀门关闭后冷却，使阀件收缩，操作人员就应于适当时间再关闭一次，让密封面不留细缝；否则，介质从细缝高速流过，很容易冲蚀密封面。

9）操作时，如发现操作过于费劲，应分析原因。若填料太紧，可适当放松，如阀杆歪斜，应通知人员修理。有的阀门在关闭状态时，关闭件受热膨胀，造成开启困难；如必须在此时开启，可将阀盖螺纹拧松半圈至一圈，消除阀杆应力，然后扳动手轮。

（2）注意事项

1）200℃以上的高温阀门，由于安装时处于常温，而正常使用后，温度升高，螺栓受热膨胀，间隙加大，所以必须再次拧紧，叫作"热紧"，操作人员要注意这一工作，否则容易发生泄漏。

2）天气寒冷时，水阀长期闭停，应将阀后积水排除。汽阀停汽后，也要排除凝结水。阀底如有丝堵，可将它打开排水。

3）非金属阀门，有的硬脆，有的强度较低，操作时，开闭用力不能太大，尤其不能使猛劲。还要注意避免物件磕碰。

4）新阀门使用时，填料不要压得太紧，以不漏为度，以免阀杆受压太大，加快磨损，而又启闭费劲。

2. 维护

对阀门的维护，可分两种情况：一种是保管维护，另一种是使用维护。

（1）保管维护。保管维护的目的，是不让阀门在保管中损坏，或降低质量。而实际上，保管不当是阀门损坏的重要原因之一。

阀门保管，应该井井有条，小阀门放在货架上，大阀门可在库房地面上整齐排列，不能乱堆乱垛，也不要让法兰连接面接触地面，这不仅是为了美观，主要是保护阀门不致碰坏。由于保管和搬运不当，手轮打碎，阀杆碰歪，手轮与阀杆的固定螺母松脱丢失等，这些不必要的损失，都应该避免。

对短期内暂不使用的阀门，应取出石棉填料，以免产生电化学腐蚀，损坏阀杆；对刚进库的阀门，要进行检查，如在运输过程中进了雨水或污物，要擦拭干净，再予存放；阀门进出口要用蜡纸或塑料片封住，以防进去脏东西；对容易在大气中生锈的阀门加工面要涂防锈油，加以保护；放置室外的阀门，必须盖上油毡或苫布之类防雨、防尘物品；存放阀门的仓库要保持清洁干燥。

（2）使用维护。使用维护的目的，在于延长阀门寿命和保证启闭可靠。

阀杆螺纹，经常与阀杆螺母摩擦，要涂一点黄干油、二硫化钼或石墨粉，起润滑作用。不经常启闭的阀门，也要定期转动手轮，对阀杆螺纹添加润滑剂，以防咬住。

室外阀门，要对阀杆加保护套，以防雨、雪、尘土锈污；如阀门系机械传动，要按时对变速箱添加润滑油。

要经常保持阀门的清洁。经常检查并保持阀门零部件的完整性。如手轮的固定螺母脱落，要配齐、不能凑合使用，否则会磨圆阀杆上部的四方，逐渐失去配合可靠性，乃至不能开动。

不要依靠阀门支持其他重物，不要在阀门上站立。阀杆，特别是螺纹部分，要经常擦拭，对已经被尘土弄脏的润滑剂要及时更换，因为尘土中含有硬杂物，容易磨损螺纹和阀杆表面，影响使用寿命。

第3节　水　　泵

 学习目标

1. 熟悉水泵的类型、结构和工作原理。
2. 掌握水泵的主要工作参数、特性曲线和常用水泵型号的表示方法。
3. 掌握水泵的启动、停止操作要求。
4. 熟悉常用水泵和识读常用水泵的铭牌。
5. 能熟练完成常用水泵的启动操作和停机操作。

 知识要求

一、水泵概述

泵是一种将能量传递给被抽送液体，实现提升液体、输送液体或者使液体增加动能或者势能的机械。在废水处理厂，水泵类设备占机械设备总投资额的15%以上，是主要耗能设备和动力设备。

1. 泵的种类

由于应用场合、性能参数、输送介质和使用要求的不同，泵的种类及规格繁多，结构及形式多样。泵按工作原理可分为叶片式泵、容积式泵和其他类型泵三大类。叶片式泵如离心泵、混流泵、排污泵、轴流泵等。容积式泵如柱塞（活塞）泵、隔膜泵、螺杆泵等。其他类型泵如螺旋泵、喷射泵、射流泵、空气升液泵、电磁泵等。

（1）叶片泵。叶片式泵的特点是依靠叶轮的高速旋转以完成能量的转换。由于叶轮中叶片形状不同，旋转时水流通过叶轮受到的质量力就不同，水流流出叶轮时的方向也就不同，根据叶轮出水的水流方向可将叶片式水泵分为径向流、轴向流和斜向流三种。径向流的叶轮称为离心泵，流体质点在叶轮中流动时主要受到的是离心力作用。轴向流的叶轮称为轴流泵，液体质点在叶轮中流动时主要受到的是轴向升力的作用。斜向流的叶轮称为混流泵，它是上述两种叶轮的过渡形式，液体质点在这种水泵叶轮中流动时，既受离心力的作用，又有轴向升力的作用。在城镇污水处理工程中，大量使用的水泵是叶片式水泵，其中以离心泵最为普遍。

叶片式泵是依靠高速旋转的具有叶片的工作轮，将旋转时产生的离心力传给流体介质，使流体获得能量，达到增压和输送的效果。离心泵具有效率高、启动迅速、工作稳定、性能可靠、容易调节等优点，在污废水系统中被广泛采用。

（2）容积泵。容积式泵是依靠泵内机械运动的作用，使泵内工作室的容积发生周期性的变化，对液体产生吸入和压出的作用，使液体获得能量，实现对流体的增压和输送。其形式有活（柱）塞式、齿轮式、隔膜式、螺杆式等。

（3）其他类型泵是指除叶片泵和容积泵以外的一些特殊类型的泵，如射流泵、水锤泵、水环式真空泵等。这些泵的工作原理各不相同，如射流泵是利用调整气体或液体在一种特殊形状的管段（喉管）中运动，产生负压的抽吸作用来输送液体；水锤泵是利用水流从高处下泄的冲力，在阀门突然关闭时产生的水锤压力，把水送到更高的位置。

2. 泵的性能参数

（1）流量 Q。流量是泵在单位时间内输送出去的水量，用 Q 表示。水流量有体积流量和质量流量之分，常用单位有：m^3/s，m^3/h，L/s，kg/s 等。

（2）扬程 H。扬程是泵所抽送的单位重量液体从泵进口处到泵出口处能量的增值，又称为压头。其单位为 J/N 或 m，即泵抽送液体的液柱高度，习惯简称为米。泵的扬程是水的提升高度、水的静压增加值以及在输送水的过程中克服的管路阻力三项之和。

（3）转速 n。泵的转速是指单位时间内转子的回转数，泵的转速用 n 来表示，单位是 r/min。

（4）功率和效率。描述泵的功率有轴功率 N 和有效功率 N_e 两种形式。

轴功率：指泵的输入功率，即电动机输送给水泵的功率。用符号 N 表示，常用单位为 kW。

有效功率：指泵的输出功率，即单位时间内流过离心泵的水得到的能量，用符号 Ne 表示，单位为 J/s 或 W。泵在运行过程中，存在各种能量损失，因此轴功率不可能完全传给水，即泵的轴功率大于泵的有效功率。有效功率和轴功率之比，称为泵的效率，以 η 表示，即

$$\eta = \frac{Ne}{N}$$

泵的效率反映了泵对外加能量的利用程度。泵的效率与泵的大小、类型、制造精密程度和所输送液体的性质有关。一般小型泵的效率为50%～77%，大型泵可达90%左右。

（5）允许吸上真空高度。允许吸上真空高度指当泵轴线高于水池液面时，为了防止发生汽蚀现象，所允许的泵轴线距吸水池液面的垂直高度（即最大的安装高度），即在一个标准大气压下、水温为20℃时水泵进口处允许达到的最大真空高度，用 H_s 表示，单位：m。允许吸上真空高度 H_s 是随流量变化的，一般来说，流量增加，H_s 下降。当泵轴线低于水池液面时，可不考虑此项参数。

3. 泵的型号组成及含义

泵的型号表明了泵的结构、类型、特点、大小和工作性能，常用泵的型号组成及其意义见表7—4。

表7—4　　　　　　　　　　　　常用泵的型号及其意义

泵型	举例	说明
IS 型	IS80 – 65 – 100	IS – 符合 ISO 标准的单级单吸悬臂式清水离心泵 80 – 泵吸入口直径（mm） 65 – 泵压出口直径 100 – 叶轮的名义直径（mm）
SH 型	10sh – 25 A	10 – 泵的吸入口直径（in） sh – 单级双吸、泵壳水平中开卧式离心泵 25 – 泵比转数的1/10，即该泵的比转数为250 A – 该泵的原型叶轮外径第一次切割标记（B、C 为第二次、第三次）
ZLB 型	28ZLB – 70	28 – 泵的出口直径为28 in（700 mm） Z – 轴流泵 L – 立式结构 B – 该泵为半调节式叶片 70 – 泵比转数的1/10（泵的比转数为700）
ZLB 型	700ZLB1.3 – 7.2	700 – 泵的出口直径为700 mm Z – 轴流泵 L – 立式结构 B – 该泵为半调节式叶片 1.3 – 流量为 1.3 m³/s（叶片安装角度为零度） 7.2 – 扬程为7.2 m（叶片安装角度为零度）

泵型	举例	说明
PW 型	6PWL	6 – 泵出口直径为 6 in（150 mm） P – 杂质泵 W – 污水 L – 立式
HB 型	12HBC – 40	12 – 泵的吸入口直径为 12 in（300 mm） H – 混流泵 B – 单级单吸悬臂式涡壳泵 C – 改进标志（经过一次改进） 40 – 泵比转数的 1/10（泵的比转数为 400）
SZB 型	SZB – 8	S – 水环式 Z – 真空泵 B – 悬臂式 8 – 抽气量（L/s）
QW 型	350 – QW – 1 000 – 36 – 160	350 – 泵的排出口直径为 350 mm QW – 潜水排污泵 1000 – 泵的流量（m^3/s） 36 – 泵的扬程 160 – 配套电动机功率
FB（M、B）型	FB（M、B）150 – 25	F – 耐腐蚀泵（F 系列） B（M、B）– 材料代号 150 – 泵吸入直径（mm） 25 – 水泵扬程（m）

二、污水处理厂的常用泵

1. 离心泵

（1）离心泵的结构和工作原理。离心泵是一种叶片式泵。图 7—8 所示为一台离心泵的装置简图。其基本结构是高速旋转的叶轮 1 和固定的蜗牛型泵壳 2，叶轮紧固在泵轴 3 上，并随轴外界驱动做高速旋转。泵的吸入口 4 与吸入管 5 相连接，排出口 8 与排出管 9 相连接。泵运转时液体由入口 4 沿轴向垂直地进入叶轮中央，在叶片间通过而进入泵壳，最后从排出口 8 排出。吸入管路的末端有单向底阀 6 及滤网 7，前者是用以防止杂物进入泵壳或管路。排出管路上装有调节阀 10，用以调节泵的流量。

离心泵的工作原理如下。在启动前，需先向泵壳内灌满被输送的液体。在启动后，泵轴就带动叶轮一起旋转。此时，处在叶片间的液体在叶片的推动下也旋转起来，因而液体便获得了离心力。在离心力的作用下，液体以极高的速度（15～25 m/s）从叶轮中心抛向外缘，获得很高的动能，液体离开叶轮进入泵壳后，由于泵壳中流道逐渐加宽，液体的流速逐渐降低，又将部分动能转变为静压能，使泵出口处液体的压强进一步提高，而从泵的排出口进入排出管路，输送到所需要的地方。这就是离心泵排液过程的工作原理。

当泵内液体从叶轮中心被抛向外缘时，会在中心处形成低压区，这时储槽液面上方在大气压强的作用下，液体便经过滤网7和底阀6沿吸入管5而进入泵壳内，以填充被排除液体的位置。这就是离心泵吸液过程的工作原理。

只要叶轮不断地旋转，液体便不断地被吸入和排出，由此可见，离心泵之所以能输送液体，主要是依靠高速旋转的叶轮产生的离心力，使液体在离心力的作用下获得了能量，所以称为离心泵。

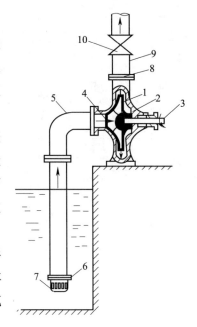

图7—8　离心泵的装置简图
1—叶轮　2—蜗壳　3—泵轴　4—吸入口
5—吸入管　6 单向底阀　7—滤网
8—排出口　9—排出管　10—调节阀

离心泵启动时，如果泵壳与吸入管路没有充满液体，在泵壳内充有空气，则由于空气的密度远小于液体的密度，叶轮带动空气旋转所产生的离心力，就不足以造成吸上液体所需要的真空度，此时储槽液面与泵吸入口处的静压强差很小，不能推动液体流入泵内。此种由于泵内存气，启动离心泵而不能输送液体的现象称为"气缚"。底阀6是一个单向阀，它可以保证第二次开泵时，使泵内容易充满液体。

（2）离心泵的主要部件

1）叶轮。叶轮的作用是将电动机的机械能传给液体，提高液体的动能和静压能。叶轮按其机械结构可分为闭式、半开式和开式三种，如图7—9所示。图7—9a 为闭式叶轮，叶轮内有4～12片后弯曲形式的叶片1，叶片两侧有前盖板2及后盖板3。液体从叶轮中央入口进入后，经两盖板与叶片之间的流道而流向叶轮外缘。适用于输送不含杂质的清洁液体，效率高。图7—9b 为半开式叶轮，只有后盖板而无前盖板，适用于输送易沉淀或有颗粒的物料，效率较低。图7—9c 为开式叶轮，叶片两侧均无盖板，制造简单，清洗方便，适用于输送含有较大量悬浮物的物料，但由于没有盖板，液体在叶片间运动时容易发生倒流，故效率低。

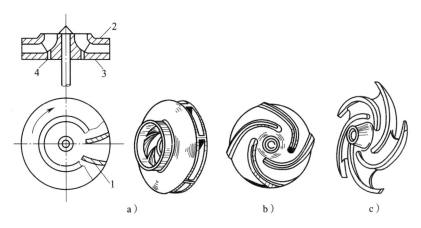

图7—9 叶轮的类型

a）闭式 b）半开式 c）开式

按吸液方式的不同，叶轮可分为单吸式和双吸式两种。单吸式叶轮的结构简单，如图7—10a 所示，液体只能从叶轮一侧被吸入。双吸式叶轮如图7—10b 所示，液体可同时从叶轮两侧吸入。显然，双吸式叶轮具有较大的吸液能力，而且基本上消除了轴向推力。

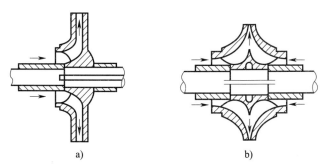

图7—10 吸液方式

a）单吸式 b）双吸式

叶轮的材料一般采用铸铁、铸钢、青铜玻璃钢等，选择叶轮材料时，主要考虑机械强度，耐腐蚀和耐磨性能。离心泵运行时如果发生汽蚀，那么叶轮是受汽蚀损坏最主要的零件，一般表现在叶轮的背面。双吸式叶轮从双面进水，轴向力相互抵消，故理论上双吸叶轮没有轴向力。

2）泵壳。离心泵的泵壳又称为蜗壳，因为壳内壁与叶轮的外缘之间形成一个截面积逐渐扩大的蜗牛壳形通道，如图7—11所示。叶轮在壳内顺着壳形通道逐渐扩大的方向旋转，越接近液体出口，通道截面积越大。从叶轮外缘甩出的液体，在此通道内逐渐减速，减少了能量损失，且使相当大的一部分动能在这里转变为静压能。所以泵壳不仅是一个汇集和导出液体的部件，而且本身还是一个换能装置。对于较大的泵，为了减少液体直接进入蜗壳时的碰撞，在叶轮与泵壳之间还装有一个固定不动而带有叶片的圆盘称为导轮，如图 7—12 所示。由于导轮具有很多逐渐转向的流道，使高速液体流过时能均匀而缓和地将动能变为静压能，以减少能量损失。

图 7—11　泵壳及泵壳内流体流动情况

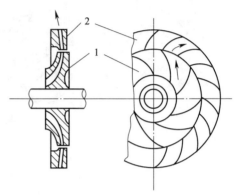

图 7—12　离心泵的导轮
1—叶轮　2—导轮

3）泵轴。泵轴是用来传递电动机扭矩的零件，在泵中靠它来旋转泵叶轮，泵轴的结构由泵的整体结构来确定。泵轴必须有足够的强度和刚度，保证弯曲变形程度不超过允许值，工作转速远离临界转速。对于刚性轴而言，一般工作转速不超过第一临界转速的 80%。

4）轴封装置。泵轴与壳之间的密封称为轴封，轴封的作用是防止泵内高压液体从泵壳内沿轴的四周而漏出，或者外界空气沿轴漏入泵壳内。常用的轴封装置有填料密封和机械密封两种。

①填料密封。填料密封的装置称作填料函，俗称盘根箱，如图 7—13 所示。图中 1 是和泵壳连在一起的填料函壳；2 是软填料，一般为浸油或涂石墨的石棉绳；4 是填料压盖，可用螺钉拧紧，把填料压紧在填料函壳与转轴之间，并迫使它变形来达到密封的目的，泵壳与转轴接触处则是泵内的低压区，这时为了更好地防止空气从填料函不严密处漏入泵内，故在填料函内有液封圈 3，如图 7—14 所示。液封圈是一个金属环，环上开了一些径向的小孔，通过填料函壳上的小管可以和泵的排出口相通，使泵内高压液体顺小管流入液封槽内，以防止空气漏入泵内，所引入的液体还能起到润滑、冷却作用。

②机械密封。对于输送酸、碱以及易燃、易爆、有毒的液体，密封要求较高，既不允许漏入空气，又要力求不让液体渗出，近年来已多采用机械密封装置，如图 7—15 所示。它是由一个装在轴上的动环和另一个固定在泵壳上的静环所组成。在泵运转时，两环的端面借弹簧力的作用互相贴紧而做相对运动，起到密封的作用，故又称端面密封。

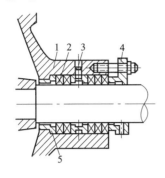

图7—13　填料函　　　　　　　　　　图7—14　液封圈

1—填料函壳　2—软填料　3—液封圈

4—填料压盖　5—内衬套

机械密封与填料密封比较，有以下优点：密封性能好，使用寿命长，轴不易被磨损，功率消耗小。其缺点是零件加工精度高，机械加工复杂，对安装的技术条件要求比较严格，装卸和更换零件也比较麻烦，价格也比填料函高得多。

5）联轴器。电动机的转矩要由联轴器传递给水泵。联轴器俗称"背靠轮"，有刚性和挠性两种。刚性联轴器实际上就是两个法兰的连接，它对于泵轴与电动机轴的不同心度，在连接中无法调节，因此，要求安装精度高。常用于小型水泵机组和立式泵机组的连接。

图7—16为常用的圆盘形挠性联轴器，它实际上是钢柱销带有弹性橡胶圈的联轴器，有两个圆盘，用平键分别将泵轴和电动机轴相连接。一般大中型卧式机组安装中，因机轴有少量偏心而引起的轴周期性的应力和振动常采用这种挠性联轴器。在机组的运行过程中，应定期检查橡胶圈的完好情况，以避免发生由于弹性橡胶圈磨损后未能及时更换致使钢枢轴与圆盘孔直接摩擦从而影响设备的运行。

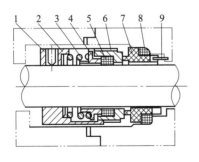

图7—15　机械密封装置　　　　　　图7—16　圆盘形挠性联轴器

1—螺钉　2—传动座　3—弹簧

4—推环　5—动环密封圈　6—动环

7—静环　8—静环密封圈　9—防转销

2. 离心泵的特性曲线

离心泵在转速恒定不变的情况下，其扬程、效率、功率都与流量有一定的函数关系。将此三种函数关系绘制成曲线即为泵的特性曲线。用户选用水泵时需要知道泵的特性曲线，水泵运行时也需要知道泵的特性曲线，以便知道水泵是否在高效区运转等。离心泵的特性曲线不能用理论推导求得，都是用实验的方法得到的。

为了便于了解泵的性能，泵的制造厂通过实测而得出一组表明 $H—Q_v$、$N—Q_v$ 和 $\eta—Q_v$ 关系的曲线，标绘在一张图上，称为离心泵的特性曲线或工作性能曲线，并将此图附于泵样本或说明书中，供使用部门选用和操作时参考。

特性曲线一般都是在一定转速和常压下，以常温的清水为介质做实验测得的。IS－100－80－125型离心式水泵的特性曲线如图 7—17 所示。

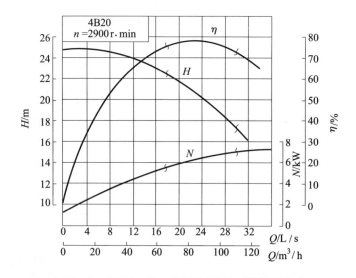

图 7—17　IS100－80－125 型离心水泵的特性曲线

（1）扬程特性曲线（$H-Q$）。扬程特性曲线图 7—18 表示了水泵的扬程随流量的变化关系，可以看出 H 是随流量的增加而逐渐减小的，当 $Q=0$ 时，其 H 最大。当水泵运转时，其实际扬程的大小是由流量来决定的，例如流量为 Q_1，如图 7—18 所示，可以看出相对应的扬程为 H_1，那么对应（Q_1，H_1）的点 1 即为离心泵的一个工况点。当水泵的流量改变时，工况点也相应改变，工况点总是在泵的扬程特性曲线上。

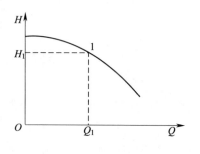

图 7—18　扬程特性曲线

（2）功率特性曲线（$N-Q$）。该曲线反映出泵的输入功率与流量的关系，如图 7—19 所示。在泵运转时，其输入功率随泵的流量增大而增大，当 $Q=0$ 时，N 为最小，这点也就说明了为什么离心泵要闭闸启动。闭闸就意味着 $Q=0$，这样可以最大限度地减少启动功率（启动电流），从而更好地保护电气设备。

（3）效率特性曲线（$\eta-Q$）。该曲线表明了水泵效率随流量的变化关系，水泵的效率越高，运行成本就越低，一台水泵在运转时我们希望它在其高效区内运行，如图 7—20 所示。η_1 与 η_2 之间的区域为高效区，η_1、η_2 与 $\eta_{\max}$ 相差应不大于 5%，那么泵的流量在 Q_1 和 Q_2 之间时，泵的运行比较经济。

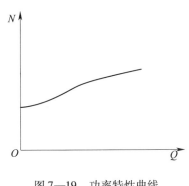

图 7—19　功率特性曲线

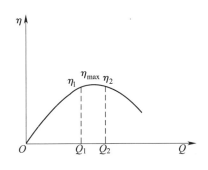

图 7—20　效率特性曲线

3. 离心泵的能量损失

离心泵的输入功率和输出功率是不相等的，其差值就是离心泵损失掉的功率，即所谓的离心泵的能量损失。

离心泵的能量损失包括机械损失、容积损失和水力损失。机械损失中包括填料箱和轴承中的摩擦损失，以及圆盘摩擦损失。

4. 离心泵的汽蚀现象

由离心泵的工作原理可知，在图 7—21 所示的输液装置中，离心泵能够吸上液体是靠吸入储槽液面与泵入口处的压强差作用。当吸入储槽液面上的压强 p_0 一定时，安装高度（也称吸上高度）H_g 越高，则泵入口处的压强 p_1 越小。当泵入口处的压强降至等于或小于输送液体的饱和蒸气压时，液体就会在该处发生汽化并产生气泡。同时原来溶于液体中的气体也将析出。含气泡的液体进入泵内高压区后，在高压作用下，气泡又

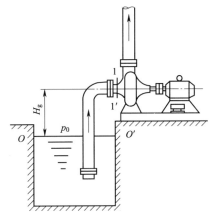

图 7—21　离心泵吸液示意图

急剧缩小而破灭，气泡的消失产生局部真空，周围的液体以极高的速度冲向原气泡所占据的空间，造成冲击和振动。叶轮在上述连续冲击下，金属表面逐渐因疲劳而破坏，这种破坏通常称为剥蚀，表面逐渐形成斑点、小裂痕，日久甚至使叶轮变成海绵状或整块脱落，这种现象称为汽蚀。

汽蚀发生时，会产生噪声和振动，严重时由于产生大量气泡占据了液体流道的一部分空间，会导致泵的流量、压头与效率显著下降，更严重时，吸不上液体，泵就完全中断工作。为了保证离心泵正常运转，避免产生汽蚀，限制泵的安装高度，是避免汽蚀发生的有效措施。

三、离心泵的操作

1. 水泵启动前的准备

（1）检查水池水位。

（2）用手盘动泵轴，叶轮应无卡、磨现象，转动灵活。

（3）关闭压力表阀和出水阀，打开进水阀，开排气阀使液体充满整个泵腔，然后关闭排气阀。

（4）开冷却水系统。

（5）点动电动机，确定转向是否正确。

2. 水泵的启动与运行

（1）确认机、泵、电均安全、正确后接通电源，当泵达到正常转速后，再逐渐打开出水管路上的阀门，并调节到所需工况。

（2）注意观察电流表读数，检查轴封泄漏情况，正常时机械密封泄漏，小于3滴/min；填料密封滴水以20～30滴/min为宜。

（3）检查电动机、轴承处温升≤70℃，如果发现异常情况，应及时处理。

（4）缓缓打开压力表阀，观察压力情况。

（5）观察机、泵、管路的振动与异响。

3. 水泵的停止运行

（1）逐渐关闭出水管路阀门，切断电源。

（2）关闭压力表阀、进水阀、冷却水阀，长时停机则放空。

（3）如环境温度低于0℃，应将泵内液体放尽，以免冻裂。

（4）做好清洁卫生、机泵记录工作。

第4节 风 机

 学习目标

1. 熟悉常用风机的类型、结构和工作原理。
2. 掌握风机的主要工作参数和常用风机型号的表示方法。
3. 了解风机风量的调节方法。
4. 了解常用风机的类型和识读常用风机的铭牌。

 **知识要求**

风机是输送或压缩空气及其他气体的机械设备，它能将原动机的能量转变为气体的压力能和动能。

一、常用风机的种类

污水处理中的常用风机主要包括鼓风机、通风机等。鼓风机一般用于曝气、吹扫、搅拌等，较常用的为离心式鼓风机和罗茨式鼓风机两种。通风机通常用于地下泵房、加药间、仓库等处的空气置换，一般功率都比较小且结构简单。

1. 离心风机的分类和特性

在废水处理中常用的离心风机是 D 系列多级离心风机，如图 7—22 所示。多级离心风机采用了多级风叶组合，最多可有 8 级风叶。该风机采用后弯叶片式叶轮，压力损失小，效率高，适用于大风量、高风压的工作条件。

离心风机的特点是空气量容易控制，通过调节出气管上的阀门即可改变压缩空气量。如果把电流表上的电流刻度标上对应的风量值，可以更直观地予以调节。

离心风机噪声较小，效率较高，适用于大、中型污水处理厂。如果所配电动机为变速电动机，离心风机就变为变速风机，根据混合液溶解氧浓度，可以自动调整鼓风机开启台数和转数，以最大限度节约能耗。

2. 罗茨风机的分类和特性

罗茨风机有二叶型罗茨风机与三叶型罗茨风机。二叶型罗茨风机由于运转噪声较大，已不常用，目前使用较多的是三叶型罗茨风机，其进口流量 $1 \sim 50 \ \mathrm{m^3/min}$，出口风压 $9.8 \sim 78 \ \mathrm{kPa}$。

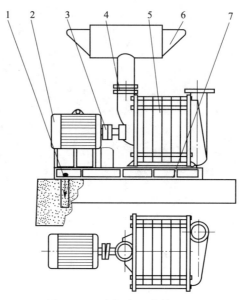

图7—22　多级离心式鼓风机

1—地脚螺栓　2—电动机　3—联轴节　4—蝶阀

5—主机　6—消音过滤器　7—底座

罗茨鼓风机是容积式气体压缩机械中的一种，其特点是在最高设计压力范围内，管道阻力变化时流量变化很小，工作适应性强，故在流量要求稳定阻力变动幅度较大的工作场合，可予自动调节，且叶轮与机体之间具有一定间隙不直接接触，结构简单，制造维护方便。罗茨风机在制造时要求两转子和壳体的装配间隙很小，故气体在压缩过程中回流很少，此种鼓风机的压力比其他形式的鼓风机要高，根据操作要求，压力在一定范围内可调，但体积流量不变，因此特别适用于输气量不大、流量稳定的工作条件。罗茨风机是低压容积式鼓风机，产生的压缩空气量是固定的，而排气压力由系统阻力决定，因此适用于鼓风压力经常变化的场合。罗茨风机噪声较大，必须在进风和送风的管道上安装消声器，鼓风机房采取隔音措施，一般适用于中、小型污水处理站、厂。

二、风机的结构与参数

1. 多级离心风机的结构和型号

多级离心风机主要由原动机、机壳、风叶、传动轴、联轴器进出风管、机座以及轴承、润滑装置、密封组件、进风过滤器等辅助部件组成。

多级离心风机工作原理如图7—23所示。由原动机通过联轴器带动风叶旋转，靠离心力的作用，将外部空气从进风管吸入旋转叶轮的中心处，经多级风叶逐步增压加速，使气体流速增大，气体在流动中把动能转换为静压能，然后随着流体的增压，静压能又转换为速度能，从而把输送的气体沿机壳经出风管送入管道或容器内。

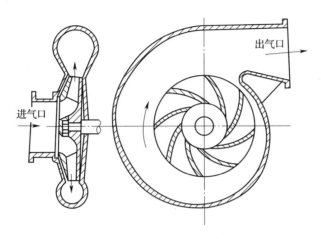

图7—23 离心式鼓风机工作原理

多级离心风机型号的表示方法一般用数字与汉语拼音表示。例如：D60 - 68.6 - 81 多级离心风机，D 表示系列，进口吸入方式为单吸入；60 表示进口流量，m^3/min；68.6 为出口压力，kPa；81 为叶轮级数。

2. 罗茨风机的结构和型号

罗茨鼓风机的结构主要是由一对腰形渐开线转子、齿轮、轴承、密封和机壳等部件组成。

罗茨鼓风机的转子由叶轮和轴组成，叶轮又可分为直线形和螺旋形，叶轮的叶数一般有两叶、三叶，如图7—24 所示。

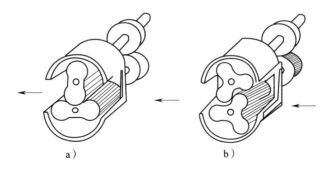

图7—24 罗茨风机的叶轮

a) 两叶 b) 三叶

罗茨风机的工作原理如图7—25所示。当罗茨鼓风机运转时，气体进入由两个转子和机壳围成的空间内，与此同时，先前进入的气体由一个转子和机壳围在空间处，此时空间内的混合气体仅仅被围住，而没有被压缩或膨胀，随着转子的转动，转子顶部到达排气的边缘时，由于压差作用，排气口处的气体将扩散到围住的空间处，随着转子的进一步转动，空间内的混合气体将被送至排气口，转子连续不断地运转更多的气体将被送至排气口。

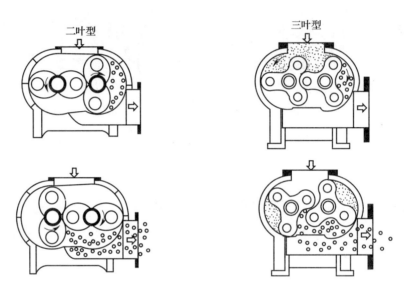

图7—25　二叶型与三叶型罗茨风机工作原理

罗茨风机型号的表示方法一般用数字与汉语拼音表示，但各生产厂表示方法有所不同，在选用时需要注意。例如：3L32 WD 罗茨风机，3 表示该罗茨风机叶轮为三叶型；L 表示罗茨风机代号；3 表示罗茨风机直径代号；2 表示叶轮长度代号；W 表示结构型式，W 为卧式，L 为立式；D 表示传动方式，D 为电动机直联，C 为带传动。

3. 风机的运行参数

（1）流量。指单位时间内从风机出口排出的气体体积，并以风机出口的气体状态计，用 q_V 表示，单位是 m³/h、m³/min、m³/s。

（2）风压。是单位体积的气体流过风机时所获得的能量，以 H_T 表示，单位为 Pa。由于 H_T 的单位与压强单位相同，所以称为风压。风压取决于风机的结构、叶轮尺寸、转速与进入风机的空气密度。目前还不能用理论方法精确计算离心风机的风压，而是由实验测定。在管道系统中，风压也可通过闸门来调节。

（3）转速。是指风机在输出额定风量、风压时的叶轮转子的转速，常用 n 表示，单位：r/min。

（4）功率。单位时间内原动机传递给风机轴的能量称为风机的轴功率。风机单位时间内传递给空气的能量称为风机的有效功率。消耗在通风机轴上的功率（轴功率）要大于有效功率，这是因为通风机在运转过程中轴承内部有摩擦损失和空气在风机中流动也有能量损失的缘故。故风机轴承损失和传动损失的好坏用效率表征，风机的有效功率与轴功率之比称为通风机的效率。

三、风量的调节方法

1. 离心风机风量的调节方法

离心风机的风量调节方式很多，有进、出口风阀调节，蜗线风阀调节，进口叶片调节，转速调节等方式。对于各种不同类型的风机，由于调节方式不同，所得的节能效果差别很大。

（1）风阀调节。离心风机出口的风阀调节是改变管网的特性，而不是改变风机的特性。风量调节通常在风机额定性能范围内。由于是用人为加大管网阻力的方法来改变管网特性，压强降消耗在关小风阀时产生的附加阻力上，调节的经济性差。

进口风阀调节，它通过改变风机的进口压力，来改变风机的性能曲线，故调节的经济性好；而蜗线风阀调节，是通过变换风机的出口面积，来改变风机的特性，相对于风量的减少，功率变化小，节能不显著。这两种调节，原则上可使用在额定曲线下的所有工况，能使喘振点向小流量方向偏移，因此，广泛地应用在一般具有固定转速的风机上。

（2）进口叶片调节。进口叶片调节，是通过调节叶片，使吸入叶轮的气流方向发生变化，改变风机的性能曲线，从而进行风量调节，由于进口叶片调节具有较宽的调节范围和较高的经济性，并可实现自动调节，因此，为风机所广泛使用。

（3）转速调节。调节方法是在保持风机管网系统特性不变的情况下，通过改变离心风机的转速使其压力、风量、功率都发生特定的变化，以求达到离心风机调节的目的。当离心风机转速提高时，其风量和压力就跟着得到相应的提高；当离心风机转速降低时，其风量和压力得到相应的降低，从而满足管网系统对风量和压力的要求。这种调节方法没有额外能量损失，经济性比较好。如果离心风机是利用不能改变转速的电动机带动的，只需要在电动机和离心风机之间安装一个变速装置，就可以实现调节目的。

（4）节流阀调节。管网系统节流的调节是在风机的吸气管道或排气管道中设置节流阀或插板等装置，根据实际需要调节节流阀或插板的开启程度来改变管网系统的特性。也就是说当节流阀或插板的开启程度大时，其风量增加而压力减小；节流阀或插板的开启程度小时，其风量减小而压力增加。

2．罗茨风机风量的调节方法

罗茨鼓风机风量调节的方法有两种，一种是排气的方法，在风管上开一旁路，放掉一部分风量，方法简单可靠但不经济。另一种比较经济的方法是调节转速。

第5节 污泥处理机械

 学习目标

1．了解板框压滤机的结构和工作原理。

2．掌握板框压滤机的操作要求。

3．了解离心脱水机的结构和工作原理。

4．掌握离心脱水机的操作要求。

5．了解带式压滤机的结构和工作原理。

6．掌握带式压滤机的操作要求。

7．了解污泥浓缩脱水一体机的结构和工作原理。

8．熟悉污泥浓缩脱水一体机的操作要求。

9．能正确操作板框压滤机。

10．能正确操作离心脱水机。

11．能正确操作带式压滤机。

 知识要求

污泥是污水处理后的必然产物，未经规范处理处置的污泥进入环境后，将会直接给土壤、水体和大气带来二次污染，对生态环境和人类的活动也将构成严重的威胁。因此，污泥处理十分重要。以下主要介绍不同类型的污泥脱水机。

一、板框压滤机

1．板框压滤机的结构与原理

板框压滤机主要由尾板、滤框、滤板、主梁、头板和压紧装置等组成，如图7—26所示。两根主梁把尾板和压紧装置连在一起构成机架，机架上靠近压紧装置一端放置头板，在头、尾板之间交替排列着滤板和滤框，板、框间夹着滤布。

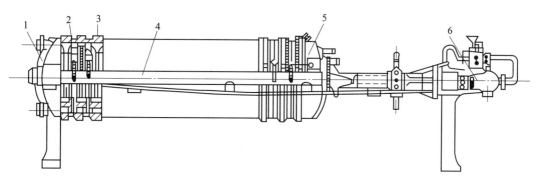

图7—26　液压压紧板框压滤机

1—尾板　2—滤框　3—滤板

4—主梁　5—头板　6—压紧装置

板框压紧后，滤框与其两侧滤板所形成的空间构成若干个过滤室，在过滤时用以积存滤渣。其压紧方式有两种：一种是手动螺旋压紧，另一种是液压压紧。

板框压滤机排液分明流和暗流，滤液从每片滤板的出液口直接流出的为明流；滤液集中从尾板的出液口流出的为暗流。板框压滤机有的又分为可洗和不可洗的两种，具有对滤渣进行洗涤的结构称为可洗，否则为不可洗。

板与框做成正方形，其构造如图7—27所示。滤板的侧表面在周边处平滑，而在中间部分有沟槽；滤板上的沟槽都和其下部通道连通，通道的末端有一小旋塞用以排放滤液，滤板的上方两角均有小孔。它又分为两种，如图7—27c所示为洗板，图7—27a所示为非洗板。洗板和非洗板结构上的区别是，洗板左上角的孔还有小通道与板面两侧相通，洗液可由此进入。滤框的上方两角也均有孔，在上角的孔有小通道与框内的空间相通，滤浆由此进入滤室。为了便于区别，在板与框的边上有小钮或其他标志，非洗板以一钮为记，而滤框则用两钮。

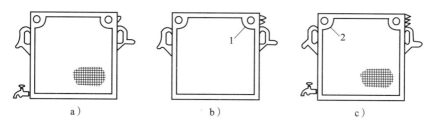

a）　　　　　　　　　　b）　　　　　　　　　　c）

图7—27　明流式板框压滤机的板和框

a）非洗板　b）框　c）洗板

1—滤浆进口　2—洗液进口

板框压滤机的操作是间歇的，每个操作循环由装合、过滤、洗涤、卸渣、整理五个阶段组成。装合时将板与框按钮数 1－2－3－2－1……的顺序置于机架上，板的两侧用滤布包起（滤布上亦根据板、框角上孔的位置而开孔），然后用手动或机动的压紧装置将活动机头压向头板，使框与板紧密接触。过滤时悬浮液在指定压强下经滤浆通道，由滤框角端的暗孔进入框内，如图7—28a所示，为明流式压滤机的过滤情况，滤液分别穿过两侧滤布，再沿邻板板面流至滤液出口排出，滤渣则被截留于框道，并经由洗涤板角端暗孔进入板面与滤布之间。此时关闭洗涤板下部的滤液出口，洗液便在压强差推动下横穿一层滤布及整个滤框厚度的滤渣，然后再横穿过一层滤布，最后由非洗板下部的滤液出口排出，如图7—28b所示。此种洗涤方式称为横穿洗法。洗涤结束后，将压紧装置松开，卸出滤渣，清洗滤布，整理板框，重新装合，进行下一个操作循环。若滤液不宜暴露在空气中，则需将各板流出的滤液汇集于总管后送走。其过滤和洗涤时，机内液体流动路径如图7—29所示。暗流式因为省去了板上的排出阀，在构造上比较简单。

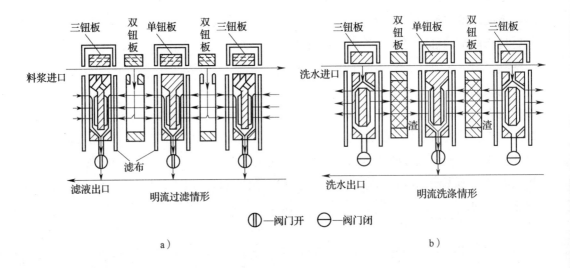

图7—28　明流式板框压滤机的过滤和洗涤

a）过滤　b）洗涤

板框压滤机的优点是构造简单，操作容易，故障少，保养方便；单位过滤面积占地少，过滤面积选择范围宽；过滤操作压强较高，推动力大，滤渣的含水率低；便于用耐腐蚀材料制造，对物料的适应性强。它的主要缺点是间歇操作，劳动强度大，滤布损耗多。目前，国内已生产各种自动操作的板框压滤机，使上述缺点得到一定程度的改善。

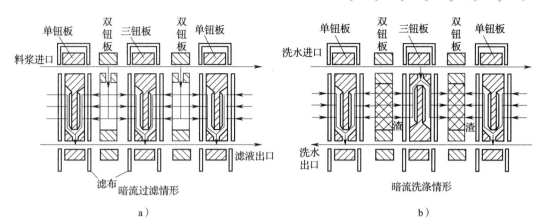

图 7—29　暗流式板框压滤机的过滤和洗涤

a）过滤　b）洗涤

2. 板框压滤机的操作步骤

（1）压紧。压滤机操作前须进行整机检查：查看滤布有无打折或重叠现象，电源是否已正常连接。检查后即可进行压紧操作，首先按一下"启动"按钮，油泵开始工作，然后再按一下"压紧"按钮，活塞推动压紧板压紧，当压紧力达到设定高点压力后，液压系统自动跳停。

（2）进料。当压滤机压紧后，即可进行进料操作：开启进料泵，并缓慢开启进料阀门，进料压力逐渐升高至正常压力。这时观察压滤机出液情况和滤板间的渗漏情况，过滤一段时间后压滤机出液孔的出液量逐渐减少，这时说明滤室内滤渣正在逐渐充满，当出液口不出液或只有很少量的液体时，证明滤室内滤渣已经完全充满形成滤饼。如需要对滤饼进行洗涤或风干操作，即可随后进行，如不需要洗涤或风干操作即可进行卸饼操作。

（3）洗涤或风干。压滤机滤饼充满后，关停进料泵和进料阀门。开启洗涤泵或空压机，缓慢开启进洗液或进风阀门，对滤饼进行洗涤或风干。操作完成后，关闭洗液泵或空压机及其阀门，即可进行卸饼操作。

（4）卸饼。首先关闭进料泵和进料阀门、进洗液或进风装置和阀门，然后按住操作面板上的"松开"按钮，活塞杆带动压紧板退回，退至合适位置后，放开按住的"松开"按钮，人工逐块拉动滤板卸下滤饼，同时清理黏在密封面处的滤渣，防止滤渣夹在密封面上影响密封性能，产生渗漏现象。至此一个操作周期完毕。

二、离心脱水机

1. 离心脱水机结构与原理

离心脱水机是污水厂普遍使用的污泥脱水机，如图 7—30 所示。其工作原理是经预处理（过滤罐过滤，切割机粉碎）后由螺杆泵进料，与药剂混合后污泥进入离心机内，利用污泥－水比重差，污泥在离心力的作用下被分离，澄清液由管道排出，脱水污泥则源源不断地从主机排渣口排出，再由无轴螺旋输送机（或泥渣输送泵）移送至指定地点或直接装车外运。

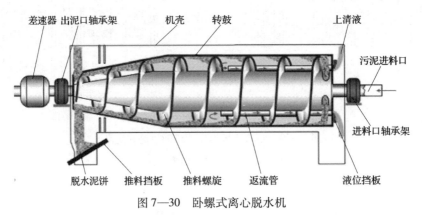

图7—30　卧螺式离心脱水机

　　离心脱水机具有全封闭运行、现场清洁无污染；絮凝剂、清洗水用量少，日常运行成本低廉；设备布局紧凑，占地面积小，基建投资少等优点。

　　离心式脱水机主要是由转鼓和带空心转轴的螺旋输送器组成，污泥由空心转轴送入转筒后，在高速旋转产生的离心力作用下，立即被甩入转鼓腔内。污泥颗粒由于比重较大，离心力也大，因此被甩贴在转鼓内壁上，形成固体层（因为环状，称为固环层）；水分由于密度较小，离心力小，因此只能在固环层内侧形成液体层，称为液环层。固环层的污泥在螺旋输送器的缓慢推动下，被输送到转鼓的锥端，经转鼓周围的出口连续排出；液环层的液体则由堰口连续"溢流"排至转鼓外，形成分离液，然后汇集起来，靠重力排到脱水机外。

　　2. 离心脱水机的操作

　　（1）启动准备。如本机为第一次运转或长期停用（超过一月）后启动。

　　1）打开罩壳和变速轮罩检查：上、下罩壳中应无固体沉积物，如有，则应清理干净；打开排料口，保证其通畅。用手转动转鼓和变速轮，必须灵活轻巧。

　　2）如以上各项已完成，情况良好，放置好上罩壳及齿轮箱防护罩，上好螺栓。

　　（2）启动

　　1）合上总电源，合上控制柜电源开关，拉出"紧急停车"开关，电源指示灯亮。

　　2）启动离心机主电动机。按下"离心机启动"按钮，离心机开始转动，2 min后达到全速，此阶段操作者应注意倾听设备声音变化；观察控制器上转鼓速度变化情况及主电动机电流情况；确认主电动机星—三角（Y—△）切换正常，并且差速和行星轮输入轴转速均在设定值附近，此时该机处于待进料状态。

3）启动"泥饼输送机"同时启动与该输送机配套的泥饼输送机械。

4）打开进泥阀。

5）打开切割机密封水，半分钟后启动切割机。

6）开动絮凝剂输送泵，调整絮凝剂流量及稀释水流量。

7）开动污泥进料泵，检查调整污泥流量，由小到大逐渐增加到正常量，并检查污泥情况。

（3）运转

1）开机后要经常注意脱水机运转情况：声音、电流、控制器上显示的数据、污泥流量、絮凝剂流量及余量、出泥情况、出液状况。根据以上状况及经验数据调整速差或小齿轮扭矩（扭矩控制法）或进泥量、絮凝剂量。如发现异常，需及时处理及反映。

2）每小时记录机况报表。

（4）停机

1）逐步减小进料泵流量后，关闭进料泵。

2）关闭絮凝剂输送泵。

3）关闭泥管进泥阀。

4）打开切割机冲洗阀。

5）启动进料泵。

6）10 min 后关闭进料泵，切割机（包括密封水阀）。

7）关闭切割机前冲洗阀。

8）打开冲洗阀和絮凝液稀释水。

9）清水冲洗 15 min 之后，关闭离心机。

10）离心机停机前（转速小于 300 r/min），停止冲洗水。

11）关闭泥饼输送机。

12）关闭控制柜电源开关。

三、带式压滤脱水机

1. 带式压滤脱水机结构与原理

带式压滤机一般都由滤带、辊压筒、滤带张紧系统、滤带调偏系统、滤带驱动系统和滤带冲洗系统组成。带式压滤机的主要特点是利用滤布的张力和压力在滤布上对污泥施加压力使其脱水。不需要真空或加压设备，动力消耗少，可以连续操作。带式压滤机的结构示意图如图 7—31 所示。

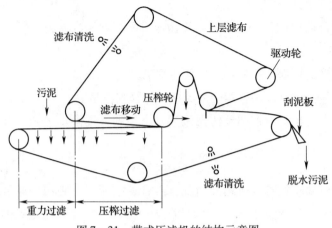

图7—31　带式压滤机的结构示意图

（1）滤带。滤带有时也称滤布，一般用单丝聚酯纤维材料纺织而成，这种材质具有抗拉力强度大、耐曲折、耐酸碱、耐温度变化等特点，应根据污泥的性质选择合适的滤带。一般来说，对新鲜活性污泥脱水时，应使用透气性能和拦截性能较好的滤带，而对消化污泥和储存池污泥进行脱水时，对滤带的性能要求低一些。无接头滤带使用寿命较长，因为有接头的滤带容易从接头处损坏，但无接头滤带安装不方便。

（2）辊压筒。脱水机一般设有5~8个辊压筒，这些辊压筒的直径沿污泥走向由大而小，由90 cm到20 cm不等，第一个最大，最后一个最小。辊压筒均由钢材制成，外表进行防腐处理，两端固定在脱水机架上，位置固定不动。辊压筒是空心而且筒壁上钻有很多小孔，主要为了滤液尽快排出。

（3）滤带张紧系统。滤带张紧系统的作用是调整两条滤带的挤压力，是控制脱水污泥含水率的关键调整手段。通过调节滤布张力，达到给泥层施加压榨力和剪切力的目的。

（4）滤带驱动系统。滤带驱动系统由电动机、无级变速箱、齿轮减速箱、同步传动齿轮以及驱动辊组成。两个驱动轴的直径相同，因此两条滤带的运动速度就能保持同步，避免出现因不同速度而带来的打滑现象，同时两个驱动轴外表有10 mm厚的防滑橡胶层。

（5）滤带调偏系统。滤带调偏系统的作用是调整滤带的行走方向，保证脱水机的滤带运转正常，其由调偏杆、气体换向阀、调偏气缸和调偏辊组成。

（6）滤带冲洗装置。在泥饼出口处，上下滤带挤出泥饼后就进入冲洗装置。冲洗喷头喷出的高压水从滤带背面进行冲洗，将挤入滤带的污泥冲掉，以保证其恢复正常的过滤性能。为防止冲洗水的四处飞溅，通常在喷头上再安装防溅罩。

污泥流入在辊之间连续转动的上下两块带状滤布上后，滤布的张力和轧辊的压力及剪切力依次作用于夹在两块滤布之间的污泥上，进行重力浓缩和加压脱水。脱水泥饼由刮泥板剥离，剥离了泥饼的滤布应用水清洗，以防止滤布孔堵塞，影响过滤速度。

2. 带式压滤脱水机的操作

（1）开机前检查。滤带上是否有杂物，滤带是否张紧到工作压力，清洗系统工作是否正常，刮泥板的位置是否正确。

（2）开机步骤

1）加入絮凝剂，启动药液搅拌系统。

2）启动空压机，开进气阀，将进气压力调整至 0.3 MPa。

3）启动清洗水泵，开进水总阀，开始清洗滤带。

4）启动主传动电动机，使滤带运转正常。

5）依次启动加药泵、污泥进料和絮凝搅拌电动机。

6）进气调至 0.6 MPa，让两条滤带压力一致。

7）调整进泥量和滤带的速度，使处理量和脱水效果最佳。

（3）开机后检查。滤带运转、纠偏机构工作、各转动部件是否正常工作，无异响。

（4）停机步骤

1）关闭污泥进料泵，停止进泥。

2）关闭加药泵及加药系统，停止加药。

3）停止絮凝搅拌电动机。

4）污泥全部排尽，滤带空转把滤池清洗干净。

5）打开絮凝罐排空阀，放尽剩余污泥。

6）清洗絮凝罐和机架。

7）依次关闭主传动电动机、清洗水泵、空压机。

8）气路压力调至零。

四、污泥浓缩脱水一体机

污泥浓缩脱水一体机，即污泥浓缩装置和污泥脱水装置一体化，污泥可直接浓缩和脱水，可节省污泥静态预浓缩池及相应的搅拌刮泥设备，大大减少占地，节约投资费用。一体化设备自动控制，连续运行；浓缩脱水效率高，泥饼含固率高；能耗低，噪声小，使用化学药剂少，使用寿命长；易于维护管理；经济可靠，应用范围广。

1. 转鼓浓缩带式脱水一体机

由滚筒式污泥浓缩装置与带式压滤机组合而成，无须设置长时间污泥浓缩池，缩短了污泥处理时间。

（1）工作原理与构造。构造如图 7—32 所示。污泥在进入转鼓浓缩带式脱水一体化设备之前，通过聚合物配置系统将高分子絮凝剂打入混合反应槽中。在混合反应槽中，污泥与高分子絮凝剂经搅拌充分混合，污泥由微细颗粒迅速凝聚成大颗粒，并形成网状结构的大团絮凝体，然后进入缓慢旋转的预脱水转鼓中。污泥被运输到转鼓末端的过程中，大部分游离水通过滤布得以释放，达到浓缩效果，出水由过滤槽收集而与固体污泥分离。

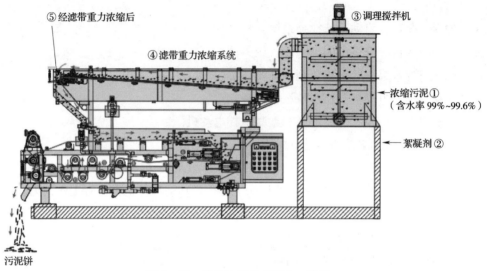

图 7—32　转鼓浓缩带式脱水一体机

经过预脱水的污泥由斜板滑到带式压滤机的上部滤带上，然后传输到下部滤带。在上、下滤带之间，由于逐步增压和剪切力的作用，使污泥进一步脱水后排出。

经过滤后的水通过喷射器用于滤带反冲洗，集水槽中含部分固体的滤出水和冲洗水经进水管进入预脱水转鼓再次得到过滤。

（2）主要特点

1）混凝后的污泥在大容量、缓慢旋转的转鼓中预脱水，结构简单，耗电量低，预脱水效果好，最终含固率高，操作安全可靠。

2）转鼓和滤带可分别调整，以适应不同水力负荷的变化。

3）自动的气动张紧系统使污泥受压保持稳定。

4）气动纠偏系统可自动保持滤带的运行轨迹，可靠性高。

5）喷射水系统利用预脱水后的滤液清洗转鼓转筛和滤带，节水效果好。

6）特制的低速旋转清洗刷可清除喷嘴出口的污物，避免了喷嘴堵塞带来的麻烦。

2. 带式污泥浓缩脱水一体机

（1）构造

带式污泥浓缩脱水一体机由重力脱水段（污泥浓缩装置）、预压脱水段、压榨脱水段、张紧装置、调偏装置、清洗装置、现场电控柜七个系统组成，如图7—33所示。

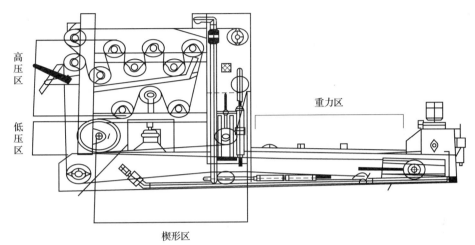

图7—33　带式污泥浓缩脱水一体机

（2）工作原理

1）重力脱水段（污泥浓缩装置）。重力脱水段的主要作用是脱去物料中的自由水，使物料的流动性减小，为下步过滤做准备。其结构在设计上分为两层。经过絮凝预处理后的物料，首先进入第一层重力脱水段，在物料自身重力的作用下脱去大量的自由水，剩余表面稀泥经过翻转机构的翻转，将稀泥翻到第二层重力脱水段，进行再次重力脱水，使物料变成半固态。

2）预压脱水段。预压脱水段是由若干个直径相同的辊筒组成，上下两层排列的辊筒分别托住上下两条滤网，下层辊筒固定，上层辊筒可以固定或可调。这样，通过调节上层辊的高度，来调节上下滤网之间所形成的"楔形"空间角度的大小，对不同的物料施加不同的压力为压榨脱水做好准备。

3）压榨脱水段。压榨脱水段是由若干个不同直径的辊筒组成，两条滤带呈S形依次环绕于辊筒之间，辊筒的直径由大逐渐变小，形成一定的压力梯度，使物料所受的压强由小逐渐加大。经过预压脱水后的物料，在挤压力和剪切力的作用下，达到逐步脱水的目的，最后形成滤饼排掉。

4）张紧装置。张紧装置是带式浓缩脱水机的重要组成部分，既可方便地安装与拆卸滤带，又能保证带式浓缩脱水机的处理效果。不管载荷是否变化，传动带张力都是常数。在实际生产中可根据需要进行张力常数的调整，使浓缩脱水达到最佳效果。张紧装置采用气动装置操作。

5）调偏装置。在滤带的行走过程中，由于物料在滤网上布料厚度不均、滤网厚度的差异和辊筒之间的累计平行度的误差，会造成滤网跑偏。如果不能及时地调整，轻者会影响设备的运行效果，使处理能力减小，严重的会使滤网破损断裂，设备停机。

6）清洗装置。为使带式浓缩脱水机能连续有效地工作，设备上设有自动清洗装置，该装置利用喷嘴的水力冲击滤网，从而使滤带自动再生。冲洗时间和角度皆可调。清洗装置可以使用过滤水。

7）现场电气控制箱。浓缩脱水机的现场电气控制箱安装在带式浓缩脱水压滤机上，自动监视带式浓缩脱水机的运行，并控制自动停机。停机信号包括：

如果预脱水和压力区的电动机出现故障保护，则整个浓缩机停机。

如果传动带跟踪失败，浓缩脱水机停机。

将自动控制方式打到手动，立即停机。

压缩空气压力过低，立即停机。

污泥泵和加药泵电动机出现故障保护，则浓缩脱水机立即停机。

螺旋输送器停机，系统立即停机。

紧急停机键启动，立即停机。

第6节　废水处理专用机械

 学习目标

1. 熟悉废水处理专用机械的种类和用途。
2. 掌握各种机械设备的结构、原理和功能。
3. 了解各种常用机械设备的特点及优缺点。
4. 熟悉各种常用机械设备的一些运行要求和注意事项。
5. 能够正确操作格栅除污机。

 知识要求

一、格栅除污机

1. 适用条件

城市污水的提升泵站、雨水泵站和污水处理厂前端应设置粗、细格栅，并设有格栅除污机，用以清除粗大的漂浮物，如草木、垃圾和纤维状物质等，以达到保护水泵叶轮及减轻后续工序处理负荷的目的。因此，使用格栅除污机清污、减轻劳动强度和改善工作条件是十分必要的。

（1）格栅栅条的间距一般根据水泵口径和实际情况确定，见表7—5。设计时应注意除污机齿耙间距和栅条的配合。

表7—5 　　　　　　　　　　　　　　水泵口径与栅条间距　　　　　　　　　　　　　　mm

水泵口径	栅条间距	水泵口径	栅条间距
<200	15～20	500～900	40～50
250～450	20～40	1 000～3 500	50～75

格栅间隙应根据水体的实际杂物情况设置，一般考虑三种规格：细格栅（间隙5～10 mm）、中格栅（间隙15～40 mm）、粗格栅（间隙40 mm）以上。

当不分粗、细格栅时，可选用较小的栅条间距。

（2）格栅的安装倾角一般为60°～75°。角度偏大时占地面积小，但卸污不便。

（3）格栅有效的进水面积一般按流速0.6～1.0 m/s计算，但格栅的总宽度应不小于进水管渠有效断面宽度的1.2倍。

（4）格栅高度一般应使其顶部高出栅前最高水位0.3 m以上。当格栅井较深时，格栅的上部可采用混凝土胸墙或钢挡板满封，以减小格栅的高度。

2. 格栅除污机的种类、结构和原理

格栅除污机名称很多，形式分类也不一致，概括起来分为三类：除污齿耙设在格栅前，清除栅渣为前清式或前置式，目前市场上该种形式居多，如三索式、高链式等；除污齿耙设在格栅后面，齿耙向格栅前伸出清除栅渣为后清式或后置式。如背耙式、阶梯式等；无除污齿耙，格栅的栅面携截留的栅渣一起上行，至卸料段时栅片之间相互差动和变位，自行将污物卸除，同时辅以橡胶刷或压力清水冲洗，干净的栅面回转至底部，自下不断上行，替换已截污的栅面，周而复始，该种格栅称自清式。如梨形齿耙固液分离机等。下面主要介绍几种常用的格栅除污机。

（1）链条回转式多齿耙格栅除污机。链条回转式多耙格栅除污机主要由驱动机构、主轴、链轮、牵引链、齿耙、过力矩保护装置和框架结构等组成，如图7—34所示。

由驱动机构驱动主轴旋转，主轴两侧主动链轮使两条环行链条作回转运动，在环行链条上均布6～8块齿耙，耙齿间距与格栅栅距配合，回转时耙齿插入栅片间隙中上行，将格栅截留的栅渣刮至平台上端的卸料处，由卸料装置将污物卸至输送机或集污容器内。

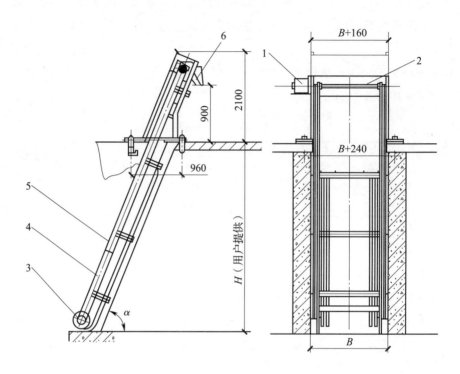

图 7—34　链条回转式多耙格栅除污机

1—电动机减速机　2—主动链轮轴　3—从动链轮轴

4—齿耙　5—机架　6—卸料溜板

　　这种除污机结构紧凑、运转平稳、工作可靠，不易出现耙齿插入不准的情况。使用中应注意由于温差变化、载荷不匀、磨损等可能导致链条伸长或收缩，需随时对链条与链轮进行调整与保养，及时清理缠挂在链条、耙齿上的污物，以免卡入链条与链轮间影响运行。

　　（2）高链式格栅除污机。高链式格栅除污机主要由驱动机构、机架、导轨、齿耙和卸污装置等组成，如图 7—35 所示。由于链条回转式多耙格栅除污机在平台以下的部分全部浸没在水下，易于腐蚀，难以维修保养。而高链式格栅除污机的链条及链轮全部在水面以上工作，故又称"干链式"除污机，因此具有一般链式除污机所不具备的优点。

　　高链式格栅除污机的主要故障是耙齿不能正确地插入栅条，主要有如下几个原因：

　　1）格栅下部有大量泥沙、杂物堆积，齿耙下降不能到位。此种情况往往出现在较长时间停机后的再启动，或突降暴雨后。这就需要清理之后再开机。

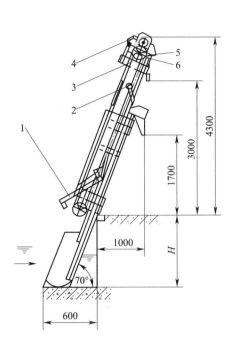
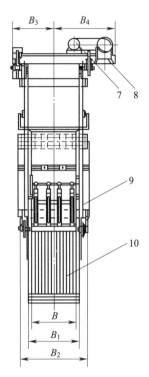

图 7—35　高链式格栅除污机

1—齿耙　2—刮渣板　4—驱动机构机架　5—行程开关

6—调整螺栓　7—电动机　8—减速机　9—链条　10—格栅

2）链条经一段时间运行后疲劳松弛，甚至错位；或两链条张紧密度不一，导致齿耙歪斜。应每运行一个月后调整链条的张紧度，并使齿耙处于水平位置，确保齿耙正确插入。

3）格栅扭曲变形。主要是格栅片受外力撞击或齿耙卡死后，继续牵引造成。出现该状况，栅片应作整修。

（3）背耙式格栅除污机。背耙式格栅除污机主要由驱动机构、牵引链、齿耙、机架和耙齿伸缩滑轨等组成。整套扒集栅渣的机构设置在格栅的下游，属后置式除污机。齿耙的耙齿较长，从格栅的后面向前伸出扒渣。当耙齿为伸缩型齿耙时，除随牵引链条回转外，齿耙依滑轨的轨迹运行，当耙至顶端，栅渣卸除后即收缩下垂，运行至下端时又外伸至栅前扒渣。故不会因栅面栅渣堆积导致不能插入的问题，扒集过程中栅渣也不易脱落。

由于耙齿在格栅下部从后向前伸出，且在栅片宽度范围内向上运行，因此栅片间不能有固定的横筋，为此栅片不宜制作得太长。栅片间距的保持，主要依靠插入的耙齿。主要适用于中、小型污水处理厂。如图 7—36 所示。

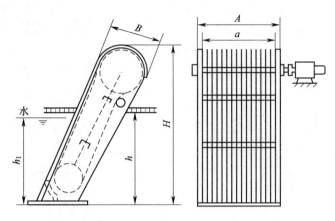

图 7—36　背耙式格栅除污机

（4）自清式格栅除污机。自清式格栅除污机又称固液分离机，如图 7—37 所示。由减速机、机架、犁形耙齿、牵引链、链轮、清洗刷和喷嘴冲洗系统等组成。

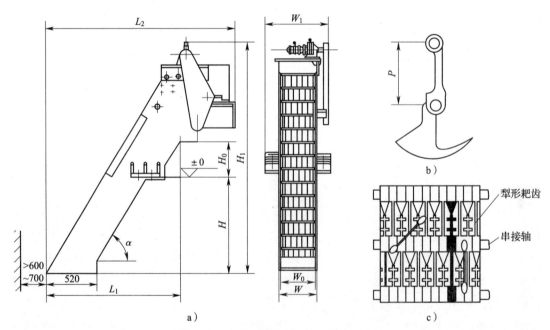

图 7—37　自清式格栅除污机及梨形耙齿

a）自清式格栅除污机　b）犁形耙齿

c）叠合串接成截污栅面

犁形耙齿由不锈钢制成，构造独特，如图 7—37b 所示。耙齿互相叠合串联，装配成覆盖整个迎水面的环形格栅帘，如图 7—37c 所示。每根串接轴的轴距就是链轮

的节距 P。环形格栅帘的下部浸没在过水槽内。格栅携水中杂物沿轨上行，带出水面。当到达顶部时，因弯轨和链轮的导向作用，使相邻齿耙间产生互相错位推移，把附在栅面上的大部分污物外推，以自重卸入污物盛器内。一部分黏挂在齿耙上的污物，在回转至链轮下部时，压力冲洗水自内向外由喷嘴喷淋冲刷，同时，喷嘴相对应的栅面外侧又有橡胶刷反向旋转刷洗，基本上能把栅面污物清除干净。运行示意图如7—38 所示。

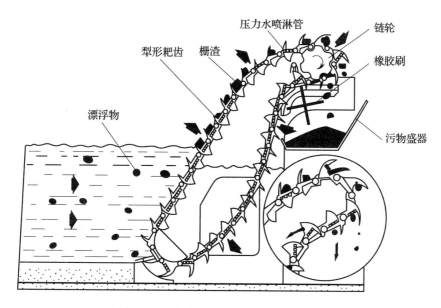

图 7—38　自清式格栅除污机运行示意图

自清式格栅除污机的主要优点如下：

1）有一定自净能力，运行平稳、无噪声。

2）格栅与截留污物一起上行，洗刷后的格栅不断补充，故无堵塞现象，适宜制作栅片间距 1～10 mm 的细格栅除污机。在城市污水处理工程中，采用栅片间距 10～25 mm 的中粗格栅除污机，效果良好。

3）截留污物时由于耙齿弯钩的承托，污物不会下坠。到顶部翻转时，又易于把污物卸除。

4）设有机械和电器双重过载保护后，可全自动无人操作。

3. 格栅除污机操作要求

（1）操作前检查

1）电源控制箱无异常，机械各部分无卡堵，链条无裂断，两侧链条张紧适度，各部分润滑良好，耙斗平衡，压实机冲洗水具备，各限位开关正常。

2）检查耙齿能否正确吃入栅条，如不能，应检查：①格栅下部是否有大量泥沙、杂物堆积；②栅条是否扭曲变形；③齿耙、齿臂是否扭曲变形；④两侧链条是否变松或错位，两侧链条张紧度是否一致。

（2）操作。粗格栅除污机可实行手动/自动两种操作模式，自动控制可以通过定时与超声波装置进行水位差控制，一般与带式输送机、螺旋输送机、压榨机实行联动操作，并提供标准的现场控制接口。

1）合上电源，检查电源电压，应符合要求。

2）打开螺旋压实机上、下部位的冲洗水阀门。

3）手动。

①手动仅限于调试、检修、处理较大异物和紧急故障时使用。

②应将"状态按钮"置于手动位置。启动除污机，观察机组各部分运转情况，捞污、排渣、翻耙等动作应准确到位，无异常声响、振动，链条应传动平稳。

③在手动状态下正常运转至少 10 min，方可切换为自动状态。在自动状态中，操作者应观察至少 10 min，方可离开。操作者的常规巡视时间间隔不应大于半小时。

④除污机清捞的垃圾，由带式输送机或螺旋输送机运至下一工作区域，现场应及时清理，保持清洁。

⑤工作结束后将格栅除污机的小车停在规定的位置，拔掉插头，与设备断开即完成手动操作。

4）自动操作步骤。开/停耙斗按预先设定的位置和程序连续运行，一般有格栅前后水位差和定时两种控制方式，具体步骤如下：

①在控制面板上设定成自动运行状态。

②定时控制，可根据具体情况设定间隔时间和运行时间。

③液位控制：在控制箱上设定格栅前后液位差，大于设定值时自动开始清捞，当液位差小于设定值时自动停机（液位差根据实际情况设定）。

（3）在运行过程中，如遇过载或因其他故障造成机组停止工作时，应能报警或自动停机，此时操作人员应立即到位，及时排除故障。待一切正常，才能再次启动。

（4）除污机每日至少运行 1 h，并按规定在各润滑点定时、定量加注指定型号的润滑剂，同时保持机组表面油漆完整，无残留垃圾。运行时间也可根据本厂实际进水垃圾状况，如垃圾多可 24 h 连续间歇式运行。

（5）停机。停机在切断电源后应按设备要求保持耙斗停留在合适的位置，各按钮等应复位，并用高压水把残留在除污机各部位上的垃圾冲洗干净，并按要求涂上润滑剂。

二、除砂机及砂水分离设备

去除污水中的无机砂粒是污水处理的一道重要工序，它可以减少砂粒对污水处理装置中的设备、管道阀门的磨损，并最大限度地减少砂粒在渠道、处理装置中的沉积。除砂机与砂水分离设备是用机械的方法将沉砂构筑物分离出的砂粒进行清除的设备。

1. 常用的除砂机

除砂机的种类很多。过去多采用抓斗式或链斗式，利用链条刮板从池底集砂沟中收集沉砂，并通过抓斗将收集的沉砂装车运走。新型的除砂手段，采用安装在往复行走的桁车上的泵抽出池底的砂水混合物，再利用旋流式砂水分离器或水力旋流器加螺旋洗砂机将砂与水分开，完成除砂、砂水分离、装车等工序。

（1）抓斗式除砂机。又分为门形抓斗式除砂机与单臂回转式抓斗除砂机两种，前者采用较多。门形抓斗式除砂机是一个门式起重机，横跨于沉砂池上，将起重吊钩改成抓斗。该机的主要部分是行走桁架、刚性支架、挠性支架、鞍梁、抓斗启闭装置、小车行走装置、抓斗等，其中抓斗的启闭、大车及小车的行走等由操作室内的操作盘控制，如图7—39所示。

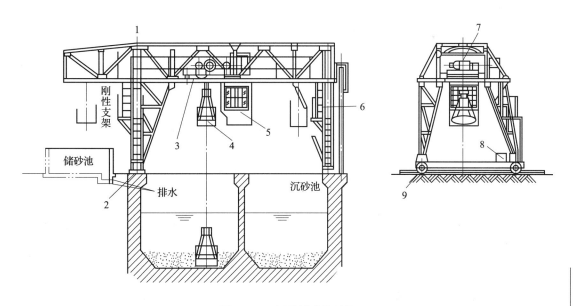

图7—39 门形抓斗除砂机

1—大车行走桁架 2—钢轨 3—小车台架 4—抓斗 5—操作室
6—柔性支架 7—提升启闭驱动装置 8—大车驱动装置 9—大车轮

为了便于操作人员观察抓斗的操作情况，操作室装在小车的正下方并随小车横向行走，在运行中，应在不损坏沉砂池钢筋混凝土池壁及抓斗的前提下，将池底砂沟中的沉砂尽可能完全排除。这种除砂的工作方式是：当沉砂池底积累了一部分砂子后，操作人员将小车开到某一位置，用抓斗深入到池底砂沟中抓取池底的沉砂，提出水面，并将抓斗升到储砂池或砂斗上方卸掉砂子。操作这种除砂机的人员要熟练地掌握抓斗的开合，在操作中应避免抓斗对池壁的碰撞及对池底的冲击。储砂池中的砂子经进一步重力脱水，并积累到一定数量后可用人力或抓斗装车运走，砂斗中的砂子可直接装车。

除砂机的抓斗有单索式和复索式两种。单索式抓斗在提升和下放的过程中完全张开及闭合抓斗的动作，它本身无动力装置，可深入到水下去抓取沉砂，也可以直接挂在起重机的吊钩上。复索式抓斗可在吊起的任意位置启闭，因此除砂机必须在小车上设置启闭卷筒和承载卷筒两套卷扬装置。

（2）链斗式除砂机。如图7—40所示，链斗式除砂机实际上是一部带有多个V形砂斗的双链输送机。除砂机的两根主链每隔一定距离安装一个V形斗，两根主链连成一个环形。通过传动链驱动轴带动链轮旋转，使V形砂斗在沉砂池池底砂沟中沿导轨移动，将沉砂刮入斗中。斗在通过链轮以后改变方向，逐渐将沉砂送出水面。V形砂斗脱离水面后，斗中的水逐渐从V形砂斗下的无数小孔滤出，流回池内。V形砂斗到达最上部的从动链轮处，发生翻转，将砂倒入下部的砂槽中。

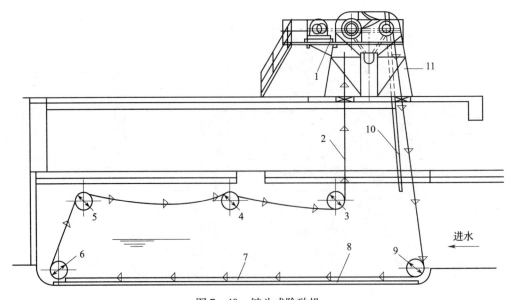

图7—40 链斗式除砂机

1—传动链 2、7—主链 3、4—中间轴及链轮 5—中间轴及链轴

6、9—水中轴 8—导轨 10—链机 11—V形砂斗

与此同时，设在上部的数个喷嘴向 V 形砂斗内喷出压力水，将斗内黏附的砂子冲入砂槽，砂槽内的砂靠水冲入集砂斗中。砂在集砂斗中继续依靠重力滤除所含水分。待砂积累至一定数量后，集砂斗可翻转，将砂卸到运输车上。

（3）桁车泵吸式除砂机。如图 7—41 所示为桁车泵吸式除砂机。桁车泵吸式除砂机适用于平流式沉砂池。每台除砂机安装一台或数台离心式砂泵用以从池底将沉积在沟底中的砂浆抽出。有些除砂机将砂浆抽到池边的砂渠，使之通过砂渠流到集砂井。有些则直接将砂水混合物抽送到砂水分离器中，砂泵出水从切线方向进入水力旋流器，调节砂泵出水管上的阀门（流量），使水力旋流器处于最佳工作状态。这种一体化的设备结构简单、紧凑，操作方便，费用低，但砂水分离效果稍差。为使砂泵通电即能工作而免除灌水的麻烦，除砂机一般使用离心式潜水砂泵或把电动机装在桥架上，而泵体是在水面之下的液下砂泵。砂泵吸砂管深入到池底砂沟中，距底 100 ~ 250 mm。为了防止吸砂管在行走中受沉砂的阻挡而造成破坏，吸砂管可用橡胶制成的柔性管；若采用钢管等刚性材料，一般都装有因受阻而停车的装置，以保证运行安全。桁车泵吸式除砂机最常见的故障是，池底积累的大量沉砂将泵及吸口埋住，造成砂泵吸口无法与水接触，也就无法工作。同时由于吸口无法行走，整个桁车也无法行走。另外，异物被吸入泵中将泵卡死也是常见的故障。如果装有两台砂泵的除砂机其中任何一台出现上述故障，整个除砂机就会保护性停机。

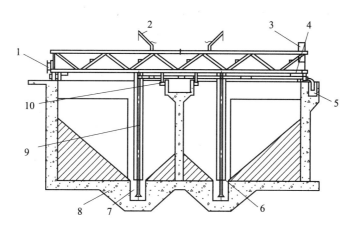

图 7—41　桁车泵吸式除砂机

1—电缆鼓　2—吊车　3—控制柜　4—行车驱动系统　5—砂渠
6—潜水砂泵　7—池底砂沟　8—曝气沉砂池　9—泵管　10—导向轮

2. 砂水分离设备

除砂机从池底抽出的混合物，其含水量多达 97% ~ 99% 甚至以上，还有相当数量的有机污泥。这样的混合物运输、处理都相当困难，必须将无机砂粒与水及有机污泥分开。常用的砂水分离设备有水力旋流器、螺旋洗砂机。

（1）水力旋流器。水力旋流器的工作原理如图 7—42 所示。上部是一个有顶盖的圆筒，下部是锥体。水流从圆筒上部以切线方向进入圆筒，水流速度 5 ~ 10 m/s，砂粒顺着筒壁向下作螺旋运动，由于砂粒相对密度大，受到的离心力也大，被甩向筒壁，并在下旋水流推动下沿外壁向下滑动，在锥顶附近浓缩，之后由下部排砂口排出。流体中的小颗粒及悬浮物随内层澄清水向下旋转到一定程度后改变方向，形成二次涡流，在旋流器的中心作向上的螺旋运动，经顶盖中心的溢流管排出。在二次涡流的中心，即整个水力旋流器的中心，沿轴线形成一空气柱。从水力旋流器排砂口流出的砂浆尽管已被大大浓缩，但仍含 80% 以上的水及少量的有机污泥，仍无法装车运输，还需要经过螺旋洗砂机进一步处理。

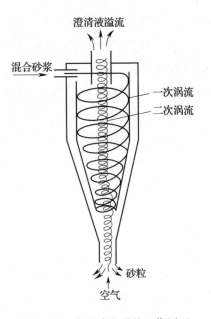

图 7—42　水力旋流器的工作原理

（2）螺旋洗砂机。螺旋洗砂机有两个作用，一是完成砂水分离及砂与有机污泥的分离，二是将分离的干砂装车。它由砂斗、溢流管、溢流堰、散水板、空心式螺旋输送器及其驱动装置构成，如图 7—43 所示。

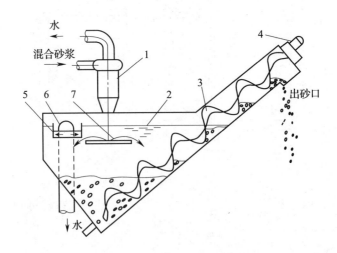

图 7—43　水力旋流器与螺旋洗砂机

砂斗的作用是使混合砂浆暂时停留，使砂沉淀在斗底。空心螺旋提升机可使沉淀在斗底的砂粒沿筒壁升到最高处的出砂口，运砂车辆在出砂口下接砂。空心螺旋提升机中心的通道可使砂浆顺利地回到砂斗。螺旋的转速一般为 1 ~ 8 r/min，转速太高可使沉砂浮起。整个空心螺旋是一个像弹簧一样的挠性体，其下部无轴承，全靠筒壁支撑，这使得螺旋与筒壁的接触非常紧密，有利于砂子的提升。溢流堰与溢流管的作用是使上部的澄清液顺利排出。散水板是装在水力旋流器砂口下的一块弧形的钢板，使从水力旋流器出砂口流出的混合砂浆散开，并沿壁流到斗底，有利于砂在斗底的沉积，并避免水流直接冲击斗底。

螺旋洗砂机可单独完成洗砂、砂水分离及装车工作。这种设备较为简单，成本低，管理也比较容易，且不存在对砂井、砂泵及水力旋流器的堵塞。

三、刮泥机

刮泥机是将沉淀池中的污泥刮到一个集中部位的设备，多用于污水处理厂的初次沉淀池、二次沉淀池和重力式污泥浓缩池。

1. 刮泥机的种类、结构和工作原理

（1）链条刮板式刮泥机。链条刮板式刮泥机如图 7—44 所示。在两根节数相等连成封闭环状的主链上，每隔一定间距装有一块刮板。由驱动装置带动主动链轮转动，链条在导向链轮及导轨的支撑下缓慢转动，并带动刮板移动，刮板在池底将沉淀的污泥刮入池端的污泥斗，在水面回程的刮板则将浮渣导入渣槽。

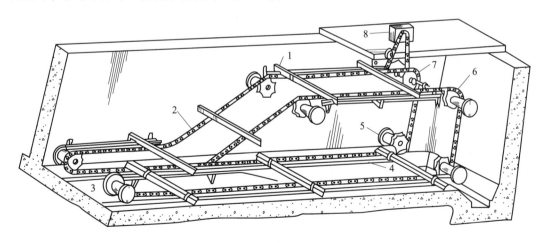

图 7—44 链条刮板式刮泥机

1—刮板 2—链条 3、5—导向链轮 4—链条导轨

6、7—主动链轮 8—驱动装置

链条刮板式刮泥机的特点是移动的速度可调至很低，常用速度为 0.6 ~ 0.9 m/min。由于刮板的数量多且连续工作，每个刮板的实际负荷较小，故刮板的高度低，它不会使池底污泥泛起。又可利用回程的刮板刮浮渣。整个设备大部分在水中运转，沉淀池可加盖密封，防止臭气散发。缺点是单机控制宽度只有 4 ~ 7 m，大型池需安置多台刮泥机；水中运转部件较多，维护困难；大修时需更换所有主链条，成本较高（约占整机成本的 70% 以上）。

（2）桁车式刮泥机。桁车式刮泥机安装在矩形平流式沉淀池上，如图 7—45 所示。桁车式刮泥机的运行方式为往复式运动。每一个运行周期包括一个工作行程和一个不工作返回行程。这种刮泥机的优点是在工作行程中，浸没于水中的只有刮泥板及浮渣刮板，而在返回行程中全机都提出水面，这给维修保养带来了很大的方便；由于刮泥与刮渣都是单向推动，故污泥在池底停留时间少，刮泥机的工作效率高。缺点是运动较为复杂，因此故障率相对高一些。桁车式刮泥机的结构部分主要包括横跨沉淀池的大梁、轮架以及供操作及检修人员行走的走道、扶手等。

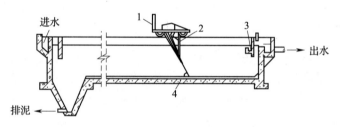

图 7—45　设置桁车式刮泥机的平流式沉淀池
1—桁车　2—浮渣刮板　3—浮渣槽　4—刮泥板

（3）回转式刮泥机。在辐流式沉淀池和圆形污泥浓缩池上多使用回转式刮泥机和浓缩机，它具有刮泥及防止污泥板结的作用，用以促进泥水分离。按照其桥架结构可分为全跨式和半跨式；按驱动方式可分为中心驱动和周边驱动；按刮泥板形式可分为斜板式和曲线式刮泥板。

回转式刮泥机在半径上布置刮泥板，桥架的一端与中心立柱上的旋转支座相接，另一端安装驱动机构和滚轮，桥架做回转运动，每转一圈刮一次泥。这种形式称为半跨式（又称周边驱动）刮泥机，其特点是结构简单，成本低，适用于直径 30 m 以下的中小型沉淀池，如图 7—46 所示。一些回转式刮泥机具有横跨直径的工作桥，旋转式桥架为对称的双臂式桥架，刮泥板也是对称布置的，该种形式称为全跨式（又称双边式）刮泥机。对于一些直径 30 m 以上的沉淀池，刮泥机运转一周需 30 ~ 40 min，采用全跨式每转一周可刮两次泥，可减少污泥在池底的停留时间。还有些刮泥机在中心附近与主刮泥板的 90° 方向上再增加几个副刮泥板，在污泥较厚的部位每回转一周刮四次泥，如图 7—47 所示。

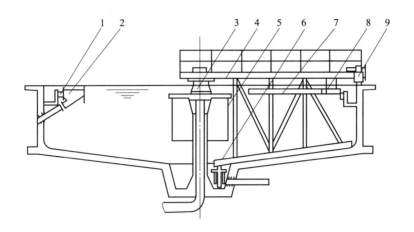

图7—46 半跨式（周边驱动）刮泥机

1—出水堰 2—浮渣漏斗 3—中心支座 4—桥梁

5—稳流筒 6—刮泥板 7—浮渣刮板 8—浮渣耙 9—驱动装置

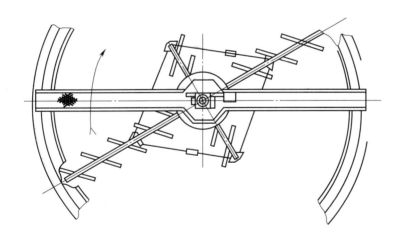

图7—47 全跨式刮泥机俯视图

2. 吸泥机的分类

吸泥机是将沉淀于池底的污泥吸出的设备，一般用于二次沉淀池吸出活性污泥回流至曝气池。大部分吸泥机在吸泥过程中有刮泥板辅助，因此也称为吸刮泥机。常用的有回转式吸泥机和桁车式吸泥机，前者用于辐流式二沉池，后者用于平流式二沉池。吸泥方式可分为：静压式（气提辅助）、虹吸式泵吸式、静压式与虹吸式、泵吸式配合吸泥四种。

（1）桁车式吸泥机。这种吸泥机的结构与桁车式刮泥机相似，也包括桥架和使桥架往复行走的驱动系统，只是将可升降的刮泥板换成了固定于桥架上的污泥吸管。在沉淀池一侧或双侧装有一导泥槽，用以将吸取的污泥引到配泥井或回流污泥泵房及剩余污泥泵房。这种吸泥机往复行走，其来回两个行程的速度相同。桁车式吸泥机的运行速度应根据入流污水量、污泥量、池的深度等诸多因素综合考虑确定，一般为 0.3～1.5 m/min，速度过快会产生扰动，影响污泥的沉淀。

桁车式吸泥机都有两根或多根吸泥管，吸泥方式有两种：一种是虹吸式，另一种是泵吸式。桁车式泵吸泥机如图 7—48 所示。

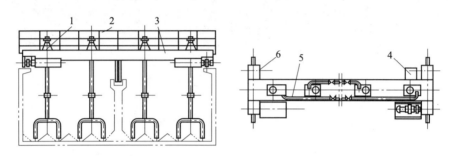

图 7—48　桁车式泵吸泥机

1—液下污水泵　2—栏杆　3—主梁　4—电缆卷筒　5—吸排泥管路　6—端梁

（2）回转式吸泥机。回转式吸泥机按驱动方式分中心驱动式和周边驱动式两种。中心驱动式的驱动电动机、减速机等都安装在吸泥机的中心平台上。减速机带动固定在转动支架上的大齿圈，驱动机架旋转。周边驱动式比中心驱动式应用广泛。它完全采用桥式结构，在桥架的一端或两端安装驱动电动机及减速机，用以带动驱动钢轮或胶轮旋转，从而使整个桥架转动，吸泥管、导泥槽、中心泥罐等一起随桥架转动。如图 7—49 所示是一种新型的具有双层吸泥管的回转式吸泥机，它左边的吸管利用水泵将上层活性较强的污泥抽送到回流污泥泵房，可有效地提高回流污泥的活性。而右边的吸泥管则用刮泥板辅助将下层的惰性污泥吸出，作为剩余污泥排除。另外还有双层刮吸泥机，一端用吸泥管吸取上层活性污泥，另一端则安装与回转式刮泥机相似的曲线刮板，将下层污泥刮到中心集泥斗，最后用污泥泵将这些剩余污泥抽走。

四、曝气设备

为了实现曝气的作用，所有的曝气设备必须产生和维持有效的水气接触，使水能够循环流动和实现水中的活性污泥始终处于悬浮状态。在生物氧化作用不断消耗氧气的情况下，保持水中一定的溶解氧浓度。

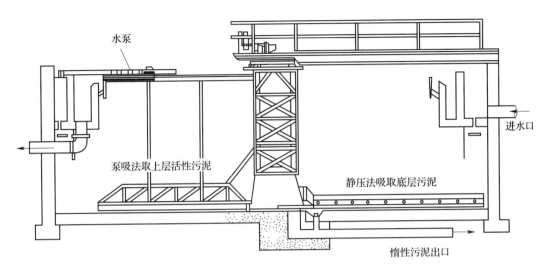

图7—49 具有双层吸泥管的回转式吸泥机

1. 曝气设备性能指标

曝气设备性能的主要指标有：

（1）氧转移率，单位为 $mgO_2/$（$L \cdot h$）或 $kgO_2/$（$m^3 \cdot h$）。

（2）充氧能力（或动力效率），即每消耗 $1 kW \cdot h$ 动力能传递到水中的氧量，单位为 $kgO_2/$（$kW \cdot h$）。

（3）氧利用率，是通过鼓风曝气系统转移到混合液中的氧量占总供氧的百分比。机械曝气无法计量总供氧量，因而不能计算氧利用率。

2. 曝气设备类型

曝气设备类型可分为鼓风曝气器和机械曝气器。鼓风曝气器是在水中把一定压力的空气释放成气泡的曝气设备。机械曝气器是利用叶轮等机械更新水面引入气泡的曝气设备。曝气设备应满足下列三种功能。

（1）产生并维持有效的气—水接触，并且在生物氧化作用不断消耗氧气的情况下，保持水中一定的溶解氧浓度。

（2）在曝气区内产生足够的搅拌和混合能力，使活性污泥、废水、溶解氧充分接触。

（3）使水中的生物固体处于悬浮状态，防止污泥沉淀。

3. 鼓风曝气设备

鼓风曝气设备包括：鼓风机及曝气扩散器（曝气器）。鼓风机分别为罗茨风机和离心风机。曝气扩散设备按扩散空气气泡的大小，分为中粗气泡曝气器和微孔曝气器。中粗气泡曝气器氧的转移率较低，微孔曝气器氧的转移率较高，目前采用较多。

（1）微孔曝气器。微孔曝气器也称多孔性空气扩散装置，采用多孔性材料如陶粒、粗瓷等掺以适量的酚醛树脂一类的黏合剂，在高温下烧结成为扩散板、扩散管及扩散罩等形式。刚性微孔曝气器容易堵塞，现在已广泛应用膜片式微孔曝气器。

微孔曝气是利用空气扩散装置在曝气池内产生微小气泡后，微小气泡与水的接触面积大，所产生的气泡的直径在 2 mm 以下，氧利用率较高，一般可达 10% 以上，动力效率大于 2 kgO_2/（kW·h）。其缺点是气压损失较大、容易堵塞，进入的压缩空气必须预先经过过滤处理。

微孔曝气器可用于活性污泥负荷率小于 0.4 kg BOD_5/（kgMLSS·d）的系统，在要求空气扰动较小的接触氧化等处理工艺中也多使用微孔曝气器（可防止生物膜被大气泡洗脱）。

根据扩散孔尺寸能否改变，分为固定孔径微孔曝气器和可变孔径微孔曝气器两大类。

常用固定孔径微孔曝气器有平板式（见图 7—50）、钟罩式（见图 7—51）和管式等三类，由陶瓷、刚玉等刚性材料制造而成。其平均孔径为 100 ~ 200 μm，氧利用率为 20% ~ 25%，充氧动力效率为 4 ~ 6 kg O_2/（kW·h），通气阻力为 150 ~ 400 水柱（1.47 ~ 3.92 kPa），曝气量为 0.8 ~ 3 m^3/（h·个），服务面积为 0.3 ~ 0.75 m^2/个。

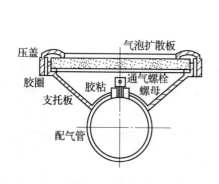

图 7—50　平板式微孔曝气器

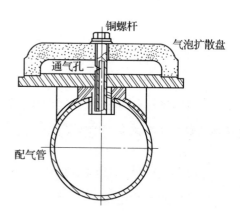

图 7—51　钟罩式微孔曝气器

常用可变孔径微孔曝气器多采用膜片式，如图 7—52 所示。膜片材质为合成橡胶。其孔径为 100 ~ 200 μm，氧利用率为 27% ~ 38%，充氧动力效率为 3 ~ 4 kg O_2/（kW·h），通气阻力为 150 ~ 600 水柱（1.47 ~ 3.92 kPa），曝气量为 3.4 ~ 34 m^3/（h·个），服务面积为 1 ~ 3 m^2/个。

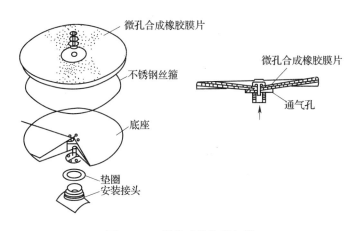

图 7—52　膜片式微孔曝气器

可变孔径微孔曝气器膜片被固定在一般由 ABS 材料制成的底座上，膜片上有用激光打出同心圆布置的圆形孔眼。曝气时空气通过底座上的通气孔进入膜片与底座之间，在压缩空气的作用下，膜片微微鼓起，孔眼张开，达到布气扩散的目的。停止供气后压力消失，膜片本身的弹性作用使孔眼自动闭合，由于水压的作用，膜片又会压实于底座之上。这样一来，曝气池中的混合液不可能倒流，也就不会堵塞膜片的孔眼。同时，当孔眼受压开启时，压缩空气中即使含有少量尘埃，也可以通过孔眼而不会造成堵塞。

（2）可变孔曝气软管。可变孔曝气软管表面都开有曝气的气孔，气孔呈狭长的细缝型，气缝的宽度在 $0 \sim 200 \; \mu m$ 之间变化，是一种微孔曝气器。可变孔曝气软管的气泡上升速度慢，布气均匀，氧的利用率高，一般可达到 $20\% \sim 25\%$，而价格比其他微孔曝气器低。所需供的压缩空气不需要过滤过程，使用过程中可以随时停止曝气，不会堵塞。软管在曝气时膨胀开，而在停止曝气时会被水压扁。可变孔曝气软管可以卷曲包装，运输方便，安装时池底不需附加其他复杂设备，而只需要固定件卡住即可。

（3）穿孔曝气管。穿孔曝气管是一种应用较为广泛的中气泡曝气空气扩散装置，由管径介于 $25 \sim 50 \; mm$ 之间的钢管或塑料管制成，在管壁两侧向下相隔 $45°$ 角，留有两排直径 $3 \sim 5 \; mm$ 的孔眼或缝隙，间距 $50 \sim 100 \; mm$，压缩空气由孔眼溢出，孔口速度 $5 \sim 10 \; m/s$。

这种扩散装置的优点是结构简单，不易堵塞，运行阻力小。缺点是氧的利用率较低，只有 $4\% \sim 6\%$，动力效率也低，只有 $1 \; kg \; O_2/（kw \cdot h）$ 左右。在活性污泥曝气系统中采用较少，而在接触氧化工艺中应用较多。

4. 机械曝气

（1）水平轴曝气机。水平轴曝气机又称转刷曝气机。转刷曝气机是氧化沟工艺中普遍采用的一种卧轴式水平推滚式表面曝气设备，主要由户外立式电动机、减速机、主轴、刷片、轴承座、电气控制等部分构成。

转刷的长度由氧化沟的宽度确定，一般为 3 ~ 12 m，若长度超过 9 m，为避免因转刷太长而产生严重挠曲，可在氧化沟中心设置支墩，称为双联轴式。转刷曝气机通常旋转直径为 1 m，速度一般为 70 ~ 75 r/min，浸没水深为直径的 1/3，转刷每米长度需要功率为 5 kW 左右。

转刷曝气机一般安装在几组长方形的氧化沟槽上，运转中要激起大量的水沫，有时还有大量污浊的气泡，因此在设备之上设置了一个混凝土桥，用以挡住水沫和便于现场设备检修。转刷曝气机的另一端用轴承固定于混凝土基座上，轴承座一般使用可调滚动轴承，用以抵消转刷空心轴因挠曲所造成的影响。大部分的尾端基座还可以轴向浮动，用以抵消转刷因气温变化在长度方向引起的热膨胀。为了调节转刷的浸水深度，转刷曝气机两端的轴承座上安装了螺旋调节装置。使转刷可上下自由调节。

（2）垂直轴曝气机。垂直轴曝气机种类繁多，有固定式与浮筒式两种。此处主要介绍固定安装的叶轮曝气机，目前国内是以倒伞形和泵（E）形叶轮曝气机为主。

倒伞形叶轮曝气机为垂直轴表面平推曝气机，主要设备由电动机、联轴器、减速箱、叶轮、升降装置、机座、倒伞形叶轮、电气控制等部分构成，如图 7—53 所示。

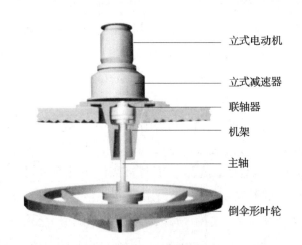

立式电动机

立式减速器

联轴器

机架

主轴

倒伞形叶轮

图 7—53　倒伞形叶轮曝气机

废水在叶轮的强力推动下呈水幕状从叶轮边缘甩出，形成水跃，裹入大量空气，使空气中的氧气迅速溶入废水中，对含有活性污泥的废水进行充氧和混合，加快生化作用。倒伞形叶轮的直径一般为 0.6 ~ 3.25 m，目前国内最大的叶轮直径为 4 m，由于其直径较泵形大，故其转速较慢，为 30 ~ 60 r/min，充氧方式是以液面更新为主，水跃及负压吸氧为辅，动力效率为 1.5 ~ 2.5 kgO$_2$/（kW·h）。

第7节 常用仪表

 **学习目标**

1. 熟悉废水处理各种常用仪表的种类、原理和用途。
2. 了解水处理各种常用仪表的特点和使用注意事项。
3. 了解在线监测仪表的发展趋势及功能用途。
4. 熟悉在线监测仪表的工作原理。
5. 了解常用在线监测仪表安装、使用和维护要求。

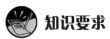 **知识要求**

一、常用测量仪表

1. 温度测量仪表

按温度测量方式可分为接触式和非接触式两类，一般多采用接触式测温的方法。选用温度测量仪表时，必须依被测介质、环境条件、测量精度、响应时间以及对温度控制的要求而定。以下介绍几种比较常用的温度测量仪表。

（1）流体温度计。流体温度计种类品种繁多，按感温流体分为水银和有机流体两种。它们均是利用感温流体受热时体积膨胀原理制作而成。

（2）双金属温度计。双金属温度计是一种适合测量中、低温的现场检测仪表，可用来直接测量气体、流体和蒸汽的温度。它们主要利用金属受热时产生线性膨胀原理制作而成。

（3）压力式温度计。温度计的测量系统主要由温包、毛细管和弹簧管等元件组成。当被测介质温度发生变化时，测量系统内感温介质的压力也随着增大或减小，并经毛细管传给弹簧管，使其变形，通过传动机构使指针移动，从而使温度变化值从刻度盘上读出。该类温度计的特点是结构简单，不怕振动。但由于测量距离较远，温度滞后性较大，温度测量精度低。毛细管机械强度差，易损坏。

2. 压力测量仪表

压力测量仪表主要应用在液体、气体、蒸汽等介质的检测和控制。其感测元件有弹簧管、膜片、膜盒、波纹管等，如图7—54所示。

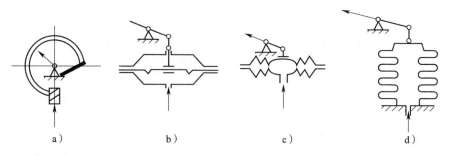

图7—54 不同类型感测原件

a）弹簧管 b）膜片 c）膜盒 d）波纹管

（1）弹簧管压力仪表。弹簧管压力仪表主要应用于非腐蚀性和无结晶的液体、气体等介质的压力与真空的测量。其工作原理是基于被测介质的压力进入弹簧管时，引起弹性变形，从而产生相应位移，通过传动机构，使指针在刻度盘上指示出来。

（2）膜片式压力仪表。膜片式压力仪表主要用于测量有一定腐蚀性或易结晶和易凝固的各种黏性介质的压力和真空度。它的工作原理是当被测介质进入气室时，膜片受到压力作用，从而产生相应的位移，经传动机构，带动指针在刻度盘上指示出测量值。

（3）电接点压力仪表。电接点压力仪表，适用于非腐蚀性和无结晶的液体、气体等介质。其工作原理与弹簧管压力仪表一样，均是利用弹簧管变形而产生相应位移，使指针在刻度盘上指示出测量值。只是电接点压力仪表多一套电接点装置，它与相应的电气器件（如继电器及接触器等）配套使用，使被测压力超出上下限时能实现自动控制、发讯和报警。

（4）电动压力变送器。电动压力变送器种类繁多，按其能源形式可分为气动、电动两大类。其测量元件有波纹管、弹簧管、电容式等。电动远传压力变送器主要由测量元件、转换机构及电子放大器等部件组成。用以连续测量液体、气体等介质的压力或负压（即真空），并将被测的参数转换为直流电信号，与调节器及其他仪表组成自动测量、记录、控制等系统。

3. 流量测量仪表

流量测量的仪表又称流量计，能指示和记录某瞬时流体的流量值或某时间段内流体的总量值。流量测量的方法很多，常用的测量仪表有差压式流量计、转子流量计、电磁流量计、超声波流量计、容积式流量计、速度式流量计等，各类流量计具有不同的特点及适用场合。

（1）差压式流量计。它是以测量流体流经节流装置（孔板、喷嘴、文丘里管）所产生的静压差来显示流量大小的一种流量计。随着对流量测量要求不断提高及其他各种形式流量计量仪表的不断完善和开发，差压流量计逐渐被先进的、高精度的流量计仪表所替代。

（2）转子流量计。它由一根自下而上扩大的垂直锥形管和一只随流体流量大小可以上下移动的锥形转子所组成。如图7—55所示。转子升降时，它的最大外径与锥形管之间的环隙面积随转子高度不同而变化。当流量增加时，转子上升环形面积增大，并使转子稳定在某一位置，此时的高度即可指示流量。

（3）电磁流量计。电磁流量计是基于法拉第电磁感应定律而制作的，当导电流体在管道中与外设磁场垂直方向流动而切割磁力线时，会在电极上产生感应电势，这个电势与流速成正比。然后经变换器放大，输出直流信号，供显示仪表显示流量。电磁流量计适用于大多数导电流体介质的流量测量，如泥浆、悬浮液、纸浆和黏稠流体，其测量结果不受温度、压力、黏度、密度的影响，即使是腐蚀性的介质也能被测量。如图7—56所示。

图7—55　转子流量计　　　　　图7—56　电磁流量计

（4）超声波流量计。超声波流量计是一种新型流量测量仪表，可用来测量导电和非导电液体的流量，其主要由转换器和传感器两大部分组成。如图7—57所示。超声波测量流速的原理是，超声波在某一测量介质中的传播速度与流体速度有关。当管内流体在流动时，顺流的传播速度快，行进时间较短，而逆流的传播速度慢，行进时间长。利用两个超声波转换器A、B交替地发送超声波信号，测量正反两方向的传播速度差或行进时间差，通过换算成流体流速，显示流体流量。

4. 液位测量仪表

废水处理装置中有许多储存液体的容器，需随时监测容器中液位的变化。通常把测量容器中液位的仪表叫做液位计。下面介绍几种常用的液位计。

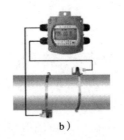

a)　　　　　　　　　　b)　　　　　　　　　c)

图7—57　超声波流量计

a) 管段式　b) 外夹式　c) 插入式

（1）玻璃液位计。玻璃液位计是一种使用最早又最简单的液位计，它用一个与设备连通的透明连通管，一端接容器的气相，另一端接容器的液相，根据连通器的原理显示容器中的液位高低。玻璃液位计结构简单，价格便宜，维修方便，通常用于温度和压力均不太高的场所。其缺点是不能远传和自动记录，且玻璃易碎。

（2）浮力式液位计。浮力式液位计可分为两种，一种是浮力不变的恒浮力液位计，如浮标式液位计和浮球式液位计等。另外一种是变浮力式液位计，如沉筒液位计等。浮力式液位计结构简单，造价低廉，应用较广。

1）浮标式液位计。浮标式液位计是一种最简单的液位计。漂在液面上的浮标用绳挂在滑轮上，绳的另一端挂一个平衡重物，其质量等于浮标自重减去液体对浮标的浮力。所以，浮标可随液面自动地上下浮动，并通过绳上的指针在刻度线上读出被测液面的数值。

浮标式液位计也可将液位变化信号从密封容器中传送到外面，浮标液位计的结构简单，但故障较多，会经常发生传动机械故障，如滑轮卡滞，绳索腐蚀、脱轨、断裂等。

2）浮球式液位计。浮球式液位计可分为内浮球式和外浮球式两种，在测量温度较高，尤其是黏度较大的密封容器液面时，常采用内浮球液位计。浮球通过连杆与转动密封轴相连，连杆另一端加一位置可调的平衡重物，组成以密封转轴为支点的杠杆平衡系统。当液面变化时，浮球随之上下浮动并带动连杆绕支点转动。支点密封轴上装有液面指示指针，指示出被测液面的数值。如果需要还可加装位移变送器，将液面信号远传到中控室。

根据连通器原理，这种液面计也可制成外浮球式，以方便维修，但不宜测量易结晶或黏度大的液位。由于浮球式液位计必须经密封传动轴才能将液位信号传出，所以密封问题较多，摩擦造成的误差大，故障多。

（3）差压式液位计。差压式液位计是利用容器底部与顶部之间的净压力差与容器中介质的液位有关的原理。净压力差通过差压变送器转换成液位高度，在二次仪表上显示容器中的液位。

除上述三种液位计之外，还有沉筒式液位计、电容液位计、超声波液位计和辐射式液位计等。

二、水质在线监测仪表

水质在线自动检测系统是一套以在线自动分析仪为核心，运用现代传感器技术、自动测量技术，自动控制技术、计算机应用技术以及相关的专用分析软件和通信网络所组成的一个综合性的在线自动监测系统。能统计、处理检测数据，可打印输出各种监测、统计报告及图表，并可输入中心数据库或上网。收集并可长期存储指定的监测数据及各种运行资料、环境资料以备检索。系统具有监测项目超标及子站状态信号显示、报警功能；自动运行、停电保护、来电自动恢复功能；运程故障诊断，便于例行维修和应急故障处理等功能。这里主要简单介绍水质在线监测系统和仪器、操作方法等，每种仪器选择具有代表性的厂家生产的仪器进行介绍。

1. COD 标准分析方法仪器设备

根据检测方法的不同可分为光度比色法、库仑滴定法和流动注射法等。这里主要介绍重铬酸盐法中的库仑滴定法。

（1）原理。在强酸性和加热条件下，水样中有机物和无机还原性物质被重铬酸钾氧化，通过测量消耗重铬酸钾的量来计算 COD 浓度，测量过程中一般采用硫酸银作为催化剂，采用硫酸汞掩蔽氯离子干扰。

COD 在线自动监测仪是由液体输送系统、溶液输送系统、计量、加热回流、冷却、光度测定（或滴定）、自动控制、数据采集、数据显示、数据打印等部分组成。

（2）步骤。在水样中加已知量的重铬酸钾溶液，在强酸加热环境下将水样中的还原性物质氧化后，用硫酸亚铁铵标准溶液反滴定过量的重铬酸钾，通过电位滴定的方法进行滴定判断终点，根据硫酸亚铁铵标准溶液的消耗量进行计算。

仪器的工作过程是：程序启动→加入重铬酸钾到计量杯→排入消解池→加入水样到计量杯→排到消解池→注入硫酸、硫酸银混合液→加热消解→冷却→排入滴定池→加蒸馏水稀释→搅拌冷却→加硫酸亚铁铵滴定→排泄→计算打印结果。库仑滴定法 COD 分析仪工作原理如图 7—58 所示。

主要性能指标。

测量方法：重铬酸钾加硫酸亚铁铵滴定法，双铂电极电位法指示滴定终点。

测量范围：5 ~ 10 000 mg/L。

测量周期：20 ~ 70 min（可调）。

重现性：±10%。

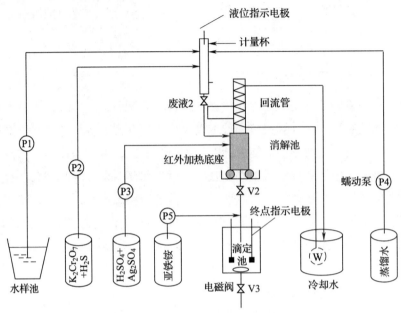

图 7—58　库仑滴定法 COD 分析仪工作原理

测量误差：±10%（标样），±15%（实际水样）。

（3）COD 分析仪的操作。操作仪器之前应认真阅读仪器的使用说明书，并应经过生产厂家的认证培训。一般的 COD 监测仪操作内容主要包括仪器参数的设定、仪器的校准、仪器的维护和故障处理等。

1）仪器的安装要求。从采水点给仪器输送水样的水泵，其功率应能使被测水体输送到仪器处其出水口的液流能满管连续流动。通常采样点到仪器的距离在 20 m 内时，选用350 W 的潜水泵或自吸泵即可。当采样点到仪器的距离大于 20 m 时，应选用 550 ~ 750 W 的自吸泵或潜水泵，此外还应根据水样的腐蚀性选择是否选用耐腐蚀泵。

取水点至仪器安装处应预先安装好水泵、直径为 32 mm 的水样进水管和溢流管。连接的管道应根据具体情况选用硬聚氯乙烯塑料、ABS 工程塑料或钢、不锈钢等材质的硬质管材。安装尺寸如图 7—59 所示（在水质具酸碱性的地方不能用金属管材）。

通常安装仪器的工作子站如图 7—60 所示。

2）仪器的操作和使用

①调试。在安装完成后做好各项准备工作，放置好仪器所需的各种试剂，仪器上电稳定半个小时。调整好测量模块的各级参数，且稳定一段时间后，可进行仪器的标定。然后再用标准样作为水样进行分析，看是否达到仪器规定的精度要求。如果没有达到，则应进行修改校正，直到达到要求。

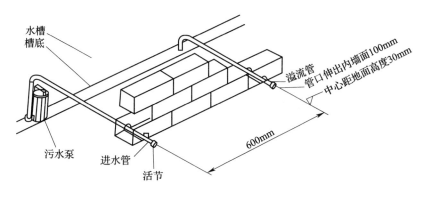

图 7—59　管道安装图

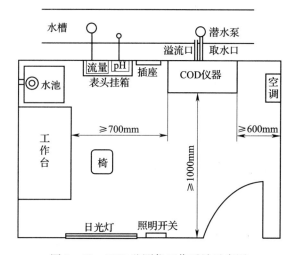

图 7—60　COD 监测仪工作子站示意图

②使用。完成安装调试后，在系统配置里设置好仪器的采水时间以及分析周期（或者定点分析次数及时间）。各参数确认无误后，就可用自动方式进行 COD 在线自动监测了。

3）曲线校准。仪器在使用前需要对工作曲线进行校准，在使用中也需要定期校准。校准前应先配制不同浓度的邻苯二甲酸氢钾标准溶液，可根据仪器的需要进行一点校准或多点校准。使用中的 COD 分析仪应定期校准，一般每 3 个月或半年校准一次，或仪器每日自动标定，并与手工方法进行实际水样对比，以保证工作曲线准确。

4）仪器的维护。COD 分析仪在使用中应该严格按照要求进行定期维护，保证仪器长期稳定运行。

一般仪器 COD 分析仪应定期进行如下维护：

①定期添加试剂，添加频次根据单次试剂用量、分析频次和试剂容器容量来确定。

②定期更换泵管，防止泵管老化而损坏仪器；更换频次每3~6个月一次，可参照使用说明书确定。

③定期清洗采样头，防止采样头堵塞而采不上水，一般2~4周清洗一次，主要根据水质情况而定，水质越差清洗周期越短。

④定期校准工作曲线，以保证测量结果准确，一般3个月或半年校准一次，主要参照使用说明书和现场水质变化情况来定，对于水质变化大的地方，应相应缩短校准周期。

2．浊度分析仪

SS是废水处理过程中的重要指标。采用悬浮污泥粒子检测器进行测量，不需要取样，检测器直接浸入废水中，通过分析仪/变送器可直接读出悬浮粒子的含量（可准确至10^{-6} mg/L）。这一特点保证了检测器用最佳的数据来控制活性污泥装置。

（1）透过散射方式和表面散射法的原理。透射式浊度测量仪的原理：仪器通过发射的单色光，光速穿过水样遇到水中微小颗粒产生散射光而衰减，通过测量透射光强计算光强衰减率从而测量水样浊度。此方法适合于浊度高的场合。

表面散射法浊度测量仪的原理：仪器通过发射的高强度的单色光（890 nm 波长），光速穿过水样遇到水中微小颗粒产生散射光，通过测量垂直于光速方向的散射光强度计算水样的浊度。此方法灵敏度较高，适合浓度较低的场合。例如，HACH公司的1720E浊度分析仪。

仪器通过把来自传感器头部总成的平行光的一束强光引导向下进入浊度计本体中的试样。光线被试样中的悬浮颗粒散射，与入射光线中心线成90°的方向散射的光线被浸没在水中的光电池检测出来。

散射光的量正比于试样的浊度。每秒钟取一次读数。

（2）仪器设备的操作使用

1）仪器的安装。按照说明书顺序安装控制器、连接电源、连接输出线、安装浊度计主体、连接管路等。

2）仪器的操作。利用面板上的键盘进行传感器设置、系统参数设置、显示设置、输出设置、查看信息、测试维护等操作。

3）校准。1720E浊度计在装运之前由工厂进行校正。该仪表在使用之前必须复校以使其符合签发的精确度技术条件。此外，建议在任何一次重大维护或修理后和在正常运行中至少每三个月进行复校。在初次使用前和每次校正前，浊度计本体和气泡捕集器必须彻底清洗和冲洗。在进行校正前用去离子水冲洗光电管窗口，并用一块柔软不起毛的布擦干。经常清洗浊度计本体或校正圆筒，在校正前用去离子水冲洗。

4）维护。每次校正之前或根据试样性质确定是否清洗传感器；按管理机构指示的日程表进行校正传感器（按管理机构要求进行）。

对 1720E 仪表预定的各项定期维护要求仅为最低要求。包括校正及清洗光电管窗口、气泡捕集器及本体。如目测表明有必要的话，检查并清洗气泡捕集器及浊度计本体。

定期进行其他维护，根据经验制定维护日程，还取决于装置、取样类型以及季节等条件。维持浊度计本体内部和外部、一体式气泡捕集器及周围区域的清洁非常重要。这样做会确保精确的低数值浊度测量结果。

在校正和验证前清洗仪表本体。

3. pH 测量仪器设备

（1）玻璃电极法的原理。pH 探头（电极）内装有温度敏感元件，仪器自动补偿温度对 pH 测量值的影响。pH 复合电极结构原理如图 7—61 所示。

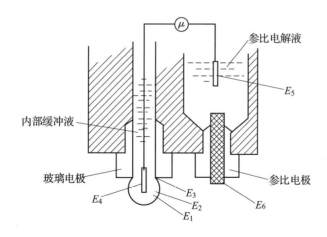

图 7—61　pH 电极结构原理

仪器由传感器探头、前置电路、显示表组成。探头与前置电路安装成一个整体，与仪器显示表之间由四芯屏蔽电缆连接。

pH 探头产生约 60 mV/pH 的电压，经前置电路放大后，经光电耦合，再经过恒流电路，形成 4～20 mA 远传电流信号。4～20 mA 对应的 pH 值为 0～14，温度补偿在前置电路内完成。

pH 测量仪工作原理如图 7—62 所示。

仪器性能指标：

①测量范围 2～12 pH。

②测量精度 ±0.1 pH。

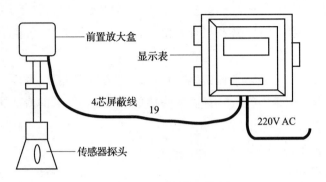

图 7—62　pH 测量仪工作原理

③显示分辨率 ±0.07 pH。

④输出信号 4～20 mA。

（2）仪器设备的操作。在线 pH 测量仪可实现连续直接测量，操作相对比较简单，一般只需定期校准、定期清洗和定期更换电极即可。

1）安装。一次表为杆状结构，适用于测量池、渠道等敞开水面条件，使用时用金属板、弯形卡、支杆等将一次表牢固地固定在池或渠的侧墙上，并且保证使 pH 探头部分埋入水中。

二次表为壁挂式，利用仪表后面的挂钩挂在墙上或控制柜内。二次表要求安装于室内或避风雨、日晒的仪器箱内。

2）仪器功能及操作。仪器的程序主要有三个功能模块，分别为主界面、校准和设置。校准模块采用三点校准方式；设置功能包括报警上限、报警下限、4～20 mA 模拟输出和恢复参数四个功能。

3）校准操作。为了保证测量准确，应该定期对仪器进行校准。校准采用三点校准方式，校准前应提前准备 pH（在 25℃时）分别为 4.01、6.86、9.18 标准缓冲液，然后按照界面提示逐点校准。

4）日常维护

①定期清洗玻璃电极，清洗周期视水质情况而定，建议 1 个月 1 次。

②定期校准（标定）仪器，校准周期视水质情况而定，建议 3 个月 1 次。

③每 5 年应检查参比电极内的 KCl 溶液，不足时，应补充。

5）使用注意事项

①pH 计正式使用前，必须由专业维护人员按操作要求进行校验。

②pH 计探头必须浸在水中，在无水情况下，必须拆下并对探头进行冲洗，然后浸泡

于清洁的蒸馏水中保养。

③未经管理部门或专业维护人员允许，任何人不能擅自移动、拆除、改装仪器。

④当 pH 计显示结果出现异常骤变时，应检查线路是否接好，如果 pH 计测定结果显示最大或最小，应检查探头是否已损坏，需更换。

⑤当 pH 计测定结果与化学法测定结果有相对固定的差值时，则应对探头进行清洗；如果故障仍未排除则需对仪器重新进行校验。如果仍无效，则可以更换新的探头。

⑥不可用水直接喷射到 pH 计探头部分。避免排水渠内的杂物碰撞探头部分。如发现探头部分附有杂物，应小心地进行排除清理。

⑦pH 计探头部分、管道部分、仪器部分，禁止踏、挤压并禁止靠近火、油、烟、腐蚀性化学物品。

4. 溶解氧测量仪

（1）膜电极法的原理。膜电极主要是通过将氧浓度转化为电池的电流来进行相关测量，电极由一小室构成，室内有两个金属电极并充有电解质，用选择性膜将小室封闭，水及溶解性物质离子不能透过这层膜，但氧和一定数量的其他气体及亲水性物质可透过这层薄膜。测量时放入一定流速的水中，电极因外加有电压从而存在电位差，小室中，阳极氧化进入溶液，而透过膜的氧气在阴极还原，由此所产生的电流直接与通过膜与电解质液层的传递速度成正比，因而该电流与给定温度水下水样中氧的浓度成正比。溶氧传感器如图7—63所示。

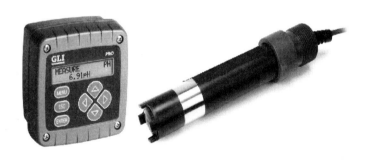

图 7—63　溶氧传感器

仪器采用了三电极的极谱型克拉克（Clark）池测定技术。传感器测量两个电极之间的电流。这个电流值是溶液中溶解氧分压的函数。测量样品中的溶解氧迁移通过膜扩散到电解液中。当一个恒定的极化电压加到电极时，阴极上的氧减少，所产生的电流直接与电解液中的溶解氧含量成正比。

第三个电极是用作独立的参比。它提供了一个比常规的双电极系统中采用的银阴极电极更为恒定的电势，因为它不能够传导 DO 测定所必需的电流。该电极导致了更好的长期极化稳定性、更长的阳极和电解液寿命，从而导致更高的传感器精度和稳定性。

（2）仪器设备的操作

1）安装要求。将测定仪安装在距离 DO 传感器不超过 300 m 的地方，将测定仪安装在清洁、干燥，振动较少或者没有振动、没有腐蚀性液体、符合环境温度限值范围（−30 ~ 60℃）的地方。可将测定仪安装在面板上、墙上或管道上，将传感器与测定仪按要求连接好。

2）校准测定仪。按仪器说明书要求进行校准。

3）配置测定仪。测定仪具有许多可能需要的功能，例如，模拟信号输出、三路继电器、软件告警等。按照特定的应用要求进一步配置测定仪。

4）维护保养。要保持测定仪的精度，请定期清洗传感器。应当定期地进行系统校准，以便保持测定的精度。

5. 污泥界面的在线测定

对废水处理二沉池的污泥界面进行连续监测，可以使操作人员有效地掌握污泥沉淀特性，并对污泥回流量进行精确的控制。准确、全天候的污泥界面监测可使操作人员优化排泥控制，减少水的回流，防止泥位过高随水排放以致出水恶化，避免污泥脱氮或分解，提高处理效率。最重要的是在二沉池段负荷过载时，可以提供早期警报，使得操作人员能够立刻采取对策。

污泥界面在线监测仪是在污水处理工程中为进行污泥界面的连续监测而设计的一种在线分析仪。

仪器的设计通常是基于电容、超声波或光学的测量原理，这种仪器可以连续不断地测量沉淀池中污泥界面的变化情况，同时测量结果可以以图形或数字的形式显示。仪器特有的自动清洗装置可以去除残留在探头表面的气泡和污泥颗粒，从而保证测量结果的准确性。通常污水工程设计在选用污泥界面计时应考虑以下因素。

①测量对象。如被测介质的物理和化学性质，以及工作压力和温度、安装条件、液位变化的速度等。

②测量和控制要求。如测量范围、测量（或控制）精确度、显示方式、现场指示、远距离指示、与计算机的接口、安全防腐、可靠性及施工方便性。

目前常用的两种污泥界面在线监测仪的测量原理简介如下。

（1）非接触型液位测量。非接触型液位测量包括超声波液位测量和核辐射式液位测量等。超声波液位测量仪表的传感器由一对发射、接收换能器组成。发射换能器面对液面发射超声波脉冲，超声波脉冲从液面上反射回来，被接收换能器接收。根据发射至接收的时间可确定传感器与液面之间的距离，即可换算成液位。其精确度为±0.5%。

这种液位计无机械可动部分，可靠性高，安装简单、方便，属于非接触测量，且不受液体的黏度、密度等影响。但此种方法有一定的盲区，且价格较贵。

核辐射检测则是利用放射性同位素来进行测量，根据被测物质对射线的吸收、反射或射线对被测物质的电离激发作用而进行工作的。因放射性物质对人类有害，只用在部分特殊场合。

泥水界面仪的传感器位于水面以下，通常为5~10 cm，超声波能量从探头表面向沉淀池下面发射，超声波会被水中的固体悬浮物反射，形成连续回波，被传感器接收。专门的分析软件对回波数据进行分析，根据声速和用户预先设置计算泥位。独特的双界面测量，即泥水界面（较稀的泥）和泥位（较稠的泥）的测量可以更好地确定沉淀池中悬浮物的分布情况，从而优化工艺控制流程。

（2）电容式液位测量。电容液位传感器是利用被测对象物质的电导率，将液位变化转换成电容变化来进行测量的一种液位计。电容液位传感器具有无机械可动部分，结构简单、可靠；精确度高；检测端消耗电能小，无自热现象、动态响应快；维护方便，寿命长，对恶劣环境的适用性强等优点。缺点是被测液体的介电常数不稳定会引起误差。常见的电容传感器测量电路有变压器电桥式、运算放大器式及脉冲宽度式等。

当测量范围不超过2 m时，采用棒状、板状、同轴电极；当超过2 m时，采用缆式电极。当被测介质为水时，采用带绝缘层（可用聚乙烯）的电极。

本章思考题

1. 简述管配件材料的选用要求。
2. 简述常用管配件连接操作要求。
3. 闸阀由哪些部分组成？
4. 阀门最基本的功能是什么？
5. 叙述常用阀门操作维护要求。
6. 造成离心泵启动后不进水的原因有哪些？造成离心泵汽蚀的原因有哪些？
7. 水泵常用的轴封机构是什么？各自有哪些优缺点？
8. 桁车泵吸式除砂机适用于哪种沉砂池？

9. 曝气设备有哪些种类？各自有什么特点？

10. 如何选择离心泵？

11. 叙述风机调节风量的方法。

12. 叙述各类污泥脱水机的操作与维护要求。

13. 叙述吸刮泥机维护要求。

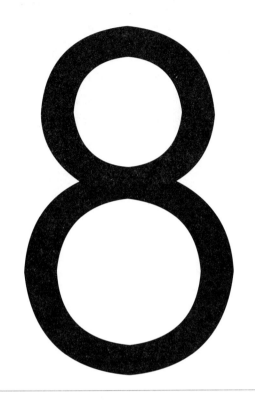

第 8 章

废水监测与分析

污水处理厂废水监测与分析是在污水处理中掌握污水水质及处理效果的重要手段。

在废水处理过程中，废水从废水处理设施的进水口到出水口，经过物理、化学、生物等复杂的工艺过程，水质会发生一系列的变化。为保证出水水质达到预期要求，必须保证设施各单元正常稳定运行。为此，不但需要随时掌握水量、进水水质和出水水质，而且也需要了解工艺过程各环节水质变化情况，以便及时对工艺参数和运行条件作出调整。

污水处理厂应采用国家或者行业的现行标准。如国家标准主要指《城镇污水处理厂污染物排放标准》（GB 18918—2002）和《污水综合排放标准》（GB 8978—1996）中规定的检测方法标准。行业标准主要指国家城镇建设行业标准《城市污水水质检验方法标准》（CJ/T 51—2004）和国家城镇建设行业标准《城市污水处理厂污泥检验方法》（CJ/T 221—2005）等。

第1节 水质分析基础

 学习单元 1 化学试剂

 学习目标

1. 了解实验室用水的规格。
2. 熟悉化学试剂的等级划分及选择方法。
3. 熟悉常用标准溶液配制方法。
4. 掌握有效数字记录和修约规定。

 知识要求

一、常用试剂

1. 化学试剂等级

我国的试剂规格按纯度（杂质含量的多少）划分，共有高纯、光谱纯、基准、分光纯、优级纯、分析纯和化学纯七种。国家和主管部门颁布的质量指标主要有优级纯、分级纯和化学纯三种。目前常用的按用途分为四种，见表8—1。

表8—1 化学试剂的等级

纯度等级	优级纯	分析纯	化学纯	实验试剂
英文代号	G. R	A. R.	C. P.	L. R.
瓶签颜色	绿色	红色	蓝色	橙黄色
适用范围	又称一级品或保证试剂，纯度达99.8%，用作基准物质，主要用于精密的科学研究和分析实验	又称二级试剂，纯度达99.7%，用于一般科学研究和分析实验	又称三级试剂，用于要求较高的无机和有机化学实验	用于一般的实验和要求不高的科学实验

目前在分析工作中还会用到基准试剂（PT：Primary Reagent）：专门作为基准物用，可直接配制标准溶液。使用深绿色标签。

2. 实验室分析用水

中华人民共和国国家标准（GB/T 6682—2008）《分析实验室用水规格和试验方法》中规定了实验室用水的级别、技术要求和试验方法。该标准适用于化学分析和无机痕量分析等试验用水。可根据实际工作需要选用不同级别的水。

（1）外观。分析实验室用水目视观察应为无色透明的液体。

（2）级别。分析实验室用水的原水应为饮用水或适当纯度的水。

分析实验室用水共分三个级别：一级水、二级水和三级水。

一级水：一级水用于有严格要求的分析试验，包括对颗粒有要求的试验。如高效液相色谱分析用水。一级水可用二级水经过石英设备蒸馏或离子交换混合床处理后，再经0.2 μm 微孔滤膜过滤来制取。

二级水：二级水用于无机痕量分析等试验，如原子吸收光谱分析用水。二级水可用多次蒸馏或离子交换等方法制取。

三级水：三级水用于一般化学分析试验。三级水可用蒸馏或离子交换等方法制取。

（3）规格。分析实验室用水应符合表8—2所列规格。

表8—2 实验室用水级别指标

名称	一级	二级	三级
pH 值范围（25℃）	—	—	5.0 ~ 7.5
电导率（25℃），mS/m ≤	0.01	0.10	0.50
可氧化物质（以 O 计），mg/L ≤	—	0.08	0.4
吸光度（254 nm，1 cm 光程） ≤	0.001	0.01	—

续表

名称	一级	二级	三级
蒸发残渣（105±2℃），mg/L　≤	-	1.0	2.0
可溶性硅（以 SiO$_2$ 计），mg/L　≤	0.01	0.02	-

注：①由于在一级水、二级水的纯度下，难于测定其真实的 pH 值，因此，对一级水、二级水的 pH 值范围不做规定。

②由于在一级水的纯度下，难以测定可氧化物质和蒸发残渣，对其限量不做规定。可用其他条件和制备方法来保证一级水的质量。

3. 废水水质分析常用试剂

在废水分析中，常用试剂的种类、规格、品种繁多。这里主要介绍测定溶解氧、COD、氨氮等指标中常用试剂的配制方法。

（1）pH 值测定试剂

1）pH 值为 4.008（25℃）的标准缓冲溶液：称取预先在 110～130℃ 干燥 2～3 h 的邻苯二甲酸氢钾（KHC$_8$H$_4$O$_4$）10.12 g，溶于水并在容量瓶中稀释至 1 L。

2）pH 值为 6.865（25℃）的标准缓冲溶液：分别称取预先在 110～130℃ 干燥 2～3 h 的磷酸二氢钾（KH$_2$PO$_4$）3.388 g 和磷酸氢二钠（Na$_2$HPO$_4$）3.533 g，溶于水并在容量瓶中稀释至 1 L。

3）pH 值为 9.180（25℃）的标准缓冲溶液：为了使晶体具有一定的组成，应称取与饱和溴化钠（或氯化钠加蔗糖溶液）于室温下共同放置在干燥器中平衡两昼夜的硼砂（Na$_2$B$_4$O$_7$.10 H$_2$O）3.80 g，溶于水并在容量瓶中稀释至 1 L。

（2）溶解氧测定试剂

1）浓硫酸（H$_2$SO$_4$），ρ = 1.84 g/mL 以及（1+5）硫酸溶液（标定硫代硫酸钠溶液）。

2）硫酸锰溶液：称取 480 g 硫酸锰溶液（MnSO$_4$·4 H$_2$O）溶于水中，稀释到 1 000 mL，过滤备用。此溶液加至酸化过的碘化钾溶液中，遇淀粉不产生蓝色。

3）碱性碘化钾溶液：称取 500 g 氢氧化钠，溶解于 300～400 mL 水中；称取 150 g 碘化钾，溶于 200 mL 水中。待氢氧化钠溶液冷却后，将上述溶液混合，加水稀释到 1 000 mL，储于棕色瓶中，用橡胶塞塞紧，避光静止 24 h 使所含杂质下沉，过滤备用。

4）重铬酸钾标准溶液：c（1/6 K$_2$Cr$_2$O$_7$）= 0.025 0 mol/L 将优级纯重铬酸钾称取放在 105～110℃ 烘箱内，干燥 2 h，取出，置于干燥器内冷却。称取 1.225 8 g 重铬酸钾溶于水中，倾入 1 000 mL 容量瓶，稀释到标线。

5）硫代硫酸钠标准溶液：称取分析纯硫代硫酸钠（Na$_2$S$_2$O$_3$·5 H$_2$O）约 6.2 g 溶于煮沸并冷却的水中，加 0.2 g 碳酸钠，稀释到 1 000 mL，储于棕色瓶中。然后使用时标定。

标定：在具塞的碘量瓶中加入 1 g 碘化钾及 50 mL 水，用移液管加入 20.00 mL 重铬酸钾标准溶液及 5 mL 浓度 c（1/2 H₂SO₄）= 6 mol/L 的硫酸，静置 5 min 后，用硫代硫酸钠溶液滴定至淡黄色，加 1 mL 淀粉溶液，继续滴定至蓝色刚好褪去为止，记录用量，根据公式 $C_1V_1 = C_2V_2$ 计算硫代硫酸钠的浓度。

6）1%（m/V）淀粉溶液：称取 1 g 可溶性淀粉，用少量水调成糊状，再用刚煮沸的水稀释成 100 mL，冷却后加入 0.1 g 水杨酸或 0.4 g 氯化锌防腐保存。

（3）COD 测定试剂

1）重铬酸钾标准溶液（$C_{1/6K_2Cr_2O_7}$ = 0.250 0 mol/L）：称取预先在 120℃烘干 2 h 的基准或优级纯重铬酸钾 12.258 g 溶于水中，移入 1 000 mL 容量瓶，稀释至标线，摇匀。

2）试亚铁灵指示液：称取 1.458 g 邻菲啰啉，0.695 g 硫酸亚铁溶于水中，稀释至100 mL，储于棕色瓶内。

3）硫酸亚铁铵标准溶液（$C_{(NH_4)_2Fe(SO_4)_2·6H_2O}$ ≈ 0.1 mol/L）：称取 39.5 g 硫酸亚铁铵溶于水中，边搅边缓慢加入 20 ml 浓硫酸，冷却后移入 1 000 mL 容量瓶中，加水稀释至标线，摇匀。临用前用重铬酸钾标准溶液标定。

4）硫酸-硫酸银溶液：2 500 mL 浓硫酸中加入 25 g 硫酸银，放置 1~2 d，不时摇动使其溶解。

5）硫酸汞。

（4）氨氮测定试剂

1）1 mol/L 氢氧化钠溶液。

2）纳氏试剂：称取 16 g 氢氧化钠，溶于 50 mL 水中，充分冷却至室温。另称取 7 g 碘化钾和碘化汞（HgI₂）溶于水，然后将此溶液在搅拌下徐徐注入氢氧化钠溶液中。用水稀释至 100 mL，储于聚乙烯瓶中，密塞保存。

3）酒石酸钾钠溶液：称取 50 g 酒石酸钾钠（KNaC₄H₄O₆·4H₂O）溶于 100 mL 水中，加热煮沸以除去氨，放冷，定容至 100 mL。

4）铵标准储备溶液：称取 3.819 g 经 100℃干燥过的氯化铵（NH₄Cl）溶于水中，移入 1 000 mL 容量瓶中，稀释至标线。此溶液每毫升含 1.00 mg 氨氮。

5）铵标准使用溶液：移取 5.00 mL 铵标准储备液于 500 mL 容量瓶中，用水稀释至标线。此溶液每毫升含 0.010 mg 氨氮。

二、浓度与数据记录

1. 浓度与浓度表示方法

废水监测分析中所用的溶液有一般溶液和标准溶液。

（1）一般溶液浓度的表示方法。一般溶液是指非标准溶液，在分析工作中常作为溶解样品、调节 pH 值、分离或掩蔽离子、显色等。一般溶液浓度常用两种表示方法：

1）质量百分（质量分数）浓度。质量百分（质量分数）浓度指溶质质量在溶液质量中的百分比（或溶质质量与溶液质量之比）。

2）体积比浓度。溶液浓度以两种不同溶液（或液体）的体积比或体积加合给出，其浓度为相应体积比浓度，一般表示为 $V_1 : V_2$ 或 $V_1 + V_2$，如 1:3 或 1+3 的硫酸溶液，系指 1 体积 H_2SO_4 与 3 体积水的混合物。

（2）标准溶液浓度的表示方法。标准溶液的浓度常用物质的量浓度表示。物质的量浓度指 1 L 溶液中所含溶质的物质的量，称为该物质的物质的量浓度（简称浓度），用符号 c（B）或 [B] 表示。单位是：mol/L。使用时也必须指明基本单元。

$$c（B）= n（B）/ V \quad （mol/L）$$

例如：浓度为 0.1 mol/L（H_2SO_4）溶液可写成 $c（H_2SO_4）$ = 0.1 mol/L 或 [H_2SO_4] = 0.1 mol/L。

如果基本单元改变，浓度也会发生改变。如：$c（H_2SO_4）$ = 0.1 mol/L，是以一个 H_2SO_4 分子为基本单元；如用（$1/2\ H_2SO_4$）为基本单元，则其浓度表示为 $c（1/2\ H_2SO_4）$ = 0.2 mol/L。

2. 有效数字

所谓有效数字，是指在分析工作中实际能够测量到的数字。能够测量到的数字包括准确数字和最后一位估计的不确定的数字。我们把通过直读获得的准确数字叫做可靠数字，把通过估读得到的那部分数字叫做可疑数字。例如，用分析天平称量某物体的质量为 0.328 0 g，这一数值中，0.328 是准确的，最后一位数字 0 是可疑的。

为了得到准确的分析结果，不仅要准确测量，而且还要正确地记录和计算。我们记录的数据和实验结果的表述中的数据便是有效数字。有效数字不仅表示数量的大小，而且反映了测量的精确程度。如分析天平称量某物体的质量为 0.328 0 g，最后一位数字 0 是可疑的，可能有上下一个单位的误差，此时称量的绝对误差为 ±0.000 1，相对误差为 0.03%。如果上述结果记录为 0.328 g，其绝对误差为 ±0.001，相对误差为 0.3%。可见，在小数点后末尾多写一位或少写一位 0 数字，从数学角度看关系不大，但记录所反映的测量精确程度无形中被夸大或缩小了 10 倍。所以在分析工作中，有效数字的记录，最后一位是估计的、可疑的，是 0 也得记上。

（1）有效数字的位数。在确定有效数字位数时，数字中的"0"有两种用途，一种是表示有效数字，另一种是决定小数点的位置。例如 30.511 9 g 及 5.320 0 g 中的"0"都是表示有效数字。0.003 6 g 中的"0"只表示位数，不是有效数字，表明 36 中的 3 是在小数点后的第三位，它的有效数字仅有两位。在 0.001 00 中，"1" 左边的 3 个 "0" 不是有效数字，仅表示位数，只起定位作用，而 "1" 右边的 2 个 "0" 是有效数字，这个数的有效数字是三位。

在化学计算中，如 3 600、1 000 以 "0" 结尾的正整数，它们的有效数字位数比较含糊。一般可以看成是四位有效数字，也可以看成是两位或三位有效数字，需按照实际测量的准确度来确定。如果是两位数字有效，则写成 3.6×10^3、1.0×10^3，如果是三位有效数字，则写成 3.60×10^3、1.00×10^3。还有倍数或分数的情况，如 2 mol 铜的质量 $= 2 \times 63.54$ g，式中的 2 是个自然数，不是测量所得，不应看作一位有效数字，而应认为是无限多位的有效数字。

对数的有效数字的位数仅取决于小数部分（尾数）数字的位数，其整数部分（首数）为 10 的幂数，不是有效数字。比如 pH 值约为 11.20，其有效数字为两位，所以 $[H^+] = 6.3 \times 10^{-12}$ mol · L^{-1}。

（2）有效数字的修约。在分析测定过程中，不同测量环节的测量精度不一定完全一致，测量数据有效数字位数可能也不相同，在计算中要对多余的数字进行修约。运算时，用 "四舍六入五留双" 的原则弃去多余的数字，数字修约有如下规定：

1）在拟舍弃的数字中，当第一个数字 ≤4 时，则弃去；当第一个数字 ≥6 时，则进位。例如，欲将 14.243 2 修约成三位有效数字，拟舍弃的数字为 432，第一个数字是 4，应舍弃，所以修约为 14.2。例如 26.484 3 修约成三位有效数字，结果为 26.5。

2）在拟舍弃的数字中，若第一个数字为 5 时，其后面的数字并非全部为零时，则进一。例如 1.005 01 修约成三位有效数字，所以修约为 1.01。

3）在拟舍弃的数字中，若第一个数字为 5 时，其后边的数字全部为零时，5 前面的数字若为奇数则进一，若为偶数（包括 "0"），则不进。

例如，将下列数字修约成三位有效数字。

0.311 500 ⟶0.312

1.245 0 ⟶1.24

12.25 ⟶12.2

12.35 ⟶12.4

4）所拟舍弃的数字，若为两位以上的数字时，不得连续进行多次修约。例如，将 215.454 6 修约成三位，应一次修约为 215。

3. 有效数字运算基本规则

（1）记录测定结果时，只保留一位可疑数字。

（2）加减法运算。几个数值相加或相减时，和或差的有效数字保留位数，取决于这些数值中小数点后位数最少的数字。

运算时，首先确定有效数字保留的位数，弃去不必要的数字，然后再做加减运算。例如，35.620 8，2.52 及 30.519 相加时，首先考虑有效数字的保留位数。在这三个数中，2.52 的小数点后仅有两位数，其位数最少，故应以它作标准，取舍后是 35.62，2.52，30.52 相加，结果为 68.66。

（3）乘除法运算。几个数字相乘或相除时，积或商的有效数字的保留位数，由其中有效数字位数最少的数值的相对误差所决定，而与小数点的位置无关。

例如，$0.154\ 5 \times 3.1 = ?$，假定它们的绝对误差分别为 $\pm 0.000\ 1$ 和 ± 0.1，两个数值的相对误差分别是 $\pm (1/1\ 545) \times 100\% = \pm 0.06\%$；$\pm (1/31) \times 100\% = \pm 3.2\%$，第二个数值的有效数字位数少，仅有两位，其相对误差最大，应以它为标准来确定其他数值的有效数字位数。具体计算时，也是先确定有效数字的保留位数，然后再计算。将 0.154 5 修约成两位有效数字 $0.15 \times 3.1 = 0.46$，结果保留两位有效数字。

（4）若某一数据中第一位有效数字大于或等于 8，则有效数字的位数可多算一位。如 8.15 可视为四位有效数字。

（5）在分析计算中，经常会遇到一些倍数、分数，这些数字视为足够准确，不考虑其有效数字位数，计算结果的有效数字的位数由其他测量数据来决定。

（6）在计算过程中，为了提高计算结果的可靠性，可以暂时多保留一位有效数字的位数，得到最后结果，再修约，弃去多余的数字。

（7）在分析化学计算中，对于各种误差的计算，一般取一位有效数字，最多取两位。对于 pH 值的计算，通常只取一位或两位有效数字即可。

 学习单元 2　常用分析器具

 学习目标

1. 熟悉常用玻璃仪器的名称、规格、用途、注意事项。

2. 能正确洗涤玻璃器皿。

3. 能熟练使用托盘天平和电子天平称重。

4. 能熟练使用滴定管、移液管。

一、常用玻璃器皿

1. 常用玻璃器皿名称、规格、用途、注意事项

分析实验中大量使用的仪器是玻璃仪器。玻璃仪器种类繁多，这里介绍一些常用的玻璃器皿的名称、规格、用途、注意事项。见表8—3。

表8—3   常用玻璃器皿名称、规格、用途、注意事项

名称	规格	主要用途	使用注意事项
烧杯	50 mL，100 mL，250 mL，400 mL，600 mL，1 000 mL，2 000 mL	配制溶液、溶解样品等	加热时应置于石棉网上，使其受热均匀，一般不可烧干
锥形瓶（具塞、不具塞）	50 mL，100 mL，250 mL，500 mL，1 000 mL	加热处理试样和容量分析滴定	除有与上相同的要求外，磨口锥形瓶加热时要打开塞，非标准磨口要保持原配塞
碘瓶	50 mL，100 mL，250 mL，500 mL，1 000 mL	碘量法或其他生成挥发性物质的定量分析	水封，其他同上
圆（平）底烧瓶	50 mL，100 mL，250 mL，500 mL，1 000 mL	加热及蒸馏液体、反应容器	一般避免直火加热，隔石棉网或各种加热浴加热

名称	规格	主要用途	使用注意事项
凯氏烧瓶	50 mL，100 mL，300 mL，500 mL	消解有机物质	置石棉网上加热，瓶口方向勿对向自己及他人
量筒、量杯		粗略地量取一定体积的液体用	不能加热，不能在其中配制溶液，不能在烘箱中烘烤，操作时要沿壁加入或倒出溶液
滴定管	25 mL，50 mL，100 mL 颜色：无色、棕色	容量分析滴定操作；分酸式、碱式	活塞要原配；漏水的不能使用；不能加热；不能长期存放碱液；碱式管不能放与橡皮作用的滴定液
微量滴定管	1 mL，2 mL，3 mL，4 mL，5 mL，10 mL	微量或半微量分析滴定操作	只有活塞式；其余注意事项同上
自动滴定管	50 mL	自动滴定；可用于滴定液需隔绝空气的操作	除有与一般的滴定管相同的要求外，注意成套保管，另外，要配打气用双连球

名称	规格			主要用途	使用注意事项
单标线移液管	5 mL, 10 mL, 25 mL, 50 mL, 100 mL			准确地移取一定量的液体	不能加热；上端和尖端不可磕破
刻度吸管	1 mL, 2 mL, 5 mL, 10 mL			准确地移取各种不同量的液体	同上
称量瓶	容量/mL	瓶高/mm	直径/mm	矮形用作测定干燥失重或在烘箱中烘干基准物；高形用于称量基准物、样品	不可盖紧磨口塞烘烤，磨口塞要原配
	矮形				
	10	25	35		
	15	25	40		
	30	30	50		
	高形				
	10	40	25		
	20	50	30		

名称	规格	主要用途	使用注意事项
试剂瓶（细口瓶、广口瓶）	60 mL，125 mL，250 mL，500 mL，1 000 mL，2 000 mL，3 000 mL，5 000 mL，10 000 mL 颜色：无色、棕色	细口瓶用于存放液体试剂；广口瓶用于装固体试剂；棕色瓶用于存放见光易分解的试剂	不能加热；不能在瓶内配制在操作过程放出大量热量的溶液；磨口塞要保持原配；放碱液的瓶子应使用橡皮塞，以免日久打不开
滴瓶	30 mL，60 mL，125 mL 颜色：无色、棕色	装需滴加的试剂	同上
漏斗	短颈： 口径：50 mm，60 mm 颈长：90 mm，120 mm 长颈： 口径：50 mm，60 mm 颈长：150 mm	长颈漏斗用于定量分析，过滤沉淀；短颈漏斗用作一般过滤	不可直接加热
分液漏斗（滴液、球形、梨形、筒形）	50 mL，125 mL，250 mL，500 mL，1 000 ml	分开两种互不相溶的液体；用于萃取分离和富集（多用梨形）；制备反应中加液体（多用球形及滴液漏斗）	磨口旋塞必须原配，漏水的漏斗不能使用
试管（普通试管、离心试管）	普通试管：10 mL，20 mL 离心试管：5 mL，10 mL，15 mL 带刻度、不带刻度	定性分析检验离子；离心试管可在离心机中借离心作用分离溶液和沉淀	硬质玻璃制的试管可直接在火焰上加热，但不能骤冷；离心管只能水浴加热

名称	规格	主要用途	使用注意事项
（纳氏）比色管	10 mL，25 mL，50 mL，100 mL 带刻度、不带刻度 具塞、不具塞	比色、比浊分析	不可直火加热；非标准磨口塞必须原配；注意保持管壁透明，不可用去污粉刷洗
冷凝管（直形、球形、蛇形）		用于冷却蒸馏出的液体，蛇形管适用于冷凝低沸点液体蒸气，空气冷凝管用于冷凝沸点150℃以上的液体蒸气	不可骤冷骤热；注意从下口进冷却水，上口出水
抽滤瓶	250 mL，500 mL，1 000 mL	抽滤时接受滤液	属于厚壁容器，能耐负压；不可加热
表面皿	直径：45 mm，60 mm，75 mm，90 mm，100 mm，120 mm	盖烧杯及漏斗等	不可直火加热，直径要略大于所盖容器
研钵	直径：70 mm，90 mm，105 mm	研磨固体试剂及试样等用；不能研磨与玻璃作用的物质	不能撞击；不能烘烤

名称	规格	主要用途	使用注意事项
干燥器	上口直径：150 mm，180 mm，210 mm，240 mm，300 mm 颜色：无色、棕色	保持烘干或灼烧过的物质的干燥；也可干燥少量制备的产品	底部放变色硅胶或其他干燥剂，盖磨口处涂适量凡士林；不可将红热的物体放入，放入热的物体后要时时开盖以免盖子跳起或冷却后打不开盖子

2. 常用玻璃器皿的洗涤

（1）一般的玻璃仪器（如烧瓶、烧杯等）：先用自来水冲洗一下，然后用肥皂、洗衣粉用毛刷刷洗，再用自来水清洗，最后用纯化水冲洗3次（应顺壁冲洗并充分震荡，以提高冲洗效果）。

（2）计量玻璃仪器（如滴定管、移液管、量瓶等）：也可用肥皂、洗衣粉洗涤，但不能用毛刷刷洗。

（3）精密或难洗的玻璃仪器（滴定管、移液管、量瓶、比色管等）：先用自来水冲洗后，沥干，再用铬酸清洁液处理一段时间（一般放置过夜），然后用自来水清洗，最后用纯水冲洗3次。

（4）洗刷仪器时，应首先将手用肥皂洗净，免得手上的油污物黏附在仪器壁上，增加洗刷的困难。

（5）一个洗净的玻璃仪器应该不挂水珠（洗净的仪器倒置时，水流出后器壁不挂水珠）。

3. 移液管与滴定管的使用

（1）移液管的使用方法

1）洗涤。移液管在使用前的洗涤方法是除分别用洗涤液、自来水及去离子水洗涤外，还需要用少量待移取的液体洗涤，可先慢慢地吸入少量洗涤的水或液体至移液管中，用食指按住管口，然后将移液管平持，松开食指，转动移液管，使洗涤的水或液体与管口以下的内壁充分接触。再将移液管持直，让洗涤水或液体流出，如此反复洗涤数次。

2）使用。用移液管量取液体时，应把移液管的尖端部分深深地插入液体中，用洗耳球将液体慢慢吸入管中，待溶液上升到标线以上约2 cm处，立即用食指（不要用大拇指）

按住管口。将移液管持直并移出液面，如图8—1a所示。微微松动食指，或用大拇指和中指轻轻转动移液管，使管内液体的弯月面慢慢下降到标线处（注意：视线液面与标线均应在同一水平面上），立即压紧管口。若管尖外挂有液滴，可使管尖与容器壁接触使液滴流下。再把移液管移入另一容器，如锥形瓶中，并使管尖与容器内壁接触，然后放开食指，让液体自由流出，如图8—1b所示。待管内液体不再流出后，稍停片刻（约15 s），转动移液管，再把移液管拿开。此时残留在移液管内的液滴一般不必吹出，因移液管的容量只计算自由流出液体的体积，刻制标线时已把滞留在管内的液滴体积扣除了。但是，如果移液管上标有"吹"字，则最后残留在管内的液滴必须吹出。

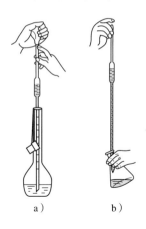

图8—1　移液管的使用

此外，为了精确地量取少量的不同体积（如1.00 mL、2.00 mL、5.00 mL等）的液体，也常用标有精细刻度的吸量管。吸量管的使用方法与移液管相仿，但它是根据吸量管的刻度之差计算并放出所需体积的液体。

（2）滴定管的使用方法。滴定管是滴定时可以准确测量滴定剂消耗体积的玻璃仪器，它是一根具有精密刻度，内径均匀的细长玻璃管，可连续的根据需要放出不同体积的液体，并准确读出液体体积的量器。

1）滴定管的种类。滴定管一般分为两种，酸式滴定管和碱式滴定管。

酸式滴定管又称具塞滴定管，它的下端有玻璃旋塞开关，用来装酸性溶液与氧化性溶液及盐类溶液，不能装碱性溶液如NaOH等。碱式滴定管又称无塞滴定管，它的下端有一根橡皮管，中间有一个玻璃珠，用来控制溶液的流速，它用来装碱性溶液与无氧化性溶液，凡可与橡皮管起作用的溶液均不可装入碱式滴定管中，如$KMnO_4$，$K_2Cr_2O_7$，碘液等。由于不怕碱的聚四氟乙烯活塞的使用，克服了普通酸式滴定管怕碱的缺点，使酸式滴定管可以做到酸碱通用，所以碱式滴定管的使用大为减少。

2）滴定管使用前的准备

① 检查试漏。滴定管洗净后，先检查旋塞转动是否灵活，是否漏水。先关闭旋塞，将滴定管充满水，用滤纸在旋塞周围和管尖处检查。然后将旋塞旋转180°，直立2 min，再用滤纸检查。如漏水，酸式管涂凡士林；碱式滴定管使用前应先检查橡皮管是否老化，检查玻璃珠是否大小适当，若有问题，应及时更换。

②滴定管的洗涤。滴定管使用前必须先洗涤，洗涤时以不损伤内壁为原则。洗涤前，关闭旋塞，倒入约10 mL洗液，打开旋塞，放出少量洗液洗涤管尖，然后边转动边向管口

倾斜，使洗液布满全管。最后从管口放出（也可用铬酸洗液浸洗）。然后用自来水冲净。再用蒸馏水洗三次，每次 10 ~ 15 mL。

③润洗。滴定管在使用前还必须用待装溶液润洗三次，每次 10 mL 左右。润洗液弃去。

④装液排气泡。洗涤后再将待装溶液注入至零线以上，检查活塞周围是否有气泡。若有，开大活塞使溶液冲出，排出气泡。滴定剂装入必须直接注入，不能使用漏斗或其他器皿辅助。

碱式滴定管排气泡的方法：将碱式滴定管管体竖直，左手拇指捏住玻璃珠，使橡胶管弯曲，管尖斜向上约 45°，挤压玻璃珠处胶管，使溶液冲出，以排除气泡。如图 8—2 所示。

⑤读初读数。放出溶液后（装满或滴定完后）需等待 1 ~ 2 min 后方可读数。读数时，将滴定管从滴定管架上取下，左手捏住上部无液处，保持滴定管垂直。视线与弯月面最低点刻度水平线相切。视线若在弯月面上方，读数就会偏高；若在弯月面下方，读数就会偏低。若为有色溶液，其弯月面不够清晰，则读取液面最高点。一般初读数为 0.00 或 0 ~ 1 mL 的任一刻度，以减小体积误差。

有的滴定管背面有一条蓝带，称为蓝带滴定管。蓝带滴定管的读数与普通滴定管类似，当蓝带滴定管盛溶液后将有两个弯月面相交，此交点的位置即为蓝带滴定管的读数位置。

滴定管的读数如图 8—3 所示。

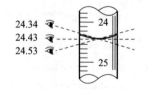

图 8—2 碱式滴定管排气泡　　　　　图 8—3 滴定管的读数

3）滴定

①滴定操作。滴定时，应将滴定管垂直地夹在滴定管夹上，滴定管离锥瓶口约 1 cm，用左手控制旋塞，拇指在前，食指中指在后，无名指和小指弯曲在滴定管和旋塞下方之间的直角中。转动旋塞时，手指弯曲，手掌要空。右手三指拿住瓶颈，瓶底离台 2 ~ 3 cm，

滴定管下端深入瓶口约1 cm，微动右手腕关节摇动锥形瓶，边滴边摇使滴下的溶液混合均匀。摇动的锥瓶的规范方式为：右手执锥瓶颈部，手腕用力使瓶底沿顺时针方向画圆，要求使溶液在锥瓶内均匀旋转，形成漩涡，溶液不能有跳动。管口与锥瓶应无接触。如图8—4所示。

碱式滴定管操作方法：滴定时，以左手握住滴定管，拇指在前，食指在后，用其他指头辅助固定管尖。用拇指和食指捏住玻璃珠所在部位，向前挤压胶管，使玻璃珠偏向手心，溶液就可以从空隙中流出。

②滴定速度。液体流速由快到慢，起初可以"连滴成线"，之后逐滴滴下，快到终点时则要半滴半滴的加入。半滴的加入方法是：小心放下半滴滴定液悬于管口，用锥瓶内壁靠下，然后用洗瓶冲下。

图8—4　滴定管的滴定操作

③终点操作。当锥瓶内的指示剂指示终点时，立刻关闭活塞停止滴定。用洗瓶淋洗锥形瓶内壁。取下滴定管，右手执管上部无液部分，使管垂直，目光与液面平齐，读出读数。读数时应估读一位。

滴定结束，滴定管内剩余溶液应弃去，洗净滴定管，夹在管夹上备用。

二、天平的使用

按天平的构造原理来分类，天平分为杠杆天平（机械式天平）和电子天平两大类。杠杆天平又可分为等臂双盘天平和不等臂单盘天平，双盘天平还可分为摆动天平、阻尼天平和电光天平。

废水监测与分析中常用的天平有托盘天平、半自动电光天平和电子分析天平。托盘天平称量误差较大，一般用于对称量精度要求不太高的场合。半自动电光天平和电子分析天平称量精度都可以达到0.000 1 g。因电子分析天平称量时具有不需要砝码、体积小、使用寿命长、性能稳定、操作简便等优点，目前使用较为广泛。下面介绍托盘天平和电子分析天平的使用方法。

1. 托盘天平的使用

托盘天平也称为架盘天平或台秤，用于精确度不高的称量，只能用于普通实验的称量。托盘天平规格根据其最大载荷可分为：100 g，200 g，500 g，1 000 g，2 000 g等，分度值一般为0.1~2 g。

（1）托盘天平的结构。如图8—5所示。

（2）托盘天平的使用方法

1）要放置在水平的地方。游码要指向红色 0 刻度线。

2）调节平衡螺母（天平两端的螺母）调节零点直至指针对准中央刻度线。

3）左托盘放称量物，右托盘放砝码。根据称量物的性状应放在玻璃器皿或洁净的纸上，事先应在同一天平上称得玻璃器皿或纸片的质量，然后称量待称物质。

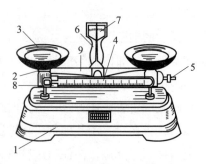

图 8—5　托盘天平的结构

1—底座　2—托盘架　3—托盘　4—标尺

5—平衡螺母　6—指针　7—分度盘

8—游码　9—横梁

4）添加砝码从估计称量物的最大值加起，逐步减小。托盘天平只能称准到 0.1 g。加减砝码并移动标尺上的游码，直至指针再次对准中央刻度线。

5）过冷过热的物体不可放在天平上称量。应先在干燥器内放置至室温后再称。

6）物体的质量 ＝砝码的总质量＋游码在标尺上所对的刻度值。

7）取用砝码必须用镊子，取下的砝码应放在砝码盒中，称量完毕，应把游码移回零点。

8）称量干燥的固体药品时，应在两个托盘上各放一张相同质量的纸，然后把药品放在纸上称量。

9）易潮解的药品，必须放在玻璃器皿上（如：小烧杯、表面皿）里称量。

10）砝码若生锈，测量结果偏小；砝码若磨损，测量结果偏大。

（3）使用注意事项

1）事先把游码移至 0 刻度线，并调节平衡螺母，使天平左右平衡。

2）右放砝码，左放物体。

3）砝码不能用手拿，要用镊子夹取，使用时要轻放轻拿。在使用天平时游码也不能用手移动。

4）过冷过热的物体不可放在天平上称量。应先在干燥器内放置至室温后再称。

5）加砝码应该从大到小，可以节省时间。

6）在称量过程中，不可再碰平衡螺母。

7）若砝码与要称重物体放反了，则所称物体的质量比实际的大。

2．电子分析天平的使用

（1）电子分析天平的称量原理。应用现代电子控制技术进行称量的天平称为电子天平。各种电子天平的控制方式和电路结构不相同，但其称量的依据都是电磁力平衡的原理。

把通电导线放在磁场中时，导线将产生电磁力。当磁场强度不变时，力的大小与流过线圈的电流成正比。由于重物的重力方向向下，电磁力方向向上，与之相平衡，则通过导线的电流与被测物体的质量成正比。

称盘通过支架连杆作用于线圈上，重力方向向下。线圈内有电流通过，产生一个向上作用的电磁力，与称盘重力方向相反，大小相等。位移传感器位于预定的中心位置，秤盘上物体通过放大器改变线圈的电流直至线圈回到中心位置为止，通过数字显示出物体的质量。如图8—6所示。

（2）电子分析天平的使用方法

1）检查电子分析天平是否水平，调节水平。

2）接通电源，预热，待稳定显示为 0.000 0 g 后，天平开机操作结束。

图8—6　电子分析天平

3）校准。首次使用或搬动过的天平，必须校准天平，为使称量更加精确，也可以随时对天平进行校准。校准程序可按照说明书进行，用内装校准砝码或外部自备有修正值的校准砝码进行。

4）称量。按下显示屏的开关键，待稳定显示为 0.000 0 g 后，将物品放在称盘中央，关上天平门。显示稳定后，即可读取称量值。操作相应的功能键，可以实行"去皮""增重""减重"等称量操作。

第 2 节　水样采集与保存

 学习目标

1. 了解水样的保存方法。

2. 熟悉水样的分类及其特点。

3. 掌握不同污水的采样频率和采样点。

4. 掌握采样容器和采样器具选择、使用方法。

 知识要求

科学合理的水样采集和保存方法，是保证监测结果能够客观、正确地反映检测对象的首要环节。水样采集的关键是取得具有代表性的水样。为了取得具有代表性的水样，在水样采集前，应根据污水处理工艺和监测目的拟定计划，包括确定取样地点、取样时间、取样频率、取样方法等，并针对检测项目决定水样的保存方法。

一、水样采集

1. 水样分类

（1）综合水样：把从不同采样点同时采集的各个瞬时水样混合起来所得到的样品称作"综合水样"。综合水样是获得平均浓度的重要方式，有时需要把代表断面上的各点，或几个污水排放口的污水按相对比例流量混合，取其平均浓度。

（2）瞬时水样：对于组成较稳定的水体，或水体的组成在相当长的时间和相当大的空间范围变化不大时，采瞬时样品具有很好的代表性。当水体的组成随时间发生变化，则要在适当的时间间隔内进行瞬时采样，分别进行分析，测出水质的变化程度、频率和周期。当水体的组成发生空间变化时，就要在各个相应的部位采样。

（3）混合水样：所谓混合水样是指在同一采样点上于不同时间所采集的瞬时样的混合样，有时用"时间混合样"的名称与其他混合样相区别。时间混合样在观察平均浓度时非常有用。当不需要测定每个水样而只需要平均值时，混合水样能节省监测分析工作量和试剂等的消耗。

混合水样不适用于测试成分会在水样储存过程中发生明显变化的水样。

如果污染物在水中的分布随时间而变化，必须采集"流量比例混合样"，即按一定的流量采集适当比例的水样（例如每 10 t 采样 100 mL）混合而成。往往采用流量比例采样器完成水样的采集。

（4）平均污水样：对于排放污水的企业而言，生产的周期性影响着排污的规律性。为了得到代表性的污水样，应根据排污情况进行周期性采样。一般地说，应在一个或几个生产或排放周期内，按一定的时间间隔分别采样。对于性质稳定的污染物，可对分别采集的样品进行混合后一次测定；对于不稳定的污染物可在分别采样、分别测定后取平均值为代表。

生产的周期性也影响污水的排放量，在排放流量不稳定的情况下，可将一个排污口不同时间的污水样，按照流量的大小，按比例混合，可得到称之为平均比例混合物水样。

2. 采样器材

（1）容器材质。采样容器应由惰性材质制成，抗破裂，易清洗，密封性、合启性好，是该类容器的基本特征。聚乙烯制品、硬质玻璃制品是最常见的采样容器。

硬质玻璃瓶无色易于观察水样状态，质地坚硬不易变形，适用于定容采样。不受有机物质浸蚀，不吸附油脂等黏性物质，油脂的测试须用玻璃瓶定容采集。但碰撞后易破损，运输时应采取相应措施。聚乙烯制品容器轻便抗冲击，对许多试剂都很稳定。但聚乙烯瓶有吸附磷酸根离子及有机物的倾向，且容易受有机溶剂的浸蚀，有时还引起藻类的繁殖。

（2）采样器具

1）采样瓶或用聚乙烯长把勺：适用于浅水采样。

2）单层采样器：一般是用专制深层采水器或将聚乙烯筒固定在支架上组合而成，可沉入所需深度进行深层水采样。如图8—7所示。

3）自动采样器或连续自动定时采样器：适用于定时定量自动采样。

3. 采样点与采样频次

（1）采样点。污水处理厂的污水监测点位原则上应设置在污水处理设施的进水口及出水口。集中式污水处理设施监测布点的一般要求包括：

1）国家污水综合排放标准中规定的第一类污染物，取样点位一律设在车间或车间处理设施排放口或专门处理此类污染物设施的排放口。

2）第二类污染物，取样点位一律设在排污单位的外排口。

3）对整体污水处理设施效率监测时，在各种进入污水处理设施污水的入口和污水处理设施的总排放口设置取样点。

4）对各污水处理单元效率监测时，在各种进入处理设施单元污水的入口和设施单元的排放口设置取样点。

5）在污水排放口和污水处理设施的进口、出口设水量监测点。

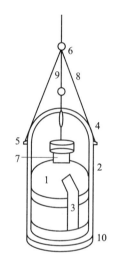

图8—7　单层采样器

1—采水瓶　2、3—采水瓶架

4、5、6—挂钩　7—瓶塞

8—采水瓶绳　9—软绳

10—铅锤

（2）采样频率。根据《城镇污水处理厂污染物排放标准》的规定，城镇污水处理厂取样频率为至少每2 h一次，取24 h混合样，以日均值计。

根据《污水综合排放标准》规定，工业废水按生产周期确定监测频率。生产周期8 h以内，每2 h一次；生产周期大于8 h，每4 h一次。其他污水采样，24 h不少于两次。最高允许排放浓度按日均值计算。

4. 采样操作注意事项

（1）测定悬浮物、pH值、溶解氧、生化需氧量、油类、硫化物、余氯、放射性、微生物等项目需要单独采样；其中，测定溶解氧、生化需氧量和有机污染物等项目的水样必须充满容器。

pH值、电导率、溶解氧等项目宜在现场测定。另外，采样时还需同步测量水文参数和气象参数。

（2）采样时必须认真填写采样登记表；每个水样瓶都应贴上标签（填写采样点编号、采样日期和时间、测定项目等）；要塞紧瓶塞，必要时还要密封。

（3）采样前先用所要采集的水把取样瓶荡洗两三遍，或根据检测项目的具体要求清洗取样瓶。

（4）取管道出水样时应在放流一定时间后采集，以保证采集的水样具有正常情况的代表性。

（5）取池、塘、河水样时应在不同深度、宽度取样。

二、水样保存

离开水体的水样进入样品瓶后由于环境条件改变，包括温度、压力、微生物的新陈代谢活动，物理和化学作用的影响，能引起水样组分的变化。为了尽量减少水样组分的改变，使水样具有代表性，最有效的方法是尽量缩短存放时间，尽快进行分析测定。

一般污水样的保存时间不得超过 48 h，严重污染的污水样保存时间应小于 12 h。

1. 保存原则

水样保存的基本原则是尽量减少水样组分的变化。

影响水样组分变化的因素主要有物理作用（如易挥发组分的挥发、逸失、容器器壁及水中悬浮物对待测成分的吸附、沉淀等）、化学作用（如氧化还原作用、与酸性或碱性气体发生反应等）、生物作用。这三种作用可能单独或同时发生，使样品成分发生改变。

因此，在水样保存时应采取各种措施避免以上这些作用的发生，保证测定结果的可靠性。

2. 保存方法

（1）冷藏或冷冻法。冷藏或冷冻的作用是抑制微生物活动，减缓物理挥发和化学反应速度。

（2）加入化学试剂保存法

1）加入生物抑制剂：如在测定氨氮、硝酸盐氮、化学需氧量的水样中加入 $HgCl_2$，可抑制生物的氧化还原作用；对测定酚的水样，用 H_3PO_4 调至 pH 值为 4 时，加入适量 $CuSO_4$，即可抑制苯酚菌的分解活动。

2）调节 pH 值：测定金属离子的水样常用 HNO_3 酸化至 pH 为 1 ~ 2，既可防止重金属离子水解沉淀，又可避免金属被器壁吸附；测定氰化物或挥发性酚的水样加入 NaOH 调至 pH 为 12 时，使之生成稳定的酚盐等。

3）加入氧化剂或还原剂：如测定汞的水样需加入 HNO_3（至 pH < 1）和 $K_2Cr_2O_7$

（0.05％），使汞保持高价态；测定硫化物的水样，加入抗坏血酸，可以防止被氧化；测定溶解氧的水样则需加入少量硫酸锰和碘化钾固定溶解氧（还原）等。

第3节　水质指标的便捷测定

 **学习目标**

1. 了解 pH 值的概念及测定的意义。
2. 熟悉污泥沉降比的测定方法及其意义。
3. 掌握色度的定义、真色和表色的概念及铂钴比色法的测定原理。
4. 能用 pH 试纸测定 pH 值。
5. 能正确使用便携式 pH 计并正确维护电极。
6. 能正确使用便携式溶解氧仪。
7. 能正确使用便携式浊度仪。
8. 能用稀释倍数法测定色度。

 **知识要求**

一、pH 值的测定

pH 值为水中氢离子活度的负对数。即 $pH = -lg_\alpha H^+$

pH 值是环境监测中常用和重要的检验项目之一，可间接表示水的酸碱程度。天然水的 pH 值一般在 6~9 范围内。

1. pH 试纸的使用

pH 试纸法是粗略检验溶液酸碱度一种方法。pH 试纸按测量精度可分为 0.2 级、0.1 级、0.01 级或更高精度。

pH 试纸上有甲基红、溴甲酚绿、百里酚蓝这三种指示剂。甲基红、溴甲酚绿、百里酚蓝和酚酞一样，在不同 pH 值的溶液中均会按一定规律变色。甲基红的变色范围是 pH4.4（红）~6.2（黄），溴甲酚绿的变色范围是 pH3.6（黄）~5.4（绿），百里酚蓝的变色范围是 pH6.7（黄）~7.5（蓝）。用定量甲基红加定量溴甲酚绿加定量百里酚蓝的混合指示剂浸渍中性白色试纸，晾干后制得的 pH 试纸就可用于测定溶液的 pH

值了。

使用方法：取一小块试纸在表面皿或玻璃片上，用洁净的玻璃棒蘸取待测液点滴于试纸的中部，观察变化稳定后的颜色，判断溶液的性质。

注意事项：

（1）试纸不可直接伸入溶液。

（2）试纸不可接触试管口、瓶口、导管口等。

（3）测定溶液的 pH 值时，试纸不可事先用蒸馏水润湿，因为润湿试纸相当于稀释被检验的溶液，这会导致测量不准确。正确的方法是用蘸有待测溶液的玻璃棒点滴在试纸的中部，待试纸变色后，再与标准比色卡比较来确定溶液的 pH 值。

（4）取出试纸后，应将盛放试纸的容器盖严，以免被屋内的一些气体沾污。

2. 便携式 pH 计的使用

（1）方法原理。pH 值测量常用复合电极法。以玻璃电极为指示电极，以 Ag/AgCl 等为参比电极合在一起组成 pH 复合电极。利用 pH 复合电极电动势随氢离子活度变化而发生偏移来测定水样的 pH 值。复合电极 pH 计均有温度补偿装置，用以校正温度对电极的影响，用于常规水样监测可准确至 0.1 pH 单位。较精密仪器可准确到 0.01 pH 单位。为了提高测定的准确度，校准仪器时选用的标准缓冲溶液的 pH 值应与水样的 pH 值接近。

（2）仪器

1）各种型号的便携式 pH 计。

2）50 mL 烧杯，最好是聚乙烯或聚四氟乙烯烧杯。

3）试剂。在分析中，除非另作说明，均要求使用分析纯或优级纯试剂，购买经中国计量科学研究院检定合格的袋装 pH 标准物质时，可参照说明书使用。

配制标准溶液所用的蒸馏水应符合下列要求：煮沸并冷却、电导率小于 2×10^{-6} S/cm 的蒸馏水，其 pH 值以 6.7 ~ 7.3 为宜。

测量 pH 值时，按水样呈酸性，中性和碱性三种可能，常配制以下三种标准溶液，pH 标准溶液一（pH 为 4.008 25℃）。pH 标准溶液二（pH 为 6.865 25℃）。pH 标准溶液三（pH 为 9.180 25℃）。（具体操作详见本章第一节相关内容）。

（3）步骤

1）按照仪器使用说明书进行准备。

2）将仪器温度补偿旋钮调至待测水样温度处，选用与水样 pH 值相差不超过 2 个 pH 单位的标准溶液校准仪器。从第一个标准溶液中取出电极，彻底冲洗，并用滤纸吸干。再浸入第二个标准溶液中，其 pH 值约与第一个相差 3 个 pH 单位，如测定值与第二个标准溶液 pH 值之差大于 0.1 pH 单位时，就要检查仪器、电极或标准溶液是否有问题。当三者均无异常情况时方可测定水样。

3）水样测定：先用蒸馏水仔细冲洗电极，再用水样冲洗，然后将电极浸入水样中小心搅拌或摇动，待读数稳定后记录 pH 值。

（4）注意事项

1）复合电极应在 3 mol/L 的 KCl 溶液中浸泡 2 ~ 3 h。

2）测定时，复合电极（含球泡部分）应全部浸入溶液中。

3）为防止空气中的二氧化碳溶入或水样中的二氧化碳逸出，测定前不宜提前打开水样瓶塞。

4）电极受污染时，可用低于 1 mol/L 稀盐酸溶解无机盐垢，用稀洗涤剂（弱碱性）除去有机油脂类物质，稀乙醇、丙酮、乙醚除去树脂高分子物质，用酸性酶溶液（如食母生片）除去蛋白质血球沉淀物，用稀漂白液、过氧化氧除去颜料类物质等。

5）注意电极的出厂日期及使用期限，存放或使用时间过长的电极性能将变劣。

3. 玻璃电极法测定 pH 值

（1）测定原理。以玻璃电极为指示电极，饱和甘汞电极为参比电极组成电池。在 25℃，溶液中每变化 1 个 pH 单位，电位差改变为 59.16 mV，据此在仪器上直接以 pH 的读数表示。温度差异在仪器上有补偿装置。用于常规水样监测可准确至 0.1 pH 单位。较精密仪器可准确到 0.01 pH 单位。为了提高测定的准确度，校准仪器时选用的标准缓冲溶液的 pH 值应与水样的 pH 值接近。

1）仪器。各种型号的 pH 计，玻璃电极，甘汞电极或银 - 氯化银电极。

2）磁力搅拌器。

3）50 mL 聚乙烯或聚四氟乙烯烧杯。

（2）试剂。与便携式 pH 计的使用试剂相同。

（3）步骤

1）仪器预热：插上电源，打开电源开关，预热 20 ~ 30 min。

2）仪器校准：操作程序按仪器使用说明书进行。先将水样与标准溶液调到同一温度，记录测定温度，并将仪器温度补偿旋钮调至该温度上。

用标准溶液校正仪器。先将电极插入 pH = 6.86（25℃）的标准溶液，将斜率旋钮调到最大，调节定位旋钮使 pH 指示为 6.86；然后从标准溶液中取出电极，彻底冲洗并用滤纸吸干。再将电极浸入第二个标准溶液中（与水样 pH 相差不超过 2 个 pH 单位的标准溶液），调节斜率旋钮（此时定位旋钮不能再动）使 pH 指示为第二个标准溶液的 pH 值。

3）样品测定。测定样品时，先用蒸馏水认真冲洗电极，再用水样冲洗，然后将电极浸入样品中，小心摇动或进行搅拌使其均匀，静置，待读数稳定时记下 pH 值。

（4）注意事项

1）玻璃电极在使用前先放入蒸馏水中浸泡24 h以上。

2）测定pH值时，玻璃电极的球泡应全部浸入溶液中，并使其稍高于甘汞电极的陶瓷芯端，以免搅拌时碰坏。

3）必须注意玻璃电极的内电极与球泡之间甘汞电极的内电极和陶瓷芯之间不得有气泡，以防断路。

4）甘汞电极中的饱和氯化钾溶液的液面必须高出汞体，在室温下应有少许氯化钾晶体存在，以保证氯化钾溶液的饱和，但须注意氯化钾晶体不可过多，以防止堵塞与被测熔液的通路。

5）测定pH值时，为减少空气和水样中二氧化碳的溶入或挥发，在测水样之前，不应提前打开水样瓶塞。

6）玻璃电极表面受到污染时，需进行处理。如果系附着无机盐结垢，可用温稀盐酸溶解；对钙镁等难溶性结垢，可用EDTA二钠溶液溶解，沾有油污时，可用丙酮清洗。电极按上述方法处理后，应在蒸馏水中浸泡一昼夜再使用。注意忌用无水乙醇、脱水性洗涤剂处理电极。

二、溶解氧的测定

测定水中溶解氧通常采用碘量法及其修正法和膜电极法。溶解氧传感器（溶解氧电极），使溶解氧的测定得以实现现场测定和自动连续监测。

1. 便携式溶解氧仪的使用

（1）方法原理。测定溶解氧的电极由一个附有感应器的薄膜和一个温度测量计的内置热敏电阻组成。电极的可渗透薄膜为选择性薄膜，把待测水样和感应器隔开，水和可溶性物质不能通过，只允许氧气通过。当给感应器供应电压时，氧气穿过薄膜发生还原反应，产生微弱的扩散电流，通过测量电流值可测定溶解氧浓度。

（2）检测仪器。各类便携式溶解氧仪。

（3）校正（具体操作参考仪器使用说明书）

1）电零点调节：调整仪器的电零点。有些仪器如有补偿零点，则不必调整。

2）零点校正：将探头浸入已加入1 g亚硫酸钠和约1 mg二价钴盐的蒸馏水中，10 min内应得到稳定读数为0。

3）接近饱和值的校正：在一定温度和气压下，向水中曝气，使水中溶解氧含量达到饱和或接近饱和，在这个温度下保持15 min，再用碘量法测定溶解氧的浓度。将探头浸没在按上述步骤制备并校正好的水样中，搅拌下调节仪器，读数显示水样已知的氧浓度。

（4）仪器使用

1）取样测定时应将水样慢慢充满容器，防止夹带空气。样品的测量容器应能密封以隔绝空气，并带有搅拌器。对流动样品，要保证有足够的流速，否则需将探头在水样中往复移动。

2）将探头慢慢浸入样品，防止有空气泡附在膜上而带到样品中。

3）样品与探头应保持一定的相对流速，以防止与膜接触的瞬间局部样品中的溶解氧耗尽，而出现虚假读数。但应避免流速过快时读数发生波动。

（5）仪器维护和保养

1）原电池式电极探头不使用时，要保存在无氧水中并使其短路，以免消耗电极材料。极谱式电极探头不使用时，应放在潮湿环境中，以防电解质溶液蒸发。

2）不得用手触摸膜的活性表面。

3）在更换电解质和膜之后或膜干燥时，要先使膜湿润，待读数稳定后再进行校准。

4）样品中存在溶剂、油类、硫化物等物质时，长期与电极接触，会因为引起薄膜损坏或堵塞而影响测量结果的准确性。

2. 在线溶解氧仪的使用

在线溶解氧测定仪有电极法和光学检测法。

溶解氧电极法测定仪的使用和维护与便携式溶解氧仪相似，这里不做赘述。这里仅介绍光学检测法。

（1）光学检测法的工作原理。采用光学检测法的溶解氧在线分析仪由控制器和溶解氧测量探头两部分组成。测量探头最前端的传感器上覆盖有一层荧光物质，LED 光源发出的蓝光照射到荧光物质上，荧光物质被激发，并发出红光；用光电池检测从红光发射到荧光物质回到稳态所需要的时间，这个时间只和蓝光的发射时间以及氧气的多少有关。探头另有一个 LED 光源，在蓝光发射的同时发射红光，作为蓝光发射时间的参考。因此，通过测量这个时间，就可以计算出氧的浓度。

（2）光学检测法溶解氧仪的日常维护。对溶解氧探头要经常清洗，通过自动清洗和定期清洗确保溶解氧仪在较好的状况下工作。

首先可在溶解氧探头上加装自动清洗装置，每小时进行一次自动清洗，即在溶解氧探头处安装了一个清洗器，通过气泵向探头帽位置吹气，这样就能有效地减少黏附在探头帽荧光涂层上的污垢，从而保证荧光涂层与污水中溶解氧的充分接触，保证了检测数据的及时、准确和有效。

另外，应每月安排将溶解氧探头取出水面进行人工清洗，使用细软毛刷和软毛巾擦拭探头帽，去除探头外表污染物，清洁探头帽的荧光涂层外面的污垢。

HACH 的 LDO™溶解氧在线分析仪如图 8—8 所示。

三、浊度的测定

1. 便携式浊度仪的原理

便携式浊度计是利用一束红外线穿过含有待测样品的样品池，光源为具有 890 nm 波长的高发射强度的红外发光二极管，以确保使样品颜色引起的干扰达到最小。传感器处在与发射光垂直的位置上，它测量由样品中悬浮颗粒散射的光量，微型计算机处理器再将该数值转化为浊度值。

图 8—8　HACH 的 LDO™溶解氧在线分析仪

2. 便携式浊度仪的使用

（1）操作步骤

1）按开关键将仪器打开，仪器进行全功能自检，自检完毕后，仪器进入测量状态。

2）将完全搅拌均匀的水样倒入干净的比色皿内，距瓶口 1.5 cm，在盖紧保护黑盖前允许有足够的时间让气泡逸出（不能将盖拧得过紧）。在比色皿插入测量池之前，先用无绒布将其擦干净，比色皿必须无指纹、油污、脏污，特别是光通过的区域（大约距比色皿底部 2 cm 处）必须洁净。

3）将比色皿放入测量池内，检查盖上的凹口是否和槽相吻合，保护黑盖上的标志应与仪器上的箭头相对，按读数（或测量）键，大约 25 s 后浊度值就会显示出来。

4）若数值小于或等于 40°，可直接读出浊度值。

5）若超过 40°，需进行稀释。

（2）注意事项

1）为了将比色皿带来的误差降到最低，在校准和测量过程中应使用同一比色皿。

2）将盛有 0°标准溶液比色皿插入测量槽，再按 CAL（校准键），大约 50 s 后仪器校准完毕，可以开始测量。

3）用待测水样将比色皿冲洗两次。这样可将仍保留在瓶内的残留液体和其他脏物去除。接着将待测水样沿着比色皿边缘缓慢倒入，以减少气泡产生。

4）每次应以同样的力拧紧比色皿盖。

5）读完数后应将废弃的样品倒掉，避免腐蚀比色皿。

6）将样品收集在干净的玻璃或塑料瓶内，盖好并迅速进行分析。如果做不到，则将样品储存在阴凉室温下。

7）为了获得有代表性的水样，取样前须轻轻搅拌水样，使其均匀，禁止震荡（防止产生气泡）和悬浮沉淀。

8）每月用 10°的标准溶液进行校准。

四、活性污泥沉降性能的测定

1. 污泥沉降比 SV_{30} 的测定

（1）用量筒取曝气池混合液约 1 000 mL 或 100 mL，静置，并记录体积。

（2）30 min 后计沉淀污泥体积（mL）。

（3）污泥体积除以混合液体积，即为 SV_{30}，以百分数表示。

2. 判断沉降性能

正常污泥在静置 30 min 后，一般可以达到它的最大密度。沉降比同污泥絮凝性和沉淀性有关。当污泥絮凝性与沉淀性良好时，污泥沉降比的大小可间接表示曝气池混合液的污泥数量的多少，故可以用沉降比作指标来控制污泥回流量及排放量。但是，当污泥絮凝沉淀性差时，污泥不能下沉，上清液混浊，所测得的沉降比将增大。所以，沉降比能够反映曝气池正常运行时的污泥量，并可用于控制剩余污泥的排放量，还能够通过它及早发现污泥膨胀等异常现象的发生，是评定活性污泥质量的重要指标。通常，曝气池混合液的沉降比正常范围为 15% ~ 30% 。

五、色度的测定

纯水为无色透明。清洁水在水层浅时应为无色，深层为浅蓝绿色。天然水中存在腐殖质、泥土、浮游生物、铁和锰等金属离子，均可使水体着色。

纺织、印染、造纸、食品、有机合成工业的废水中，常含有大量的染料、生物色素和有色悬浮微粒等，因此常常是使环境水体着色的主要污染源。有色废水常给人以不愉快感，排入环境后又使天然水着色，减弱水体的透光性，影响水生生物的生长。

水的颜色定义为"改变透射可见光光谱组成的光学性质"，可分为"表观颜色"（表色）和"真实颜色"（真色）。

表色是指由溶解物质及不溶解性悬浮物产生的颜色，用未经过滤或离心分离的原始样品测定。真色是仅由溶解物质产生的颜色。测定真色时，如水样浑浊，应放置澄清后，取上清液或用孔径为 0.45 μm 的滤膜过滤，也可经离心后再测定。

水的色度有两种测定方法——铂钴比色法和稀释倍数法。铂钴比色法适用于清洁水、轻度污染并略带黄色调的水，比较清洁的地面水、地下水和饮用水等。

稀释倍数法适用于污染较严重的地面水和工业废水。两种方法应独立使用，一般没有可比性。

1. 方法原理

为说明工业废水的颜色种类，如深蓝色、棕黄色、暗黑色等，可用文字描述。

为定量说明工业废水色度的大小，采用稀释倍数法表示色度。即，将工业废水按一定的稀释倍数，用水稀释到接近无色时，记录稀释倍数，以此表示该水样的色度，单位为倍。

结果以稀释倍数值和文字描述相结合表达。

2. 仪器

50 mL 具塞比色管，其标线高度要一致。

3. 操作步骤

（1）取 100～150 mL 澄清水样置于烧杯中，以白色瓷板为背景，观测并描述其颜色种类。

（2）分取澄清水样，用水稀释成不同倍数。分取 50 mL 分别置于 50 mL 比色管中，管底部衬一白瓷板，由上向下观察稀释后水样的颜色，并与蒸馏水相比较，直至刚好看不出颜色，记录此时的稀释倍数。

稀释的方法：水样的色度在 50 倍以上时，用移液管计量吸取水样于容量瓶中，用水稀释至标线，每次取大的稀释比，使稀释后色度在 50 倍之内。

水样的色度在 50 倍以下时，在具塞比色管中取水样 25 mL，用水稀释至标线，每次稀释倍数为 2。

六、污泥浓度的快速测定

污泥浓度的国标方法是电热恒温干燥重量法，即取一定体积或重量的污泥，用已知重量的滤布或滤纸过滤，将滤渣连同滤纸一起于 100～120℃全部烘干，称取干重量，再减去滤纸重量就是干渣净重，最后除以污泥总重量或总体积，得出污泥的质量体比浓度或重量比浓度。

污泥质量百分比浓度的计算式为：污泥质量浓度（%）＝干渣净重量/污泥总重量×100。但该法步骤繁杂，时间长。

污泥浓度的快速测定有便携式 SS（MLSS）活性污泥测定仪和在线污泥浓度监测仪两种。按工作原理主要分为红外和超声波两大类。超声波在污泥和悬浮物中的衰减与液体中的污泥和悬浮物的浓度有关，根据这一原理超声波污泥浓度计实现了污泥和悬浮物浓度的在线测量和监控。可以实时连续监测污泥和悬浮物浓度的变化并自动实现相关工艺过程控制。

红外测量原理是传感器上发射器发送的红外光在传输过程中经过被测物的吸收、反射和散射后仅有一小部分光线能照射到检测器上，透射光的透射率与被测污水中的悬浮固体浓度有一定的关系，因此通过测量透射光的透射率就可以计算出污水中悬浮固体的浓度。

如某型污泥测定仪专门针对污水处理悬浮污泥浓度测量而设计，仪表采用创新的多光束相互补偿技术测量悬浮物浓度，能够消除传感器光窗粘污造成的测量误差，以及温度变化、器件老化等影响，实现稳定、精确的测量。特别适用于污水处理厂和给水处理厂悬浮污泥浓度的巡检测量。量程：$0 \sim 9\,999$ mg/L，$0 \sim 25$ g/L，分辨率：3 mg/L，0.01 g/L。

本章思考题

1. 化学试剂分为哪几个等级？分别用什么颜色的标签标示？适用于何种情况？
2. 标准溶液的浓度如何表示？
3. 有效数字的位数如何判断？如何修约？
4. 玻璃仪器应如何洗涤？
5. 水样采集有哪些注意事项？
6. 水样保存有哪些方法？
7. 玻璃电极和复合电极使用和维护时有何区别？
8. 铂钴比色法和稀释倍数法分别适用于哪种水样？

第 9 章

安全生产

第1节 污水处理厂安全生产法规与安全事故

 学习目标

1. 了解我国污水处理厂安全事故类型和原因。
2. 熟悉污水处理厂安全生产制度。
3. 熟悉污水处理厂安全隐患与安全技术规程。

 知识要求

一、污水处理厂安全生产制度

《中华人民共和国安全生产法》于 2002 年 6 月 29 日全国人大常委会通过。自 2002 年 11 月 1 日起施行。安全生产法是为了加强安全生产监督管理，防止和减少生产安全事故，保障人民群众生命和财产安全，促进经济发展。安全生产管理，坚持安全第一、预防为主的方针。

污水处理厂应该依法建立安全生产系列制度，制度主要有：安全生产责任制，安全生产教育制，安全生产检查制，伤亡事故报告处理制，防火防爆制度，各种安全操作规程等，建立事前预防对策体系、事中应急救援体系，建立事后处理对策系统。

1. 安全生产责任制

以制度形式明确规定污水厂各级领导和各类人员在生产活动中应负安全责任，以便各负其责，做到计划、布置、检查、总结和评比安全工作（即"五同时"），从而保证在完成生产任务的同时，做到安全生产。

2. 安全生产教育制

规定对新工人必须进行三级安全教育（入厂教育、车间教育和岗位教育），经考试合格后，才可独立操作。对电器、起重机、锅炉、受压容器、焊接、车辆驾驶等特殊工种的工人，必须进行安全技术培训，经考试合格，领取"特殊工种操作证"方可独立操作。污水厂必须建立安全操作制度，在调动工种或更新设备时都必须向工人进行相应的安全教育。

3. 安全生产检查制

规定工人上班前，对所操作的机器设备和工具必须进行检查；生产班组必须定期对所管机具和设备进行安全检查;厂部由领导定期组织安全生产检查,查出问题要逐条整改,在规定假日前,组织安全生产大检查。

4.伤亡事故报告处理制

凡发生人身伤亡事故,必须严格执行"三不放过原则"(事故原因分析不清不放过;事故责任者和群众没有受到教育不放过;防范措施不落实不放过)。重大人身伤亡事故后,要立即抢救,保护现场,按规定期限逐级报告,对事故责任者应根据责任轻重,损失大小,认识态度提出处理意见。

5.防火防爆制度

规定消防器材和设施的设置及规范安全行为。

6.污水厂安全生产管理奖罚条例

废水处理企业应制定相关的安全生产管理奖罚条例。

7.从业人员八大权利

(1)知情权,即有权了解其作业场所和工作岗位存在的危险因素、防范措施和事故应急措施。

(2)建议权,即有权对本单位的安全生产工作提出建议。

(3)批评权、检举权、控告权,即有权对本单位安全生产管理工作中存在的问题提出批评、检举、控告。

(4)拒绝权,即有权拒绝违章作业指挥和强令冒险作业。

(5)紧急避险权,即发现直接危及人身安全的紧急情况时,有权停止作业或者在采取可能的应急措施后撤离作业场所。

(6)依法向本单位提出要求赔偿的权利。

(7)获得符合国家标准或者行业标准劳动防护用品的权利。

(8)获得安全生产教育和培训的权利。

8.从业人员的三项义务

(1)自律遵规的义务。

(2)自觉学习安全生产知识的义务,要求掌握本职工作所需的安全生产知识,提高安全生产技能,增强事故预防和应急处理能力。

(3)危险报告义务。

二、污水处理厂安全隐患与安全技术规程

1.污水处理厂主要安全隐患

在污水处理厂的生产过程中,会产生一些不安全因素,如不及时采取防护措施,会危

害劳动者的安全和健康，产生工伤事故或职业病，妨碍生产的正常进行。污水处理厂常见的安全隐患有以下几种。

(1) 工艺管线（加药管、曝气管等）、工艺构筑物（沉砂池、生物池、储泥池等）、储药罐和鼓风机、脱水机、阀门等设备设施存在跑、冒、滴、漏现象。

(2) 高压配电室、鼓风机房、脱水机房等操作现场未配备必需的安全保护设施和消防设施；在集水井、生化池、二沉池等构筑物的明显位置未配备防护救生设施及用品。集水井、生化池、二沉池等构筑物的防护设施（栏杆、盖板、爬梯等）存在松动、锈蚀或缺失情况；阀门井盖、仪表井盖、电缆沟盖板、下水道检查井盖缺失或破损；氯库、加氯间等有毒、有害场所未配备安全防护的仪器、仪表和设备，未设立必要的报警装置。

(3) 工作环境不符合要求：配电室、变压器室、集水井、水池、储药罐等危险场所未设置安全警示标志；构筑物楼梯、走道地面有积水；下水道排水堵塞；电缆沟、配电室未采取防水和防小动物进入的措施；氯库、加氯间、污泥脱水机房、泵房等车间和连接排泥管道的闸门井、廊道等没有保持良好通风。

(4) 电气设备外壳没有有效的接地线；移动电具没有使用三眼（四眼）插座；室外移动性闸刀开关和插座等没有安装在安全电箱内；电源总开关没有安装坚固的外罩。

(5) 高压配电设备及防护用品、压力容器、起重机和压力、温度仪表等设备设施没有按规定定期进行检测或检测不合格。

(6) 特种作业人员（电工、焊工、钳工等）没有按规定持证上岗。

(7) 化验室剧毒药品没有制定专门的保管、使用制度，没有设专柜双人双锁保管。

(8) 没有建立和执行针对高空、池面、水下和受限空间等危险作业的申请、审批制度。

(9) 未按照相关规定定期对消防设施、避雷和防爆装置进行测试、维修；未定期检查和更换救生衣、救生圈、防毒面具等安全防护用品。

(10) 在变/配电室进行倒闸操作，以及变压器、高压开关柜、高压用电设备停电检修时，没有使用工作票。

(11) 操作人员维护或检修电气设备时没有挂检修标志牌，作业时没有专人负责监护。

(12) 没有制订年度安全培训计划和定期进行安全培训；新入厂、新调换工种的从业人员以及离岗一个月后上岗的从业人员，上岗前没有进行安全培训。

(13) 没有定期进行安全检查；对检查发现的问题没有及时进行整改。

2.《城镇污水处理厂运行、维护及安全技术规程》

《城镇污水处理厂运行、维护及安全技术规程》（CJJ 60—2011），2011年3月15日中华人民共和国住房和城乡建设部发布，2012年1月1日实施。

所有污水厂必须依据 CJJ 60—2011 规程，结合本厂特点，订立各工种安全操作规程，如泵站管理工、鼓风机管理工、污水池管理工、污泥消化工、化验工、下井下池工都应制定安全操作规程。各工种的安全操作规程，要经常组织学习，定期进行考核。

三、安全事故

1. 污水处理厂事故统计

通过对实际发生的污水处理厂事故案例进行分析与研究，为以后污水处理厂事故预防提供具有参考价值的数据理论。

统计时间：1986 年 4 月—2011 年 10 月。

案例来源：对电视、广播、期刊杂志、网络上报道的污水处理厂事故的案例进行引用，以及在相关网络上的事故案例的搜索，如通过国家安全生产监督局管理总网站、安全文化网、法制节目组等安全生产相关的网络对所要研究的事件进行搜索与整理。通过以上搜索与整理出的污水厂事故分析，见表9—1。

表 9—1 　　　　　　　　　　　　污水厂事故分析

	1月	2月	3月	4月	5月	6月	7月	8月	9月	10月	11月	12月
事故起数	1	2	2	2	8	5	9	7	3	4	2	2
死亡人数	2	7	6	9	16	13	22	24	11	9	3	7
受伤人数	0	1	8	2	24	4	9	6	3	1	0	0

经过对事件的分析与统计可以看出，污水处理厂事故的高发期是在五月份到九月份，在这五个月里面总共发生32 起事故，占总事故发生次数的68%；死亡人数是86 人，占总死亡人数的67%；受伤的人数是46 人，占总受伤人数的79%。

2. 事故发生时间的分析

因为我国大部分的地区在每年的五月份到九月份期间天气比较炎热，因此污水、污泥在此高温条件下易厌氧消化反应产生有害气体，并且温度的偏高还会加快气体的挥发，因此污水处理厂的工作人员在这个时候容易发生中毒事件。十月份和次年的四月份，很多地区的温度明显下降，有害气体较少且挥发较弱，不容易发生事故。因此在每年五月到九月之间的事故高发时期，应加强安全生产管理。

3. 事故类型以及事故原因

通过污水厂事故案例进行分类与总结，事故发生的原因排在第一位的是中毒窒息，第二位是因为构筑物坍塌，第三位是淹溺事故。此外，还有透水、触电、爆炸事故等，由此可见，污水处理厂事故的主要类型是中毒窒息事故，这也是污水处理厂安全生产工作的重点和难点。

第2节　污水处理厂安全防护措施

 学习单元1　安全用电

 **学习目标**

1. 了解触电的危害及触电方式。
2. 熟悉用电要求。
3. 掌握触电防护基本技能。
4. 能熟练实施触电急救措施。

 知识要求

一、安全用电常识

1. 触电危害

电对人体的伤害，主要来自电流。触电是指人体触及带电体后，电流对人体造成的伤害，它有两种类型，即电击和电伤。

（1）电伤是非致命的，它是指由电流的热效应、化学效应、机械效应及电流本身作用造成的人体伤害。电伤会在人体皮肤表面留下明显的伤痕，常见的有电灼伤、电烙伤和皮肤金属化等现象。

（2）电击是致命的，它是指电流通过人体内部，破坏人体内部组织，会影响呼吸系统、心脏及神经系统的正常功能，甚至危及生命。

在触电事故中，电击和电伤通常会同时发生。

2. 常见的触电方式

人体的触电方式主要有两种，直接接触或间接接触带电体及人体与带电体小于安全距离。其中直接触电又可分为单相触电和两相触电。

（1）直接触电

1）单相触电。当人站在地面上或其他接地体上，人体的某一部位触及一相带电体时，电流通过人体流入大地，称为单相触电。

人体触电后由于遭受电击的突然袭击，慌乱中易造成二次伤害事故（如高空中作业触电时摔到地面等）。所以，电气工作人员工作时应穿着合格的绝缘鞋，在配电室的地面上应垫有绝缘橡胶垫，以防触电事故的发生。

2）两相触电。两相触电是指人体两处同时触及同一电源的两相带电体，电流从一相导体流入另一相导体的触电方式。

（2）间接触电。是由于电气设备绝缘损坏发生接地故障，设备金属外壳及接地点周围出现对地电压引起的。它包括跨步电压触电、接触电压触电、感应电压触电和剩余电荷触电。

1）跨步电压触电。在高压故障接地处，或有大电流流过的接地装置附近都可能出现较高的跨步电压。接地点越近、两脚距离越大，跨步电压值就越大。一般 10 m 以外就没有危险。

2）接触电压触电。当人体触及漏电设备外壳时，电流通过人体和大地形成回路，由此造成的触电称为接触电压触电。

3）感应电压触电。当人体触及带有感应电压的设备和线路时，造成的触电事故称为感应电压触电。

4）剩余电荷触电。当人体触及带有剩余电荷的设备时，带有电荷的设备对人体放电造成的事故称为剩余电荷触电。

二、防护措施

1. 用电要求

污水处理厂电动机械设备较多，在潮湿的环境下员工更应注意掌握用电安全知识。污水处理厂要求员工对电气设备要经常进行安全检查。检查包括：电气设备绝缘有无破损；绝缘电阻是否合格；设备裸露带电部分是否有防护；保护接零线或接地是否正确、可靠；保护装置是否符合要求；手提式灯和照明灯电压是否安全；安全用具和电器灭火器材是否齐全；电气连接部位是否完整等。

全厂职工要遵守以下安全用电要求：

（1）不是电工不能拆装电气设备，损坏的电气设备应请电工及时修复，电气设备金属外壳应有有效的接地线。

（2）移动电具要用三眼（四眼）插座，要用三芯（四芯）坚韧橡皮线或塑料护套线，室外移动性闸刀开关和插座等要装在安全电箱内。

（3）手提行灯必须采用36 V以下的电压，特别潮湿的地方（如沟槽内）不得超过12 V。

（4）各种临时线必须限期拆除，不能私自乱接。

（5）注意使电气设备在额定容量范围内使用。

（6）电气设备要有适当的防护装置或警告牌。

（7）遵守安全用电操作规程，特别是遵守保养和检修电器的工作票制度，以及操作时使用必要的绝缘用具。

（8）要经常进行安全活动，学习安全用电知识。

2．触电防护

（1）绝缘。它是防止人体触及绝缘物把带电体封闭起来。瓷、玻璃、云母、橡胶、木材、塑料、布、纸和矿物油等都是常用的绝缘材料。

常见的绝缘安全用具包括绝缘杆、绝缘夹钳、绝缘靴、绝缘手套、绝缘垫。

绝缘安全用具主要是起绝缘作用，验证绝缘性能好坏要通过耐压试验来检验。因此绝缘安全用具必须要按规定进行定期试验。

（2）外壳保护。为了防止人员误触电气元件裸露的带电部位，应将电气元件安装在金属盒或盒内，对人起到安全防护作用。

（3）屏护。即采用遮拦、护罩、护盖箱闸等把带电体同外界隔绝开来。电器开关的可动部分一般不能使用绝缘，而需要屏护。高压设备不论是否绝缘，均应采用屏护。

（4）间距。就是保证必要的安全距离。间距除用于防止触及或过分接近带电体外，还能起到防止火灾、防止混线、方便操作的作用。在低压工作中，最小检修距离不应小于0.1 m。

（5）安全电压。安全电压是指人体不戴任何防护设备时，触及带电体不受电击或电伤。国家标准制定了安全电压系列，称为安全电压等级或额定值，这些额定值指的是交流有效值，分别为42 V、36 V、24 V、12 V、6 V等几种。

（6）接地或接零保护

1）接地保护。在中性点不接地系统中，设备外露部分（金属外壳或金属构架），必须与大地进行可靠电气连接，即保护接地。

接地装置由接地体和接地线组成，埋入地下直接与大地接触的金属导体，称为接地体。连接接地体和电气设备接地螺栓的金属导体称为接地线。

2）保护接零。保护接零是指在点源中性点接地的系统中，将设备需要接地的外露部分与电源中性线直接连接，相当于设备外露部分与大地进行了电气连接。使保护设备能迅速动作断开故障设备，减少了人体触电危险。

3）重复接地。在电源中性线做了工作接地的系统中，为确保保护接零的可靠，还需相隔一定距离将中性线或接地线重复接地，称为重复接地。

以上电击防护措施是从降低接触电压方面进行考虑的。但实际上需要采用其他保护措施作为补充。例如，采用漏电保护器、过电流保护电器等措施。

3. 电气消防

（1）发现电子装置、电气设备、电缆等冒烟起火，要尽快切断电源。

（2）灭火时使用砂土、二氧化碳或四氯化碳等不导电灭火介质，忌用泡沫和水进行灭火。

（3）灭火时不可将身体或灭火工具触及导线和电气设备。

三、触电急救措施

当有人触电后，其身边的人不要惊慌失措，在立即报警、呼叫医务人员的同时应及时采取以下应急措施：

（1）解脱电源。人在触电后可能由于失去知觉或超过人的摆脱电流而不能自己脱离电源，此时抢救人员不要惊慌，要在保护自己不被触电的情况下使触电者脱离电源。

1）如果接触电器触电，应立即断开近处的电源，可就近拔掉插头，断开关或打开保险盒。

2）如果碰到破损的电线而触电，附近又找不到开关，可用干燥的木棒、竹竿、手杖等绝缘工具把电线挑开，挑开的电线要放置好，不要使人再触到。

3）如一时不能实行上述方法，触电者又趴在电器上，可隔着干燥的衣物将触电者拉开。

4）在脱离电源的过程中，如触电者在高处，要防止其脱离电源后因跌伤而造成二次受伤。

5）在使触电者脱离电源的过程中，抢救者要防止自身触电。

（2）脱离电源后的判断。触电者脱离电源后，应迅速判断其症状，根据其受电流伤害的不同程度，采用不同的急救方法。

1）判断触电者有无知觉。

2）判断呼吸是否停止，若停止则进行人工呼吸。

3）判断脉搏是否搏动，若停止脉搏则进行胸外按压。

4）判断瞳孔是否放大。

（3）急救方法

1）口对口人工呼吸法。人的生命维持，主要靠心脏跳动而产生血循环，通过呼吸而形成氧气与废气的交换。如果触电人伤害较严重，失去知觉，停止呼吸，但心脏微有跳动，就应采用口对口人工呼吸法。具体做法是：

①迅速解开触电人的衣服、裤带，松开上身的衣服、护胸罩和围巾等，使其胸部能自由扩张，不妨碍呼吸。

②使触电人仰卧，不垫枕头，头先侧向一边清除其口腔内的血块、假牙及其他异物等。

③救护人员位于触电人头部的左边或右边，用一只手捏紧其鼻孔，不使漏气，另一只手将其下巴拉向前下方，使其嘴巴张开，嘴上可盖一层纱布，准备接受吹气。

④救护人员做深呼吸后，紧贴触电人的嘴巴，向他大口吹气。同时观察触电人胸部隆起的程度，一般应以胸部略有起伏为宜。

⑤救护人员吹气至需换气时，应立即离开触电人的嘴巴，并放松触电人的鼻子，让其自由排气。这时应注意观察触电人胸部的复原情况，倾听口鼻处有无呼吸声，从而检查呼吸是否堵塞。如图9—1所示。

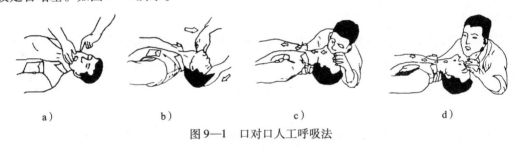

a）   b）   c）   d）

图9—1　口对口人工呼吸法

2）人工胸外心脏按压法。若触电人的伤害相当严重，心脏呼吸都已经停止，人完全失去知觉，则需同时采用人工呼吸和胸外心脏按压两种方法。如现场仅有一个人抢救，可交替使用这两种方法，先胸外按压心脏4~6次，然后口对口人工呼吸2~3次，再按压心脏，反复循环进行操作。人工胸外心脏按压的具体步骤如下：

①解开触电者的衣裤，清除口腔内异物，使其胸部能自由扩张。

②使触电者仰卧，姿势与口对口吹气法相同，但背部着地处的地面必须牢固。

③救护人员位于触电者一边，最好是跨跪在触电者的腰部，将一只手的掌根放在心窝稍高一点的地方（掌根放在胸骨下1/3部位），中指指尖对准锁骨间凹陷处边缘，如图9—2所示，另一只手压在那只手上，呈两手交叠状。

④救护人员找到触电者的正确压点，自上而下，垂直均衡地用力按压，压出心脏里面的血液，注意用力适当。

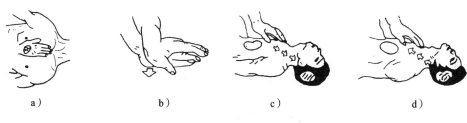

图9—2 人工胸外心脏按压法

⑤按压后，掌根迅速松开（但手掌不要离开胸部），使触电者胸部自动复原，心脏扩张，血液又回到心脏。

 学习单元2 有毒有害气体防护

 学习目标

1. 了解有毒有害气体的种类。
2. 熟悉硫化氢的性质和危害。
3. 掌握硫化氢预防和急救。
4. 能熟练使用硫化氢气体检测仪。

 知识要求

一、有毒有害气体的种类

在城市下水道中和污水处理厂各种池下和井下，都有可能存在有毒有害气体。这些有毒有害气体虽然种类繁多成分复杂，但根据危害方式的不同，可将它们分为有毒气体（窒息性气体）和易燃易爆气体两大类。有毒气体，是通过人的呼吸器官在人体内部直接造成危害的气体，如硫化氢、一氧化碳等气体。由于这些气体抑制人体内部组织或细胞的换氧能力，引起肌体组织缺氧而发生窒息性中毒，因此叫窒息性气体。而易燃易爆气体，则是通过各种外因，如接触未熄灭的火柴棍、烟蒂和油灯等引起燃烧甚至爆炸而造成危害，如甲烷（沼气）、石油气和煤气等均属于这一类。

二、硫化氢的性质和危害

1. 硫化氢物理化学性质

硫化氢是一种无色、剧毒、弱酸性气体。低浓度硫化氢气体有一股臭鸡蛋味，较空气重，能溶于水。燃烧时带蓝色火焰并产生对眼和肺非常有害的二氧化硫气体。硫化氢与空气混合，当其气体体积分数达到 4.3% ~ 46% 的范围时就形成一种爆炸混合物遇火爆炸。硫化氢在空间易聚集不易飘散，常聚集在池底部和井场低处，与许多金属发生化学反应，可严重腐蚀金属。当空气中的硫化氢气体体积分数大于 10×10^{-6} 时会引起人体不适，超过 20×10^{-6} 时能造成中毒。

2. 硫化氢的危害

（1）对人体的危害。硫化氢中毒主要为口腔吸入、皮肤接触。人对硫化氢的敏感性随其与硫化氢接触次数的增加而减弱，因此第二次接触就比第一次危险，依次类推。

空气中的硫化氢体积分数达到 0.025×10^{-6}，人们即可嗅到臭鸡蛋味，随体积分数的增加臭鸡蛋味增加，但当体积分数超过 20×10^{-6} 时，由于嗅觉神经麻痹，臭味反而不易嗅到，刺激神经系统，导致头晕，丧失平衡，呼吸困难，心跳加速，严重时会造成心脏缺氧，往往会出现闪电式中毒死亡。慢性中毒一般为眼结膜损伤、神经衰弱综合征和植物神经功能紊乱。不同硫化氢气体浓度对人体的危害见表9—2。

表9—2　　　　　　不同硫化氢气体体积分数对人体的危害

体积分数 $\times 10^{-6}$	对人体的危害
10	有明显难闻的气味
20	暴露工作 8 h 尚安全
100 ~ 200	2 ~ 5 min 内抑制嗅觉、咳嗽、眼发炎。8 h 以内眼痛和呼吸障碍，8 ~ 48 h 可导致出血死亡
300 ~ 400	2 min 内虚脱，失去知觉，需立即做人工呼吸，15 ~ 30 min 内眼严重发炎，心律失常，30 ~ 60 min 内眼、头痛加剧，四肢发抖，甚至死亡
600 ~ 700	2 min 内就会失去知觉，导致死亡

（2）对窨井管道设备的腐蚀。硫化氢溶于水形成弱酸，对金属的腐蚀形式有电化学腐蚀、氢脆和硫化物应力开裂。往往会造成井下管柱的突然断落、地面管道和仪表的爆裂。另外，硫化氢能加速非金属材料的老化，如橡胶会产生鼓泡胀大，失去弹性，密封件失效，塑料管线会老化。

（3）对大气和水的污染。

三、硫化氢检测计的使用

现在常用电子硫化氢检测仪，可以直接显示硫化氢浓度，单位大多是 ppm。

1. 基本结构

硫化氢气体检测仪主要由两部分组成，一是报警控制器（主机），二是硫化氢气体检测器（探头），如图9—3所示。

2. 工作原理

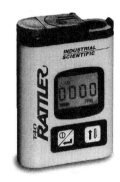

检测器由硫化氢气敏传感器和电子线路板组成，当硫化氢气体扩散到传感器中，会与其中的电解液发生化学反应产生电信号，电信号处理与硫化氢气体浓度呈线性关系的标准信号。液晶显示屏显示气体浓度、种类、峰值和高、低浓度报警水平。如果当前气体浓度值超出预设限度值时，仪器以声、光和振动报警提醒用户。提示操作人员及时采取安全处理措施。

图9—3　硫化氢检测仪

3. 使用方法

（1）按开机键，系统显示电池、检测气体等工作状态，如电池不足，须及时更换。

（2）在呼吸区域内使用检测仪，用户将设备卡于安全帽边缘的槽内。由于非常接近耳朵及眼睛，报警指示很容易被辨识。

（3）如果检测器无防水罩或防水罩损坏，水很容易进入检测器，会极大影响检测器寿命。

（4）检测器的传感器和防水罩被油污、泥土等堵塞，造成进气通道堵塞，使得硫化氢气体检测仪灵敏度下降。

四、预防与急救

1. 预防措施

（1）产生硫化氢的生产设备应尽量密闭，并设置自动报警装置。

（2）对含有硫化氢的废水、废气、废渣，要进行净化处理，达到排放标准后方可排放。

（3）进入可能存在硫化氢的密闭容器、坑、窑、地沟等工作场所前，应首先测定该场所空气中的硫化氢浓度，采取通风排毒措施，确认安全后方可操作。

（4）硫化氢作业环境空气中的硫化氢浓度要定期测定。

（5）操作时做好个人防护措施，戴好防毒面具，作业工人腰间缚以救护带或绳子。做好互保，要2人以上人员在场，发生异常情况立即救出中毒人员。

（6）患有肝炎、肾病、气管炎的人员不得从事接触硫化氢作业。

（7）加强对职工有关专业知识的培训，提高自我防护意识。

2．中毒急救

当硫化氢中毒事故或泄漏事故发生时，污染区的人员应迅速撤离至上风侧，并应立即呼叫或报告，不能个人贸然去处理。

有人中毒昏迷时，抢救人员必须做到：

（1）戴好防毒面具或空气呼吸器，穿好防毒衣，有两个以上的人监护，从上风处进入现场，切断泄漏源。

（2）进入塔、容器、下水道等事故现场，还需携带好安全带。有问题应按联络信号立即撤离现场。

（3）合理通风，加速扩散，通过喷雾水稀释、溶解硫化氢。

（4）尽快将伤员转移到上风向空气新鲜处，清除污染衣物，保持呼吸道畅通，立即给氧。

（5）观察伤员的呼吸和意识状态，如有心跳呼吸停止，应尽快争取在4 min内进行心肺复苏救护（勿用口对口呼吸）。

（6）在到达医院开始抢救前，心肺复苏不能中断。

 学习单元3 实验室安全

 学习目标

1．熟悉有毒有害化学品的防护、有毒有害化学品的识别。

2．掌握实验室安全防护措施。

 知识要求

实验室是污水处理厂进行水质分析和监测的必备场所。由于实验室使用大量易燃、易爆和剧毒性化学物品，并排放有毒气体和物质，极易发生各类安全事故；同时实验室存放着许多贵重仪器、设备和技术资料，因此搞好实验室的安全管理，认真分析诱发各类安全事故的因素，研究预防和制止各类安全事故发生的方法和对策，是污水处理厂安全运行管理的重要内容。

一、有毒有害化学品的识别

污水厂化验室常见的有毒有害化学品有：

1. 浓酸（浓硫酸、浓硝酸、浓盐酸、高氯酸、冰乙酸）。
2. 浓碱（氢氧化钠、氢氧化钾、浓氨水）。
3. 有毒重金属（乙酸汞、重铬酸钾、偏钒酸铵、四水合钼酸铵）。
4. 有机物（乙醚、三氯甲烷）。

二、化学品的正确使用

1. 化学品进入人体的途径

有毒化学品可能对人体健康造成的危害取决于两个因素：化学品的毒性和暴露的程度。化学品的毒性是化学品的内在固有性质。化学品进入人体的途径：呼吸作用，皮肤吸收和食入。

（1）人的呼吸是化学品进入人体内最重要的途径。被吸收的某种有毒成分的总量主要取决于其在空气中的浓度和工人暴露的持续时间。

（2）皮肤吸收。一种化学品与皮肤接触后，可能的结果是：①最初阶段局部皮肤刺激疼痛；②皮肤过敏；③化学品通过皮肤后渗透和吸收到血液循环中。

（3）食入误食的物质从人体内可能被吸收到血液中，然后血液可能把这些物质输送到人体的不同部位而导致伤害。

2. 剧毒品安全管理制度

（1）剧毒化学品的管理严格执行"五双制度"，即双人验收、双保管、双人收发、双本账、双把锁。

（2）化学品的采购应由专人负责，熟悉剧毒化学品的一般知识和安全防护常识，许可证按公安部门的有关规定执行。

（3）剧毒化学品的存放应符合以下要求：

1）房屋干燥无积水，不与其他化学品混放，存放在保险柜中（配有双把锁由双人保管）。

2）剧毒化学品应分类分开存放，远离火源和酸。

3）剧毒化学品的管理人员应熟悉其各类化学性质，做到"三无一保"（无事故、无被盗、无丢失、保安全）。

4）对剧毒化学品出库使用记录管理制度，管理人员要严格执行。

（4）剧毒化学品的使用和操作人员必须做好防护措施，配有专门的防护用品，操作结束后应立即更换工作服。剧毒化学品的使用部门和操作人员在使用时，必须严格执行以下要求：

1）严禁直接用手接触剧毒化学品，并且不能在使用剧毒品的场所饮食。

2）剧毒化学品的使用场所要备有一定量的解毒药品，以备应急之用。

3）严禁使用绝缘软管插入易燃液体内进行移液操作。

4）剧毒品在使用完后仍有剩余时，应密封包装好，防止其泄漏。

5）剧毒化学品在使用完后，其包装不得随意丢弃，应保管好，专门处理。

3. 常见有毒有害化学品的性质与使用规则

（1）浓酸类

1）浓硫酸。浓硫酸具有很强的腐蚀性，若实验时不小心溅到皮肤上，应先用布擦干，后用清水或小苏打溶液（2%）冲洗，不能直接用大量清水冲洗，否则会扩大腐蚀范围。严重的应立即送往医院。若实验时滴落在桌面上，则先用布擦干，再用水进行冲洗。浓硫酸具有吸水性，所以浓硫酸在使用完毕后应盖紧盖子。

2）浓硝酸。浓硝酸具有挥发性，且刺激性很强，使用时应在通风环境下操作。浓硝酸还具有很强的氧化性，能与可燃物和还原性物质发生激烈反应而爆炸。浓硝酸易分解，应避光通风保存。其强酸性与碱发生激烈反应，会腐蚀大多数金属（铝及其合金除外），生成氮氧化物。能与许多常用有机物发生非常激烈的反应，引起火灾和爆炸危险。加热时分解，会产生有毒烟雾。因此浓硝酸要远离热源、火源以及可燃物、还原性物质。如果一旦发生火灾，要正确使用灭火器。

3）浓盐酸。浓盐酸在常温下就能挥发出刺激的气体，在使用时应在通风橱中。浓盐酸具有腐蚀性，若不小心滴到手上，要用大量清水清洗，并涂碳酸氢钠溶液（2%），而不能用氢氧化钠溶液，氢氧化钠溶液碱性太强，相当于二次伤害。稀盐酸滴到手上仅需用水清洗即可。

4）高氯酸。高氯酸具有很强的刺激性，操作时应戴好手套等防护工具，在通风橱中操作。皮肤接触后应立即脱去被污染衣着，用大量流动清水冲洗至少15 min。尽快就医。眼睛接触后应立即提起眼睑，用大量流动清水或生理盐水彻底冲洗至少15 min。尽快就医。高氯酸受热易分解会爆炸，必须远离火源热源。高氯酸是强氧化剂。与有机物、还原剂、易燃物（如硫、磷等）接触或混合时有引起燃烧爆炸的危险。勿与还原剂、有机物、易燃物接触。

5）冰乙酸。冰乙酸为挥发性酸，对眼有强烈刺激作用。皮肤接触，轻者出现红斑，重者引起化学灼伤。皮肤接触后要先用水冲洗，再用肥皂彻底洗涤。眼睛接触受刺激后要用水冲洗，再用干布拭擦，严重的须送医院诊治。

（2）浓碱类

1）氢氧化钾和氢氧化钠。都具有吸水性，在使用后应立即盖好瓶盖。具有强腐蚀性，较浓的氢氧化钠溶液溅到皮肤上，会腐蚀表皮，造成烧伤，故应立即用清水或低浓度的弱酸如醋酸溶液（2%）硼酸溶液（2%）冲洗。氢氧化钠可以和玻璃中的二氧化硅反应生成黏性很强的硅酸钠，若长期存放应储存在塑料容器中。

2）氨水。易挥发出刺激性的氨气，使用时应在通风橱中操作。氨水容易吸收空气中的二氧化碳，在使用完后应盖好瓶盖。由于氨水的挥发性和不稳定性，应存放在棕色瓶中放于避光的暗处。存放时应单独存放，远离浓硝酸、浓盐酸。

（3）重金属类

1）乙酸汞。乙酸汞属于重金属盐，有刺激作用。如吸入、摄入或经皮肤吸收后，严重者可致死。乙酸汞在高热的条件下可分解出有毒气体。在使用乙酸汞时应戴好手套穿好工作服，在通风橱中操作。因其属于剧毒品应放在保险柜中由专人保管。误服者应立即漱口，用清水或2%碳酸氢钠溶液反复洗胃。给饮牛奶或蛋清并立即就医。

2）重铬酸钾。重铬酸钾有毒性和致癌性，在使用时一定要戴好手套穿好工作服，如不慎溅到皮肤上要用肥皂水和清水彻底冲洗皮肤。误服者应用水漱口，用清水或1%硫代硫酸钠溶液洗胃。给饮牛奶或蛋清，尽快就医。

3）偏钒酸铵、钼酸铵。偏钒酸铵有氧化性，接触有机物有引起燃烧的危险。偏钒酸铵有毒性，使用时应注意防护。若不慎沾到皮肤上应用大量清水洗净。

（4）有机物类

1）乙醚。乙醚易挥发，有麻醉作用，应密闭保存在通风处。使用时一定要在通风橱中操作。储于低温通风处，远离火种、热源。与氧化剂、卤素、酸类分储。禁止使用易产生火花的工具。

2）三氯甲烷。易挥发。纯品对光敏感，遇光照会与空气中的氧作用，逐渐分解而生成剧毒的光气（碳酰氯）和氯化氢（注：化验室应备有2%碳酸氢钠溶液和2%硼酸溶液或2%醋酸溶液，以及创可贴、烫伤膏等）。

三、实验室安全防护措施

1. 化学危险品的防护

预防危险化学品，管理者应该预先熟悉其化学特性和潜在的危害性，准备好应采取的预防措施。在满足分析精度和标准方法要求的前提下，尽量使用低毒或低危害性的化学品替代。

2. 实验室安全管理

（1）健全和完善安全管理制度。为了保证实验室安全，必须制定一系列相应的安全管理制度，如安全应急预案、岗位安全责任制度、实验室意外事故处理办法、压力容器安全使用管理办法、实验室"三废"处置管理办法、易燃、易爆及剧毒化学品管理制度、实验室定期安全排查制度等。

（2）避免不安全因素的发生。定时巡检，及时发现和排除各种不安全因素，消除隐患，防患于未然。明确奖惩制度，做好岗位安全培训教育，掌握安全操作所必需的知识和技能。重要岗位要配备业务熟练、安全意识强、责任心强的工作人员。

（3）设施配置与安全应急演练。在实验室必须配备一般治疗伤害的药品和急救箱，并制定安全急救措施，对相关的实验人员进行急救训练，以便在实验人员受伤或发生安全事故时能及时地进行合理的急救处理。定时开展安全应急演练。

（4）废液和废弃物的管理。实验室废液是分析实验产生的、含有对环境或人体有害元素且不能直接排放到下水道的物质。建议各实验室根据废液和废弃物的种类，统一回收到废液桶里，由相关部门定期回收后，统一处理。废液回收桶或瓶应注明废液种类、主要成分、存储时间等信息，废液严禁混合储存，以免发生剧烈化学反应而造成事故。

（5）加强实验安全教育。启动实验室安全培训准入制，并将培训及其考试制度化，与实验室人员签订安全责任协议书。

学习单元4　常用安全设备和护具的使用维护

学习目标

1. 熟悉常用安全设备和护具的识别。
2. 掌握常用安全设备和护具的使用维护。

一、安全帽

安全帽又称安全头盔，是防御冲击、刺穿、挤压等伤害头部的安全防护用具。安全帽按材料不同可分为玻璃钢安全帽、塑料安全帽、胶布矿工安全帽、防寒安全帽、纸胶安全帽、竹编安全帽等。

1. 安全帽结构

安全帽的结构如图9—4所示。

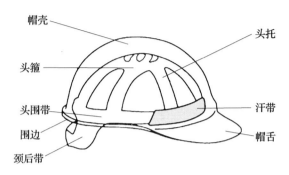

图9—4　安全帽结构

2. 安全帽的防护作用

防止物体打击伤害，防止高处坠落伤害头部，防止机械性损伤，防止污染毛发伤害。

3. 安全帽使用的注意事项

保持清洁，每两年更换。经常检查，产品符合标准及要求，在受过较严重的冲击后，应予以更换。佩戴安全帽前，应检查各配件完好后方可使用。要有下颌带和后帽箍并拴系牢固，以防帽子滑落与碰掉。调整好帽顶端与帽壳内顶的间距（4～5 cm），这段距离在碰到高空坠落物时可起到缓冲的作用，还可以达到头部通风的目的。

二、防护眼镜和面罩

1. 防护眼镜和面罩的作用

防止异物进入眼睛，防止化学性物品的伤害，防止强光、紫外线和红外线的伤害，防止微波、激光和电离辐射的伤害。

2. 防护眼镜和面罩使用前的检查

检查镜片是否容易脱落；戴上透镜时，影像应绝对清晰，不得模糊不清。

三、听力防护用品

1. 听力防护用品的作用

防止机械噪声的危害，防止空气动力噪声的危害，防止电磁噪声的危害。

2. 听力防护用品的分类

耳塞，耳罩。

（1）使用耳罩时，应先检查罩壳有无裂纹和漏气现象。

（2）耳塞需作卷折，如图 9—5 所示。

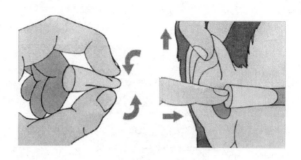

图 9—5　耳塞的佩戴方法

四、防护手套

防护手套种类较多，如防割、防化、防水、防震、绝缘、防静电、耐高温手套等。

1. 防护手套使用

对于钻孔机、截角机等旋转刃具作业，不得使用手套；使用前检查手套有否损坏；选择适当尺码的手套，手套应合适以免妨碍动作或影响手感。

2. 防护手套的保养和维护

保存的地方应避免高温高湿的场所；焊工手套不能洗，并且不要密封在塑料袋内以免变质或发霉。正确使用清洁方法。

五、呼吸防护用品

1. 呼吸防护用品的作用

呼吸防护用品是防止缺氧空气和有毒、有害物质被吸入呼吸器官时对人体造成伤害的个人防护装备。

2. 呼吸防护用品的分类

（1）呼吸防护用品的分类方法很多，主要可以归纳为以下几种。

1）按防护原理分类主要分为过滤式和隔绝式两大类。过滤式呼吸防护用品是依据过滤吸附的原理，利用过滤材料滤除空气中的有毒、有害物质，将受污染空气转变为清洁空气，供人呼吸的一类呼吸防护用品。如防尘口罩、防毒口罩和过滤式防毒面具。隔绝式呼吸防护用品是依据隔绝的原理，使人员呼吸器官、眼睛和面部与外界受污染空气隔绝，依靠自身携带的气源或导气管引入受污染环境以外的洁净空气为气源供气，保障人员正常呼吸的呼吸防护用品。

过滤式呼吸防护用品的使用要受环境的限制，当环境中存在着过滤材料不能滤除的有害物质，或氧气含量低于18%，或有毒有害物质浓度较高（＞1%）时均不能使用，这种环境下应用隔绝式呼吸防护用品。

2）按供气原理和供气方式分类主要可分为自吸式、自给式和动力送风式三类。

3）按防护部位及气源与呼吸器官的连接方式分类主要可分为口罩式、口具式、面具式三类。

（2）常用呼吸防护用品的使用。使用前应进行口罩的佩戴测试。负压测试：以掌心遮盖滤罐盖口，然后慢慢吸气，再闭气5～10 s。应感到口罩微凹，如不能达到此效果，则表示佩戴有问题。正压测试：以掌心遮盖排气活门，然后慢慢呼气；如发现有空气从口罩边沿溢出，则表示佩戴不当。

1）随弃式防颗粒物口罩俗称防尘口罩。有些口罩为去除异味，在滤材上加一层活性炭，但这类口罩不能重复使用。

2）可更换式半面罩。可更换式半面罩除面罩本体外，过滤元件和其他部件都可以更换，有单过滤元件和双过滤元件两种常见类型。调整好面罩位置后，做佩戴气密检查：正压或负压方法。

3）可更换式全面罩。能全面覆盖口、鼻和眼睛，分大眼窗设计和双眼窗设计两类。

4）隔绝式防护用品。氧气呼吸器也称储氧式防毒面具，以压缩气体钢瓶为气源，钢瓶中盛装压缩氧气。氧气呼吸器是人员在严重污染、存在窒息性气体、毒气类型不明确或缺氧等恶劣环境下工作时常用的呼吸防护设备。

空气呼吸器又称储气式防毒面具，有时也称为消防面具。它以压缩气体钢瓶为气源，但钢瓶中盛装气体为压缩空气。空气呼吸器的工作时间一般为30～360 min，型号不同，防护时间有所不同。空气呼吸器主要用于相关人员在处理火灾、有害物质泄漏、烟雾、缺氧等恶劣作业现场进行灭火、救灾、抢险和支援。如污水处理站等领域及场合。

（3）呼吸防护用品的选用原则和注意事项

1）根据有害环境的性质和危害程度，如是否缺氧、毒物存在形式（如蒸气、气体和溶胶）等，判定是否需要使用呼吸防护用品和应用选型。

2）当缺氧（氧含量＜18%）、毒物种类未知、毒物浓度未知或过高（含量＞1%）不能使用过滤式呼吸防护用品，只能考虑使用隔绝式呼吸防护用品。

3）选配呼吸防护用品时大小要合适，使用中佩戴要正确，当口罩潮湿、损坏或沾染上污物时需要及时更换。

4）选用过滤式防毒面具和防毒口罩时，要特别注意要根据工作或作业环境中有害蒸气或气体的种类进行选配。

5）佩戴呼吸防护用品后应进行相应的气密检查，确定气密良好后再进入含有毒害物质的工作、作业场所，以确保安全。

6）在选用动力送风面具、氧气呼吸器、空气呼吸器、生氧呼吸器等结构较为复杂的面具时，为保证安全使用，佩戴前需要进行一定的专业训练。

7）选择和使用呼吸防护用品时，一定要严格遵照相应的产品说明书。

六、安全带

防止高处作业人员发生坠落或发生坠落后将作业人员安全悬挂的个体防护装备。当坠落事故发生时，使作用于人体上的冲击力少于人体的承受极限，从而达到预防和减轻冲击事故对人体产生伤害的目的。

1. 安全带的分类

（1）按照使用条件的不同，可以分为区域限制安全带、围杆作业和坠落悬挂安全带三类。

（2）根据操作、穿戴类型的不同，可以分为全身安全带及半身安全带。

2. 安全带使用的注意事项

使用时应注意使用前检查，固定物要坚固、可靠，采用高挂低用或水平悬挂，使用3 m以上的长绳时，应使用缓冲器，安全带及悬挂绳应避免火或其他热源及锋利边缘等。

安全带的保养，安全绳、带应保持清洁；金属部件应加油防锈；避免存放在高温与潮湿环境；定期检查及更换。

 学习单元5 逃生基本技能

 **学习目标**

掌握逃生基本技能。

一、毒气泄漏的避险与逃生

1. 提高避险逃生能力

（1）了解本企业化学危险品的危害，熟悉厂区逃生通道。

（2）正确识别化学安全标签，了解所接触化学品对人体的危害和防护急救措施。

（3）企业制定完善的毒气泄漏事故应急预案，并定期组织演练。

2. 安全撤离事故现场

（1）发生毒气泄漏事故时，现场人员不可恐慌，应按照平时应急预案的演习步骤，各司其职，井然有序地撤离。

（2）选择正确的逃生方法，快速撤离现场并迅速报警。

（3）逃生时要根据泄漏物质的特性，佩戴相应的个体防护用品。假如现场没有防护用具，也可应急使用湿毛巾或湿衣物捂住口鼻进行逃生。

（4）逃生时要沉着冷静确定风向，根据毒气泄漏位置，向上风向或侧风向转移撤离，也就是要逆风逃生。

（5）假如泄漏物质的密度比空气大，则选择往高处逃生；相反，则选择往低处逃生，但切忌在低洼处滞留。

（6）如果事故现场有救护消防人员或专人引导，应服从他们的引导和安排。

二、火灾时的避险与逃生

1. 提高避险逃生能力

（1）熟悉周围环境，牢记消防通道线路。

（2）保持通道出口畅通无阻。

2. 火灾初起时的应对策略

火势初起时，如果发现火势不大，尚未对人与环境造成很大威胁，且周围有足够的消防器材，如灭火器、消防栓、自来水等，应尽可能地在第一时间将小火控制、扑灭，不可置小火于不顾而酿成火灾。

3. 火灾现场逃生策略

（1）要沉着冷静，严守秩序，才能在火场中安全撤退。倘若争先恐后，互相拥挤，阻塞通道，导致自相践踏，会造成不应有的惨剧。

（2）下楼通道被火封住，欲逃无路时，可将窗帘台布撕成布条，结成绳索，系牢窗户，再用布护住手心，顺绳滑下。

（3）邻室内起火，万勿开门，应跳入窗户阳台，呼喊救援或用前法脱险。否则，热气浓烟乘虚而入会使人窒息。

（4）烟雾较浓时不必惊慌，宜用膝肘着地，匍匐前进，因为近地处往往残留新鲜空气。注意，呼吸要小而浅。

（5）在非上楼不可的情况下，必须屏住呼吸上楼。因为浓烟上升的速度是每秒3～

5 m，而人上楼的速度是每秒 0.5 m。

（6）逃离时，要用湿毛巾掩住口鼻。也可用水打湿衣服布类物品掩住口鼻。带婴儿逃离时可用湿布轻蒙在其头上，一手抱着，一手抓地逃出。

（7）逃离前必须先把有火房间的门关紧。采用这一措施可使火焰浓烟禁锢在一个房间之内，不致迅速蔓延，能为本人和大家赢得宝贵时间。

（8）不贪恋财物。

（9）扑灭身上的火，暂避相对安全场所，等待救援。

（10）设法发出信号，向外界求救或结绳下滑自救。

本章思考题

1. 污水处理厂从业人员的权利和义务有哪些?

2. 触电安全防护用具有哪些?

3. 硫化氢预防措施有哪些?

4. 若不小心碰到强酸、强碱、有机物及重金属该如何处理?

5. 若发生火灾时如何避险与逃生?